有问必答

力诚教育 编著

新手学电脑组装与维护有问必答

UESTCP 电子科技大学出版社

图书在版编目（CIP）数据

新手学电脑组装与维护有问必答/力诚教育编著.—成都：电子科技大学出版社，2008.2
（有问必答）
ISBN 978-7-81114-714-8

I. 新… Ⅱ.力… Ⅲ.①电子计算机－组装－问答②电子计算机－维修－问答 Ⅳ.TP30-44

中国版本图书馆 CIP 数据核字（2007）第 200496 号

内容提要

本书是《有问必答》丛书之一，从电脑新手的实际要求出发，针对读者在对电脑进行组装与维护的过程中可能会碰到的各种问题以问答的方式进行讲解，并在讲解的过程中穿插了大量对电脑新手有帮助的操作技巧和方法。本书为读者安排了如下内容：电脑的基本组成、电脑硬件选购与组装、系统安装前的准备工作、安装操作系统和驱动程序、操作系统维护、常用软件维护、主机维护和外设维护。

本书非常适合于电脑爱好者购买阅读，也可作为大中专院校和各种电脑培训班的教材。对于家庭用户和广大办公人员来说，本书还是一本非常实用的电脑组装与维护速查手册。

有问必答

新手学电脑组装与维护有问必答

力诚教育　编著

出　　版：电子科技大学出版社（成都市一环路东一段 159 号电子信息产业大厦　邮编：610051）
策划编辑：张蓉莉
责任编辑：谢应成　郎志千
主　　页：www.uestcp.com.cn
电子邮箱：uestcp@uestcp.com.cn
发　　行：新华书店经销
印　　刷：四川嘉华印业有限公司
成品尺寸：185mm×230mm　　印张　15　　字数　344 千字
版　　次：2008 年 2 月第一版
印　　次：2008 年 2 月第一次印刷
书　　号：ISBN 978-7-81114-714-8
定　　价：26.00 元（含 1 CD）

■ 版权所有　侵权必究 ■

◆ 邮购本书请与本社发行部联系。电话：（028）83202323，83256027

◆ 本书如有缺页、破损、装订错误，请寄回印刷厂调换。

◆ 课件下载在我社主页“下载专区”。

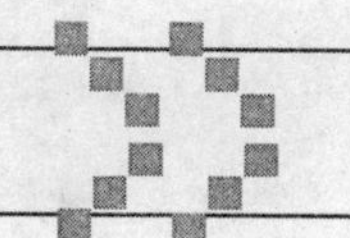

✹ 最专业的解答专家现场指导

✹ 超丰富的实用内容一学就会

✹ 从此不用再求人，有问题自己就可以全部解决

在科学技术飞速发展的今天，电脑早已代替了人们经常使用的纸和笔，成为人们生活、学习、工作和娱乐的重要组成部分。比如普通人可以使用电脑上网，在足不出户的情况下了解这个大千世界；办公人员可以使用电脑编写文件，进行数据处理；老师可以使用电脑制作多媒体课件实现远程教学；而设计师可以使用电脑设计精美的作品……掌握和熟练操作电脑已经成为人们必不可少的技能之一。可是电脑新手在学习过程中常常会遇到一些问题，不知道该怎么办？靠自己老是解决不了，请教他人又不好意思，上培训班又没时间，所以面对电脑经常感到焦头烂额无从下手。本书针对电脑新手学电脑的困惑与难题，组织多位电脑专家策划和编写了这套《有问必答》系列丛书，希望能够帮助电脑新手排除学电脑过程中的障碍，少走弯路，使自己尽快从“电脑新手”一跃而成为电脑专家。

本书共分为 8 章，第 1 章讲解了电脑的基本组成；第 2 章讲解了电脑硬件选购与组装；第 3 章讲解了系统安装前的准备工作；第 4 章讲解了安装操作系统和驱动；第 5 章讲解了操作系统维护；第 6 章讲解了常用软件维护；第 7 章讲解了主机维护；第 8 章讲解了外设维护。

本书内容丰富、语言简练、结构新颖，具有实用性、可操作性以及指导性等特点，按照新手学电脑组装与维护的学习习惯，精心筛选学习过程中容易遇到的问题，从简到繁、由浅入深地进行讲解。读者在电脑组装与维护过程中遇到的问题都可查阅本书寻找答案。本书针对每个问题都给出了具体的解决步骤，真正做到了“有问必答”。

本书特色鲜明，结构安排如下：

操作知识问答

本书涵盖了电脑组装与维护各个方面的知识，全面、系统地讲解了读者在电脑组装与维护过程中遇到的极具代表性的问题，对一些比较特殊的问题也稍加提点，这样可以让读者在掌握基本操作时兼顾对实用技巧的把握。

新手上路

对电脑组装与维护新手遇到的问题详细解答以后，将讲解过的知识运用到解决实际问题上，使读者通过体验实际操作来加深理解，从而更加熟练，不易忘记。

知识加油站

对讲解的知识点进行补充、说明和扩展，通过让读者了解更多有用的知识，更加全面地掌握电脑操作知识与技巧。

专业提升

结合“入门”知识的讲解，还特地安排了“精通”的专业技能，并辅以详细的操作步骤讲解，实现了从入门到精通的全过程，大大提高了读者的操作水平。

技巧点拨

总结实际操作中的技巧与经验，像电脑高手一样现场指导，为读者提供更多的学习捷径，使电脑新手在起步时少走弯路。

本书配套的是一张精彩的多媒体教学光盘，光盘中包含了本书问答的多媒体教学内容，用声音、图像以及视频的方式将电脑组装与维护的各种技巧传授给大家，采用类似于老师授课的方式向读者进行生动演示。多媒体教学光盘是读者学习电脑组装与维护的良师益友，关于光盘的具体内容与使用方法请参见“教学光盘使用说明”。

本书由力诚教育编著，在此对参与本书组稿、编写和排版的人员表示由衷的感谢！由于时间紧迫，本教程难免存在纰漏之处，请读者谅解。你如果有什么意见或者建议，请发送电子邮件至 Scdzpub@163.com 与我们联系。

教学光盘使用说明

CD–ROM

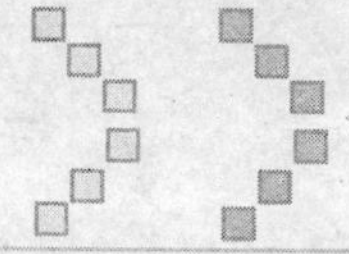

光盘内容

光盘内容包括：装机视频、设置 BIOS、硬盘分区及格式化、安装 Windows XP、电脑病毒的防治、电脑的日常维护。

运行环境

- ❖ 操作系统：Windows 9x/2000/XP/2003/NT/Me。
- ❖ 显示模式：1024×768 以上分辨率、16 位色以上。
- ❖ 光驱：32 倍速以上的 CD-ROM 或 DVD-ROM。
- ❖ 其他：配备声卡、音箱或耳麦。

特别提示：进入案例学习时，如果在你的电脑中出现只有声音而没有视频的现象，请退出程序双击运行光盘根目录下的“TTS_ED”文件，然后再执行“Autorun.exe”启动程序即可。

使用说明

将光盘放入电脑光驱后，电脑屏幕将自动弹出光盘主界面，如右图所示（如果光盘未能自动运行，请用鼠标右键单击光驱所在盘符，选择打开命令，然后双击光盘根目录下的“Autorun.exe”文件）。

单击光盘主界面上的任一目录按钮，可进入相应的视频演示界面进行互动学习，如右图所示。在视频演示界面中，单击“暂停”按钮可以控制视频的暂停和播放。

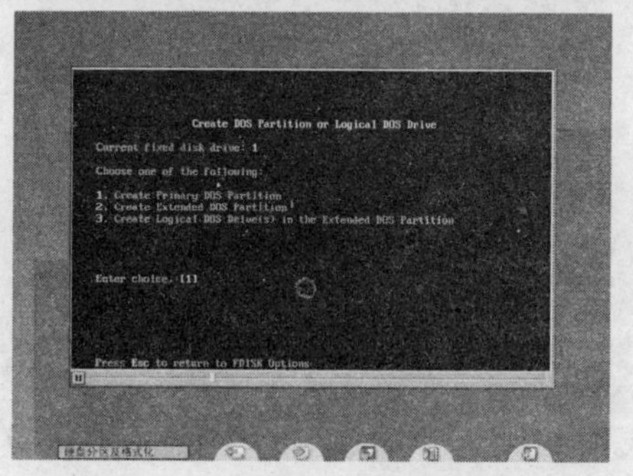

目录 Contents

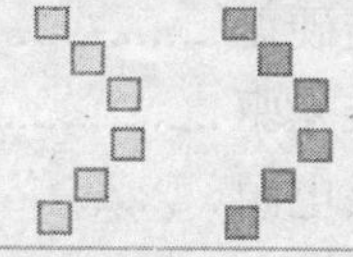

第 1 章　电脑的基本组成

第 2 章　电脑选购与组装

第 3 章　系统安装前的准备工作

第 4 章　安装操作系统和驱动程序

第 5 章 操作系统维护

第 7 章 主机维护

第 1 章　电脑的基本组成

- ▶ 显卡是什么
- ▶ 光驱是什么
- ▶ 机箱和电源是什么
- ▶ 集线器和交换机是什么
- ▶ 手写输入设备是什么
- ▶ Windows 98 有什么特点
- ▶ WindowsXP 有什么特点
- ▶ DC 与 DV 是什么

电脑硬件组成

电脑的基本硬件组成包括四大部分：主机、显示器、键盘和鼠标。

主机中安装了主板、CPU、内存、硬盘、电源等电脑运行所必需的硬件。

显示器是电脑信息的输出终端，通过它可以查看程序运行的结果，观赏精彩的视频和图像。

键盘和鼠标是电脑的输入工具，通过它们可以向电脑发号施令，指挥其完成工作。除此之外，电脑上还会安装很多其他的常用设备，比如打印机、扫描仪等。

1 主板是什么

主板英文全称是“Main Board”，它是一块包含计算机系统主要组件的电路板。主板连接着中央处理器、主存储器、支持电路和总线控制器，是计算机最基本也是最重要的硬件之一。

2 CPU 和 CPU 风扇是什么

CPU 英文全称是“Central Processor Unit”（即中央处理单元），它是负责整个计算机系统运转的核心硬件。

CPU 负责整个系统指令的执行、数学与逻辑的运算、数据的存储与传送，以及对内对外输入与输出的控制，是决定系统性能的重要部件。

随着 CPU 频率的不断提升，CPU 的发热量也越来越大，CPU 风扇已成为必不可少的 PC 硬件装备之一。

3 内存是什么

内存是 CPU 直接与之沟通，并用其来存储数据的硬件。

内存负责暂时存放电脑当前正在执行的数据和程序，一旦关闭电源或发生断电，其中的程序和数据就会丢失。

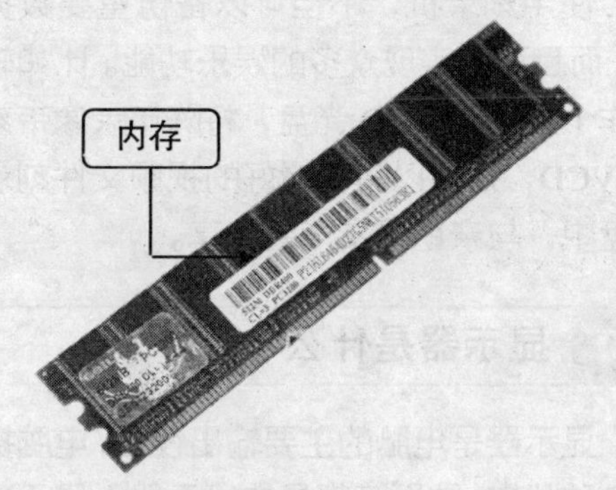

4 显卡是什么

显卡也称图形加速卡，其基本作用是控制电脑的图形输出，负责传递 CPU 和显示器之间的显示信号。

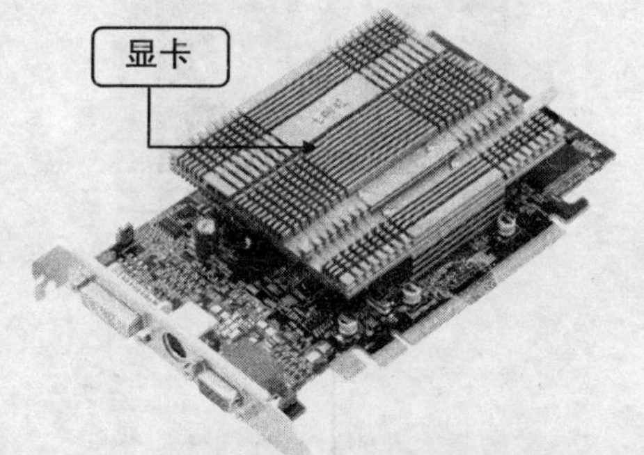

5 声卡是什么

声卡是多媒体电脑的必要硬件，是计算机进行声音处理的适配器。

声卡主要包含两方面的基本功能：

- ❖ 一是音乐合成发音功能。
- ❖ 二是混音器（Mixer）功能和数字声音效果处理器（DSP）功能。

6 网卡是什么

网卡是计算机和其他网络设备通信所用的设备。网卡安装在主板上，负责接受和发送网络信息。

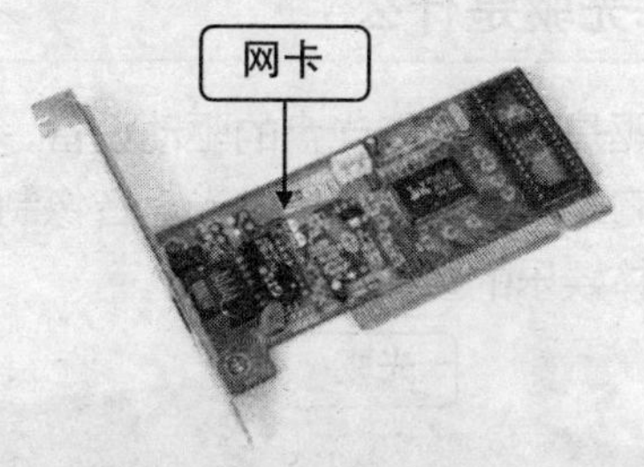

网线是连接网络设备的连线。根据连接设备的不同，网线有多种连接方法。

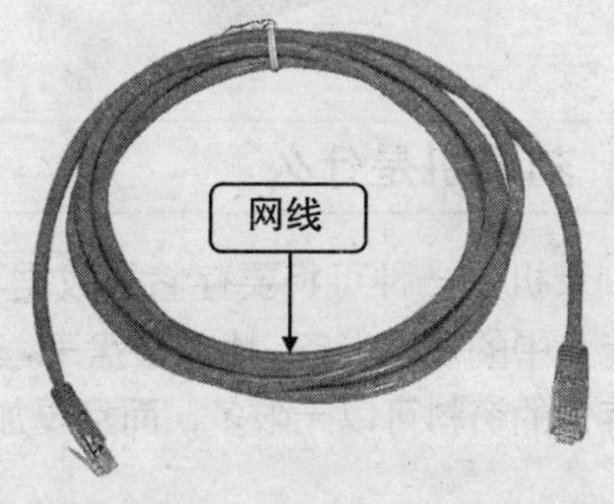

7 硬盘是什么

硬盘由金属材料涂上磁性物质的盘片与盘片读写装置组成，是电脑中最为常见的存储设备。

硬盘存储和读取数据的速度虽然比内存慢，但存储容量却要大得多。

8 光驱是什么

光驱是用来读取光盘的驱动设备，多数时候都用它来安装软件、欣赏光盘音像制品等，是多媒体娱乐的重要硬件。

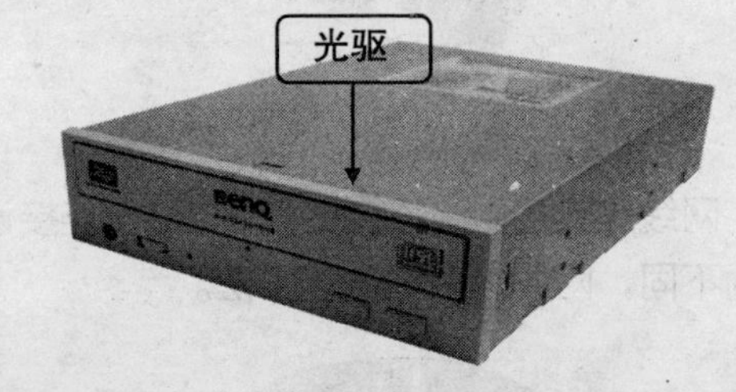

9 刻录机是什么

刻录机是一种可将要存储的数据写入到刻录光盘中的硬件设备。比起硬盘来，刻录机所能存储的资料可以无限多，而且更加安全。

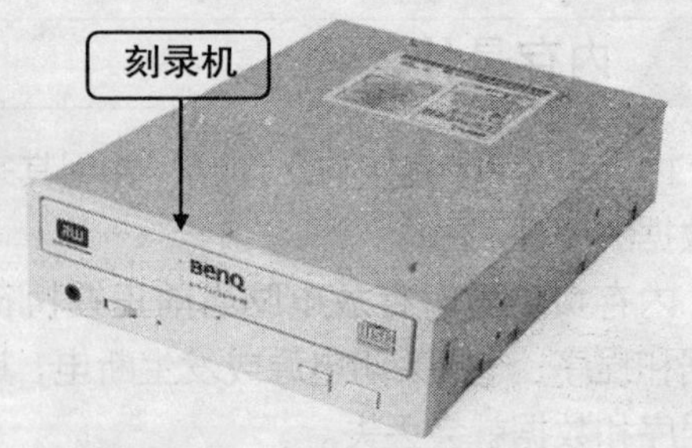

使用刻录机，不但可以备份重要数据资料，而且可以实现众多的娱乐功能。比如轻松制作个人 Audio CD 光盘，将陈年录像带刻录成 VCD，还可以将编辑好的视频文件刻录到光盘中，与亲朋好友一同分享。

10 显示器是什么

显示器是电脑的主要输出设备，电脑操作的各种状态、结果等都是在显示器上显示出来的。显示器一般包含 CRT 平面显示器和 LCD 液晶显示器两大类。

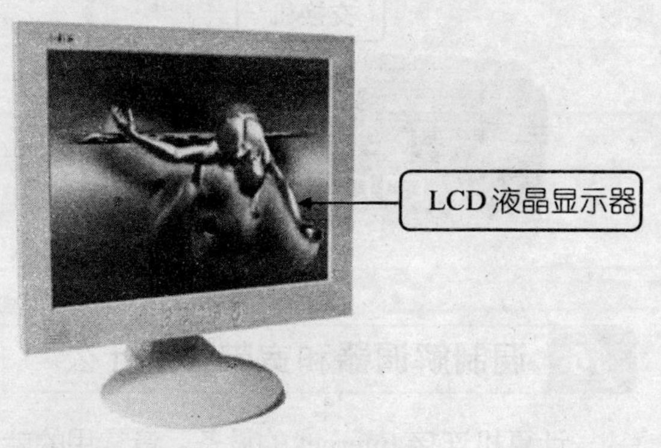

11 键盘与鼠标是什么

键盘将用户想下达的各种指令输入到电脑中，是电脑最基础的输入设备之一。

鼠标用于确定和移动光标在屏幕上的位置，通过单击或双击操作快捷地对电脑下达输入命令。

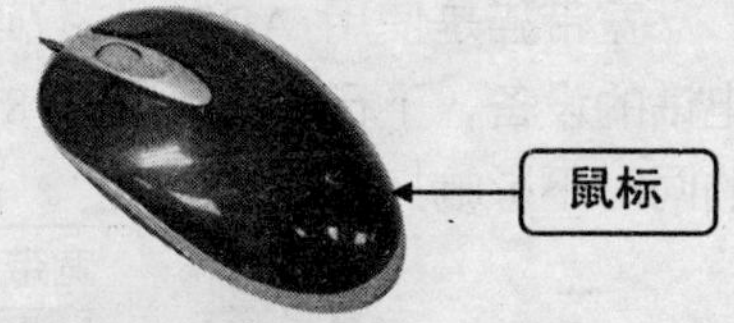

12 机箱和电源是什么

机箱是用来放置计算机各个配件的金属箱，它不仅为计算机的核心运转提供了一个安全稳定的工作环境，还有效地屏蔽了大多数电磁辐射。

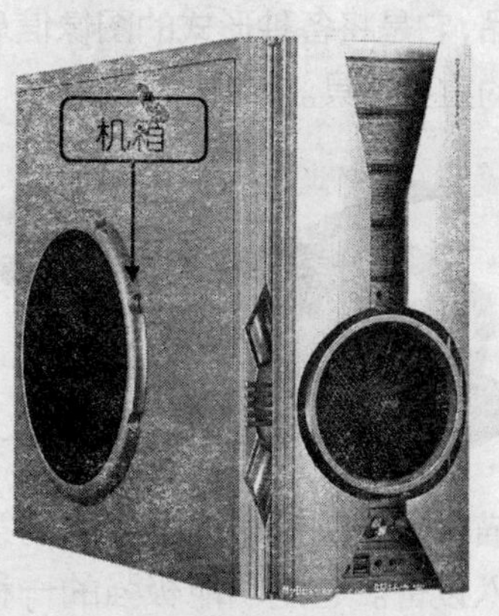

电源向整个计算机提供电力，因此电源的质量直接影响着计算机的稳定性。

13 打印机是什么

打印机是被广泛应用的输出设备，它可以将在电脑中编辑制作的文档或图片内容呈现在纸张上。

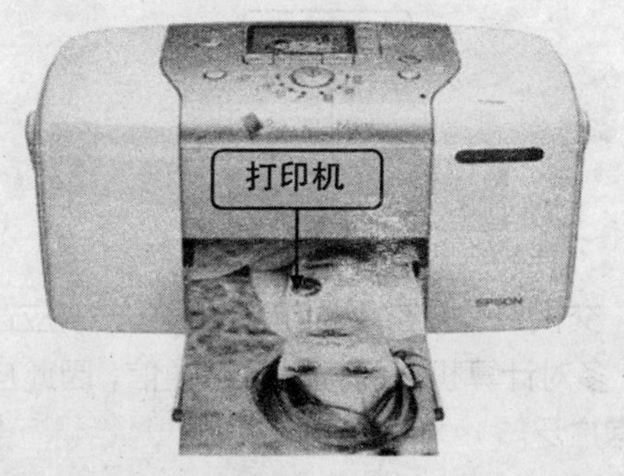

14 扫描仪是什么

扫描仪是一种高精度的光电一体化的高

科技产品，它是将各种形式的图像信息输入到计算机的重要工具。

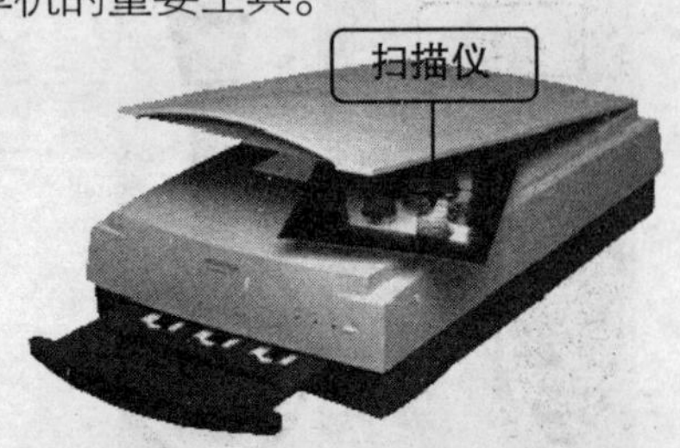

扫描仪是继键盘和鼠标之后的第三代计算机输入设备。它是功能极强的一种输入设备。人们通常将扫描仪用于信息含量最大的计算机图像的输入。从最直接的图片、照片、胶片到各类图纸图形以及各类文稿资料都可以用扫描仪输入到计算机中，进而实现对这些图像形式进行信息的处理、管理、使用、存储、输出等操作。

15 集线器和交换机是什么

集线器和交换机是用于组建局域网的网络设备。各个终端通过网线连接到集线器和交换机上，实现互相访问。

集线器工作原理比较简单，效率也比交换机差，但是比较便宜。

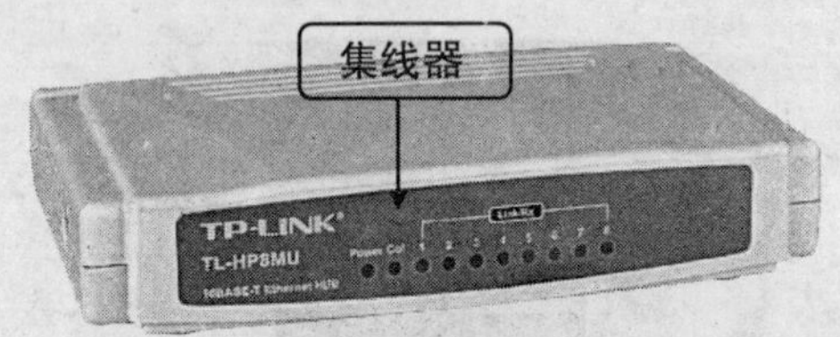

交换机是最常用的组网设备，它响应速度高，多对计算机之间可以同时通信，因此应用非常广泛。

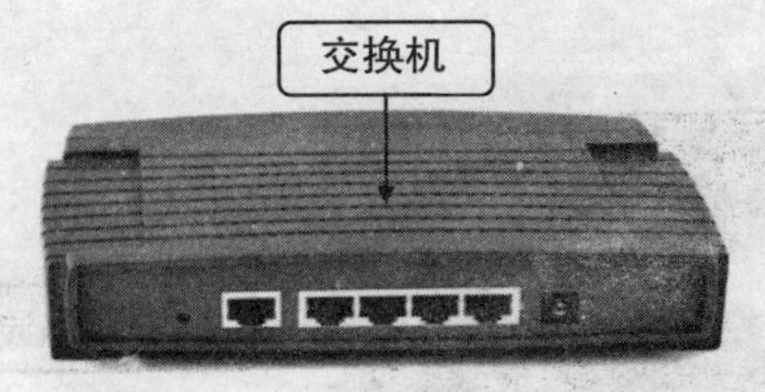

16 调制解调器和宽带猫是什么

计算机连接 Internet 的设备，最常用的就是调制解调器。随着宽带的普及，宽带调制解调器（又称宽带猫）已经逐渐变成了主流的接入设备。

调制解调器可连接计算机和电话，用户通过计算机拨号即可访问 Internet，最高速率可达到 64kbit/s，使用的同时不能打电话。

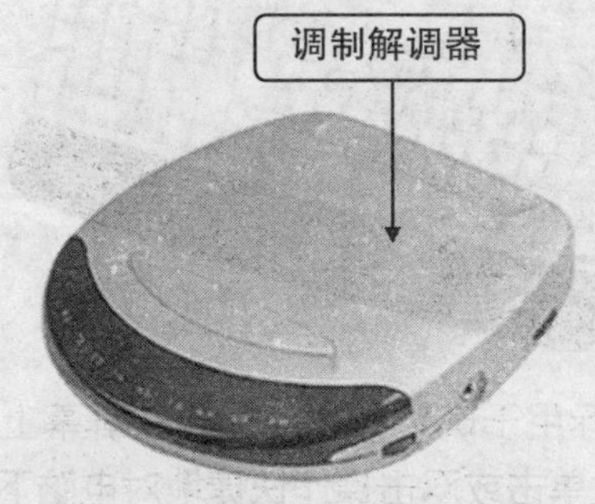

宽带猫是使用 ADSL 协议连接计算机和电话的设备，下行速度可高达 8Mbit/s，使用的同时不影响打电话。

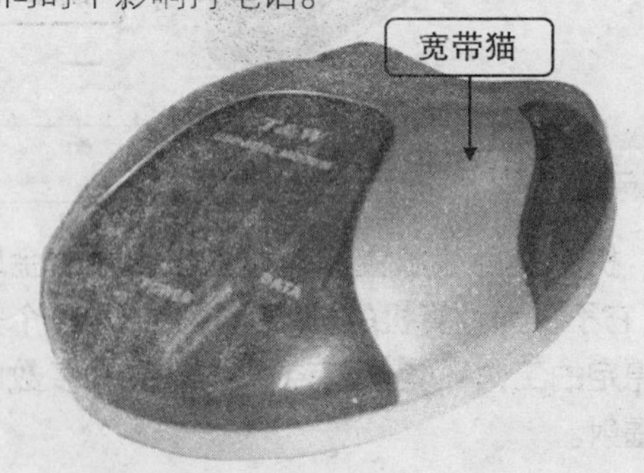

17 手写输入设备是什么

手写输入笔是一种直接向计算机输入汉字，并通过汉字识别软件将其转变成为文本文件的一种计算机外设产品。

手写输入笔，使计算机适应中国人的书写习惯，只要能写汉字，就能轻松地完成文字录入。除此之外有些手写输入笔还能绘画、网上交流、即时翻译等。

手写语音输入系统主要包括硬件和软件两大部分，硬件主要由手写笔、手写板（手写）以及麦克风（语音）组成，软件部分则有手写应用软件和一些配套软件。

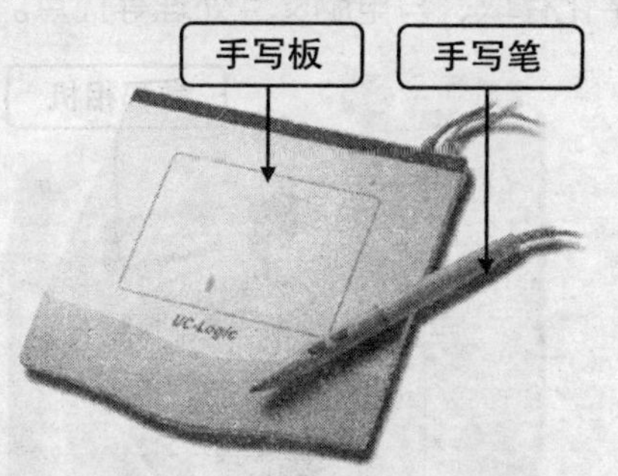

18 摄像头是什么

在网络技术快速发展的今天，摄像头的强大作用不可低估。有了它，无论是视频电话、视频会议还是视频聊天，都可信手拈来。即便是远隔千山万水，我们还是可以通过网络面对面地交流，提高现代化办公效率，摄像头的外形如下图所示。

摄像头的功能可以分为以下三种：

❖ 网络视频：连接计算机并安装相应的驱动软件以后，摄像头可以结合相应的网络聊天工具，例如腾讯 QQ、MSN 等用于办公内部交流，文件传输。

❖ 静态照片拍摄：连接计算机并安装相应的驱动软件以后，摄像头可以拍摄数码照片，例如可以快捷方便地为公司企业宣传作品提供数码素材。

❖ 监控：也就是通过摄像头实时对现场进行拍摄，然后通过电缆（现在已经出现了无线传输的摄像头）连接到电视机或者计算机上，从而可以对现场进行实时监控。

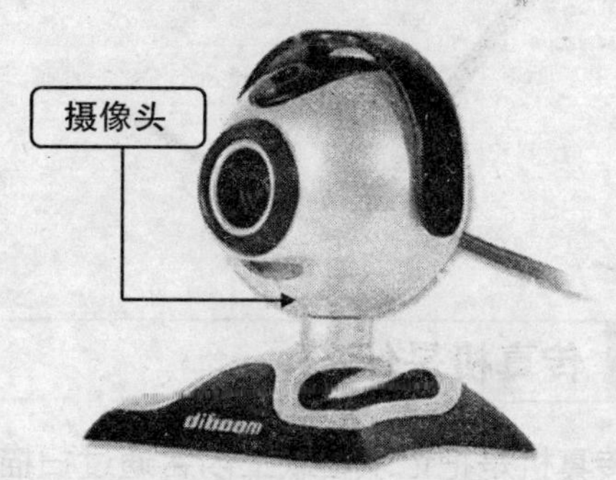

19 移动存储器是什么

移动数据的主要设备就是移动存储器。移动存储器分闪存和移动硬盘两种。

闪存是一种和内存相似的存储器，不同之处在于，闪存断电后还能保存数据，而内存断电后则不能。闪存细分还可以分为 U 盘和存储卡两种。

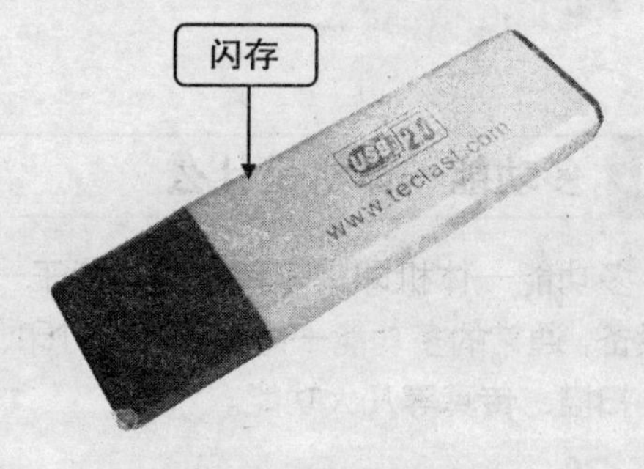

移动硬盘是使用小型硬盘加上硬盘盒组合而成。移动硬盘的容量一般要比闪存大很多，但因为硬盘有机械装置，因此稳定性就不如闪存了。

20 传真机是什么

传真机是把记录在纸上内容通过扫描后从发送端传输出去，再在接收端的记录纸上重现的办公通信设备。

21 多功能一体机是什么

多功能一体机即集多种办公功能于一体的设备，通常的多功能一体机都具有打印、复印、扫描、传真等几大功能。

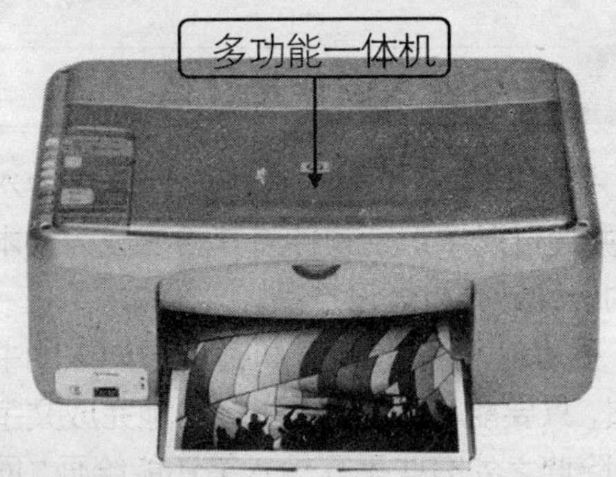

22 DC 与 DV 是什么

DC 是英文 Digital Camera 的缩写，意即数码相机。它与传统相机相比具有即拍即看、数字化存取、与电脑交互处理等优点。

DV 是英文 Digital Vidicon 的缩写，意即数码摄像机，它是用数字视频格式记动态视频格式的摄像装置。

知识加油站

世界上第一台电子数字式计算机于1946年2月15日在美国宾夕法尼亚大学正式投入运行，英文名ENIAC，使用了17 468个真空电子管，耗电174kW/h，占地170 m^2，重达30t，每秒钟可进行5000次加法运算。这是第一代计算机。

第二代计算机是晶体管计算机。1954年，美国贝尔实验室用晶体管代替真空管，制成了世界上第一台晶体管计算机 TRADIC。它使计算机的体积、质量、耗电都大为减少。至20世纪60年代，世界上已生产了3万多台晶体管计算机，运算速度达到了每秒300万次。

第三代计算机是中小规模集成电路计算机。1962年，美国得克萨斯公司与美国空军合作，以集成电路为计算机的基本电子组件，制成了一台实验性的样机。在这时期，计算机的体积、功耗都进一步减少，可靠性却大为提高，运算速度达到了每秒4000万次。

第四代计算机是1970年开始研制的大规模集成电路计算机。现在，巨型机的运算速度已达到每秒几亿次，在科学研究和经济管理中起着不可替代的作用；而微型机则使计算机的体积与成本大幅度减少，并渗透到工业生产和日常生活的各个角落。今天，要制造一台具有ENIAC同样功能的计算机，体积只要有它的百万分之一也就足够了。

第五代电子计算机的研制工作已经开展多年了，无论是超导计算机、量子计算机，还是光计算机、生物计算机、人工智能放大器，都已取得了一定的进展。这一代计算机的速度将达到每秒万亿次，能在更大程度上仿真人的智能，并可能在某些方面超过人的智能。

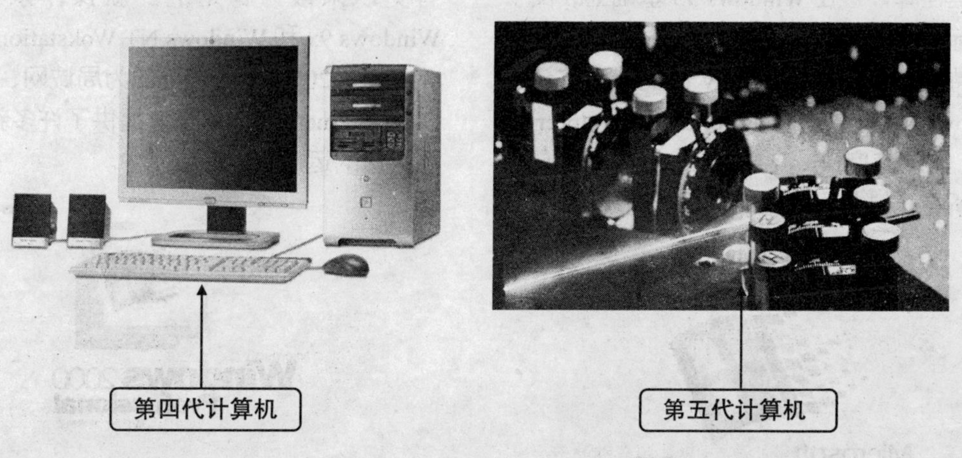

1.2 电脑软件组成

一台完整的电脑除了配备基础的硬件设施外，还应安装相应的软件才能正常运行，其中最基本也是最重要的软件就是操作系统。

目前个人电脑常用的操作系统主要有 Windows、Linux、Mac OS 等，应用最广的还是由美国 Microsoft（微软）公司开发的 Windows 系列操作系统。

Windows 操作系统是由 Microsoft（微软）公司开发的一款具有多任务图形用户界面的系统软件，由于其具有易用性和良好的界面风格，所以在个人电脑领域得到了广泛应用。

Linux 是一款可以运行在 PC 机上的免费操作系统软件，它比 Windows 具有更高的安全性，但易用性却不如 Windows。由于 Linux 的程序源代码是公开的，所以不断有世界各地的编程爱好者对其进行改进和完善，如今其界面操作性已基本与 Windows 无异。

Mac（Mactonish）操作系统是苹果公司（美国老牌计算机公司）开发的著名个人电脑操作系统，基本只用于苹果个人电脑上。它的操作界面比 Windows 系统要简单直观，系统稳定性非常高，在图形图像领域占有较大的市场份额。

1 Windows 98 有什么特点

Windows 98 可算是 Windows 系统开发的一块里程碑，它在 Windows 95 基础上改良了硬件标准的支持，还包括对 FAT32 文件系统的支持、多显示器、Web TV 的支持和整合到 Windows 图形用户界面的 Internet Explorer 等功能。启动速度快、资源占用低一直都是它的优势所在，目前为止仍拥有众多用户。

2 Windows 2000 有什么特点

Windows 2000（又叫 Win NT5.0）号称有史以来最为稳定的一款操作系统。与 Windows 9x 和 Windows NT Wokstation 相比，Windows 2000 Professional 为局域网、广域网以及 Internet/Intranet 环境提供了许多新特性，被大量的运用在网络应用中。

3 Windows XP 有什么特点

Windows XP 是基于 Windows 2000 代码的一款产品，由于其具有较好的硬件兼容性和极为优秀的多媒体功能，所以成为目前主流电脑中使用率最高的一个操作系统。

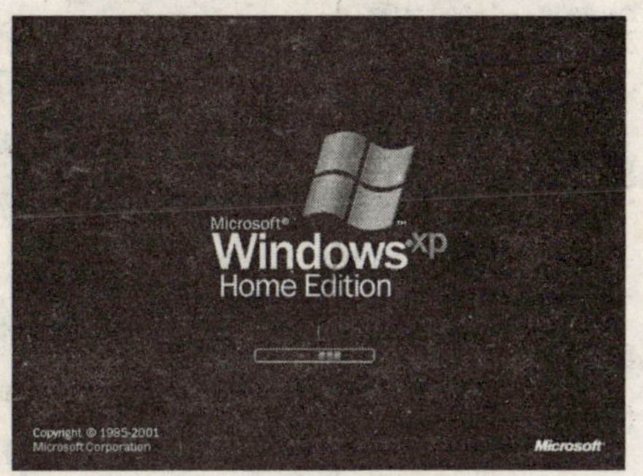

4 Windows 2003 有什么特点

Windows 2003 是微软最新一代的服务器端操作系统。相比之前的任何一个版本，它功能更多、速度更快、更安全稳定，尤其在网络、管理、安全、性能等方面都有较大程度的改进。

5 Windows Vista 有什么特点

Windows Vista 是微软公司最新版本 Microsoft Windows 操作系统的开发代号，它是继 Windows XP 和 Windows Server 2003 之后的又一重要的操作系统，也是极有可能主宰未来十年桌面操作系统的一款产品。

6 常用软件有哪些

安装了操作系统之后，电脑已经可以正常运行了，不过为了解决实际应用中所遇到的各类问题，还要安装相应的应用软件。

目前热门常用软件主要包括系统辅助、网络应用、文字处理等方面，其详细分类情况如下表所示。

主流应用软件分类一览表

应用范围	主流软件名称
硬盘管理	Fdisk、Format、Partition Magic
网页浏览	Internet Explorer、傲游 Maxthon、MyIE
邮件收发与聊天	OutLook Express、FoxMail、QQ、MSN、网易泡泡、新浪 UC
搜索与上传下载	Google、Baidu、网际快车（FlashGet）、比特精灵（BitTorrent）、 BitComet、电驴（eMule）
网络社区与网络共享	Cterm2000、NetTerm、Blogchina、MSN Spaces、 Q-ZONE、WinGate、Sygate、 Ccproxy 、ProxyFox

续表

文秘办公	微软拼音输入法、智能 ABC 输入法、紫光拼音输入法、MS Office、Adobe Acrobat Reader、超星图书浏览器、CAJViewer、ReadBook
翻译汉化与内码转换	金山词霸、金山快译、东方快车、MagicWin、南极星
文件压缩与加密	WinRAR、WinZIP、文件加锁王、万能加密器
影音多媒体	Winamp、千千静听、Foobar 2000、Windows Media Player、RealOne Player、豪杰超级解霸、东方影都、暴风影音 MPC、The Playa、PowerDVD、Quicktime
图形图像	ACDSee 看图、豪杰大眼睛、Snagit 抓图、HyperSnap-DX 抓图、我形我塑（Ulead Express）、Ulead Cool 3D

续表

光盘与虚拟光驱	Nero Burning ROM、CloneCD、虚拟光驱软件、Daemon Tools、Alcohol 120％、WinISO
桌面设置与财务管理	屏保专家、Atnotes、MiniCalendar、自动定时关机器、财务管理软件、管家婆
电脑安全	瑞星杀毒、金山毒霸、江民杀毒软件、诺顿、天网防火墙、ZoneAlarm 个人网络防火墙、网络安全特警、木马克星
系统优化备份	Windows 优化大师、超级兔子魔法设置、注册表维护大师、Norton Ghost、一键还原精灵、驱动精灵
游戏修改软件	FPE、金山游侠
硬件测试软件	SiSoftware Sandra Professional 2005、MyCPU、MemTest、DocMemory、3Dmark

专业提升

磁盘操作系统是早期个人电脑上使用的一种主要操作系统，习惯上按其英文缩写称作 DOS(Disk Operation System)。最著名和广泛使用的 DOS 系统是 1981 年由微软公司为 IBM 个人电脑开发的，即 MS-DOS。它是一个单用户单任务的操作系统。后来这一概念也包括了其他公司生产的与 MS-DOS 兼容的系统，如 PC-DOS、DR-DOS 以及少数一些不太出名的 DOS 兼容产品。它们在 1985~1995 年间占据操作系统的统治地位。微软在推出 Windows 95 之后，宣布 MS-DOS 不再单独发布新版本。不过目前 FreeDOS 等与 MS-DOS 兼容的 DOS 则在继续发展着。MS-DOS 是 Microsoft Disk Operating System 的简称，意即由美国微软公司(Microsoft)提供的磁盘操作系统。在 Windows 95 以前，DOS 是 PC 兼容电脑的最基本配备，而 MS-DOS 则是最普遍使用的 PC 兼容 DOS。最基本的 MS-DOS 系统由一个基于 MBR 的 BOOT 引导程序和三个文件模块组成。这三个模块是输入输出模块(IO.SYS)、文件管理模块(MSDOS.SYS)及命令解释模块(COMMAND.COM)（不过在 MS-DOS 7.0 中，MSDOS.SYS 被改为启动配置文件，而 IO.SYS 增加了 MSDOS.SYS 的功能）。除此之外，微软还在零售的 MS-DOS 系统包中加入了若干标准的外部程序(即外部命令)，这才与内部命令(即由 COMMAND.COM 解释执行的命令)一同构建起一个在磁盘操作时代相对完备的人机交互环境。有关 MS-DOS 的各种命令，请参见 MS-DOS 命令列表。MS-DOS 一般使用命令行界面来接受用户的指令，不过在后期的 MS-DOS 版本中，DOS 程序也可以通过调用相应的 DOS 中断来进入图形模式，即 DOS 下的图形界面程序。

学会使用 DOS 命令，对安装和维护操作系统都有很大的帮助。

1．DIR —— 列目录。列出目录下的子目录和文件。

例：DIR 列出当前目录下的所有子目录和文件名。

DIR /P 列出当前目录下的所有子目录和文件名，每显示一屏暂停。

DIR C*.SYS 列出当前目录下以名字 C 开头且扩展名为 SYS 的所有子目录和文件。

DIR C:\DOS*.SYS 列出 C 盘 DOS 子目录下扩展名为 SYS 的所有子目录和文件。

DIR ..\F*.COM 列出上级目录下以名字 F 开头且扩展名为 SYS 的所有子目录和文件。

DIR FORMAT.EXE/S 在当前目录及其子目录中寻找文件 FORMAT.EXE。

说明：“*”称为通配符，它代表几个连在一起的字符，还有“?”也是通配符，它代

表一个字符。当你只记得文件中的部分字符时很有用。

“..”代表上级目录。

“\”有两种作用：在盘符后或出现在最前面则代表该盘的根目录，不然，则是目录和子目录间或目录与文件名间的分隔符。

2．CD —— **改变当前目录。通常用 DOS 启动机器后，当前盘为启动盘，当前目录为启动盘的根目录。**

例：CD DOS　把当前目录换成现在所在目录下的 DOS 子目录。

CD ..　回到上级目录。

CD \　回到根目录。

3．MD —— **建立子目录。**

例：MD DOS　在当前目录下建立 DOS 子目录。

MD C:\BACKUP　在 C 盘根目录下建立 BACKUP 子目录。

4．COPY —— **拷贝文件。生成一个和源文件一模一样的文件。**

例：COPY　A:\CONFIG.SYS　C:\CONFIG.SYS　将 A 盘根目录下的 CONFIG.SYS 复制一份到 C 盘根目录下。

5．FORMAT —— **格式化磁盘。格式化磁盘将删掉磁盘中的所有文件。**

例：FORMAT　A:　格式化 A 盘。

FORMAT　A:/S　格式化 A 盘，并且让该盘可以作为开机时的启动盘(又称系统盘)。

6．EDIT —— **编辑文本文件。**

例：EDIT　C:\CONFIG.SYS　编辑 C 盘根目录下的 CONFIG.SYS 文件。

说明：文本文件就是只含可见字符和回车与换行符的文件。

第 2 章　电脑选购与组装

- 如何选购显示器
- 怎样选购光驱
- 如何选购音箱和耳机
- 怎样选购数码相机
- 怎样鉴别硬盘是否返修过
- AMD 处理器不如 Intel 处理器吗
- 怎样减小 CPU 风扇的噪音
- 怎样安装内存条

电脑选购

怎样才能安全可靠地组装一台使用性能较好的电脑？首要条件是，必须先买到优质的硬件，下面介绍硬件购买的技巧。

1 怎样选购主板

主板是用来连接 CPU、内存条、光驱、硬盘、电源的。它是包括有各种元器件、接口等的一块电路板。选购主板需注意：

1．处理器插槽的位置

处理器插槽不能与主板边缘、电容靠得太紧。这样的话，在更换或安装风扇时十分困难，容易损坏电解电容。

2．电容的种类

因为钽电容使用寿命长、可靠性高、不易受高温影响。所以要选购钽电容较多的主板。主板上面钽电容的使用越多其质量也就越高，

3．散热性能

主板上的散热性能也决定了主板质量的优良。采用大尺寸的散热片可降低功耗，提高主板的可靠性与寿命。如控制内存和 AGP 显卡的北桥芯片上面的散热片。

4．插槽数量

主板插槽数量根据实际的需求进行选择。如果需要大量附加功能，则应当选择扩展插槽较多的主板。如果需要大容量内存，就应当选择内存插槽较多的主板。

5．最新技术

目前，电脑在软、硬件方面都有了飞速发展。一些采用最新技术的主板，不但价格高，对配套的设备要求也相对较高，而且一般用户对最新的技术也无用处。

6．品牌与售后服务

选购主板时应选择品牌产品。一个有实力主板品牌，从产品的设计、选料筛选、工艺控制、品管测试，到包装运送都要经过十分严格的把关。这样一个有品牌作保证的主板，为你的整套电脑的稳定运行提供了良好的保障。不同规格的 CPU 需要主板提供不同的技术支持。就目前市场观察的情况来看，单从品质而言，大致的品牌排序如下：

❖ Intel：华硕（ASUS）、技嘉（GIGABYTE）、微星（MSI）、英特尔（Intel）、磐正（EPOX）。

❖ AMD：磐正（EPOX）、华硕（ASUS）、升技（Abit）、微星（MSI）、硕泰克（SOLTEK）。

2 如何选购显卡

显卡的作用就是对图形软件进行加速处理，空闲出来的 CPU 时间则可以处理更多的数据。

选购显卡要注意以下四点：

1．显卡芯片

制作显卡芯片有 ATI 与 Nvidia 两个公司。如果用来玩游戏，可选择 GF6600 系列。如果对视频要求比较高，则选择 X1000 系列。

2．显卡供电

精良的供电设计不仅是显卡能够稳定运行的重要保证，也是显卡稳定超频的重要保证。

3．显存

在价格和速度颗粒同等的时候，要尽量选择更高的容量和位宽。因为只有更快的显存速度、更大的容量和位宽才能提供更快的图形图像处理速度。

4．品牌显卡

选购显卡时应选择品牌产品。一个有实力主板品牌，从产品的设计、选料筛选、工艺控制、品管测试到包装运送都要经过十分严格的把关。在售后服务方面也做得比较体贴周到。

3 怎样选购硬盘

1．硬盘转速

转速快慢决定了硬盘的速度，同时也是区别硬盘档次的重要标志。从目前情况来看，需选购 7200 r/min 硬盘，因为 CPU、显卡等其他配件的性能越来越高。需使硬盘与其他设备功能相当。

2．硬盘容量

硬盘的容量决定存储的最大数据量。目前一般容量大小为 80GB、120GB 等。根据实际需要与价格方面进行选择，当然硬盘容量越大所存储的内容相对就越大了。

3．硬盘接口类型

硬盘按接口可分为两大类，即 IDE 与 SCSI。对于普通用户，接触最多的就是 IDE。

4．硬盘数据缓存

缓存大的硬盘可以将那些零碎数据暂存在缓存中，减小外系统的负荷，提高硬盘数据的传输速度。

5．品牌与售后服务

选择品牌硬盘，其工艺与售后服务完善些。目前知名硬盘厂家主要有迈拓、IBM、希捷及西部数据四家公司。

4 如何选购显示器

对于 CRT 平面显示器而言，选购注意事项如下：

❖ 在桌面状态下，设置屏幕为全白色、无图标，以确定显示器是否偏色。

❖ 在桌面状态下，分辨率分别调到 800×600、1024×768、1280×1024，看是否有水波纹抖动。

❖ 连续使用两小时，是否刺眼、环保。

❖ 真正通过 TCO 03 的显示器，不仅在前面有 TCO 03 标志，而且在显示器后面的铭牌上也应该有 TCO 03 标志。

提 示

不要选购同型号系列中，价格最低的那一款。它的用料是最差的，返修率也是最高的。

对于 LCD 液晶显示器，用户在选购时应注意以下几点：

1．响应时间要短

保证高速的动画演示没有时滞，响应时间应不超过 30ms。

2．分辨率要高

分辨率应达到 1280×1024 以上，对于某些特别精细的领域最好能达到 1600×1280。

3．对比度和亮度

对于专业用户亮度应在 300cd / m^2，对比度在 350∶1 方可满足要求。

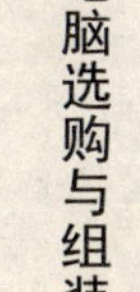

5 怎样选购光驱

光驱是现代电脑中不可缺少的一部分，不论是安装程序还是播放影音文件。其选购时应注意以下几点：

❖ 在选购光驱的时候，应当尽量选用CAV/CLV技术的光驱。

❖ 光驱的传输速率是影响其性能的一个重要因素。转速越快的光驱，其传输速率就越快。

❖ 在选购时，轻摇一下光驱能够听到钢珠滚动的声音，便是ABS（自动平衡系统）产品了。

6 如何选购音箱和耳机

音箱是电脑娱乐的重要部件，其选购注意事项如下：

1．音色种类

不同国家不同品牌音箱有不同的音色特点，不存在好坏高下之分，应选购正规厂家出品的名牌产品。

2．仔细检查外观

一般来说，箱体越重板材越厚，质量越好。敲击箱壁，声音越沉板材密度越高，质量越好。

3．反复试听比较

实际试听时，临场效果是否使人如身临其境，整体平衡感如何，低音厚而不混，中高音亮而不刺，层次感是否良好表现移动声像效果等。

4．外形

耳机外形分耳塞式与包覆式，因为长时间的佩戴，耳机应具有十分柔软和舒适的耳垫及压力甚小的头环。用户可根据自己喜好选购。

5．指标

耳机一般的性能要求：

❖ 频率范围：20Hz ~ 20kHz

❖ 灵敏度：大于94dB/mW

❖ 最大功率：≥100mW

❖ 谐波失真：小于0.5%

以上指标可从说明书中查看。

6．外观

耳机外观平滑，做工精细，手感极好。耳机引线的线径较粗，柔软不发硬。插头规范工整无毛刺，镀层平滑均匀。

7．试听

试听是重要的选购方式。试听时，要尽量选用较好的节目源来试听，一听便知音色谁好谁差。

7 怎样选购打印机

喷墨打印机适合家庭使用，其选购要点如下：

1．购机用途

确定喷墨打印机的用途，打印文本还是打印图片。

❖ 只打印文本，HP和LEXMARK的喷墨打印机就可胜任。

❖ 打印一般图片，四色的COL-OR系列或六色PHOTO系列的打印机可满足要求。

❖ 打印图片质量要求较高，六色PHOTO系列的打印机是不错的选择。

2．耗材费用

由于喷墨打印机耗材费用很高，特别是墨盒费用。可从以下几点考虑：

❖ 墨盒的绝对价格与打印张数要相应。

❖ 多色墨盒比分色墨盒省墨。

❖ 墨盒与喷头一体。

❖ 有相应的兼容墨盒或填充墨水。

3．技术层面

购买带有实用的新技术的打印机。在指标、性能、价格相差不太大的前提下，新推出的机型更有购买价值。

激光打印机打印速度高，精度好，但价格相对也比较贵。激光打印机的选购注意事项有：

1．速度指标

打印机的打印速度有 12 页/分钟和 16 页/分钟的。但需要留心的还是首页输出的时间。因为一般打印时都是几页的范围内。这才决定了打印机的速度。

目前，惠普激光打印机的首页输出时间较短，一般是 10 秒左右，其他品牌中耗时最长的在 40 秒以上。

2．耗材的使用

在购买打印机时，应比对首次购卖价与硒鼓价格。它们都决定了打印机的成本。

3．易用、耐用与细节

要求激光打印机输出稳定、操作简单、故障率低。

易用性强，在打印介质上，各种尺寸纸张都能打，甚至可以打印封面、各类标签。

能更换一体化激光硒鼓，长寿、低价格，增强了激打产品的耐用性。

打印机的噪音要小。

4．售后服务

选择知名品牌厂家。从产品的设计、选料筛选、工艺控制、品管测试到包装运送都要经过十分严格的把关。售后服务相对较好。这样的品牌激光打印机，会为你的整套使用与运行提供良好的保障。

8 如何选购扫描仪

1．扫描元件

对于家庭用户来说，扫描仪目前主要的任务就是将照片和图片扫描入电脑或是扫描文稿，进行 OCR 的识别。家用扫描仪使用的扫描元件有两种：CCD（光电耦合传感元件）和 CIS（接触式光电传感元件）。一般采用 CIS 技术，它成本低，轻巧、超薄。CCD 技术反之。

2．随机软件

扫描仪在使用上需要软件的大量支持和配合。扫描仪需要 OCR 文字识别和图形图像编辑处理软件。目前这两种软件种类也较为繁多，选购时一定要了解随机附送的是什么软件，什么版本。

3．售后服务

售后服务也是比较重要的，那就要选择知名品牌厂家，会为你整套的使用与运行提供良好的保障。当然在科技高速发展的今天，注意扫描仪的外观与附加功能也是很有必要的。

9 怎样选购数码相机

1．图像的分辨率

数码相机像素点数目越多，像素水平就越高，图像的分辨率也就越高，被摄画面表现得也就越细腻、清晰、层次分明。

❖ 图像在电脑屏幕上显示，选择如 640×480 等分辨率的经济实用型相机就可以了。

❖ 输出影像，照片相对清晰、逼真，应选择中档以上分辨率的相机（如 1024×768 机型）。

❖ 输出影像，图片质量要求较高，应选择高分辨率的相机（如 1620×1200 机型）。

2．存储容量

数码相机存储容量的大小决定你所能拍摄的张数，当然存储量越大越好。目前，多数相机可配套使用移动式存储卡，它给容量的扩充带来方便，拍完后换上另一个存储卡继续拍摄，大大增加可拍张数。

3．自动变焦功能

选择 CCD、TTL 自动聚焦方式的数码相机，进一步提高了聚焦精度，使画面质量有了较大的提高。

根据个人习惯爱好，在曝光模式上选择快门先决式自动曝光、光圈先决式自动曝光、手动曝光模式等。

4．镜头的品质

目前大多数数码相机都采用了内置变焦镜头，镜面中使用了非球面镜片，光圈的档位数提高到 6 档左右。镜头的口径也明显加大。

变焦镜头已有多种产品，使拍摄的灵活性和成像质量有了较大提高，如电子变焦功能，可提高超远拍摄能力。

10 怎样鉴别硬盘是否返修过

硬盘的技术含量比较高，保修期内的硬盘都是返回到原厂家去修理。

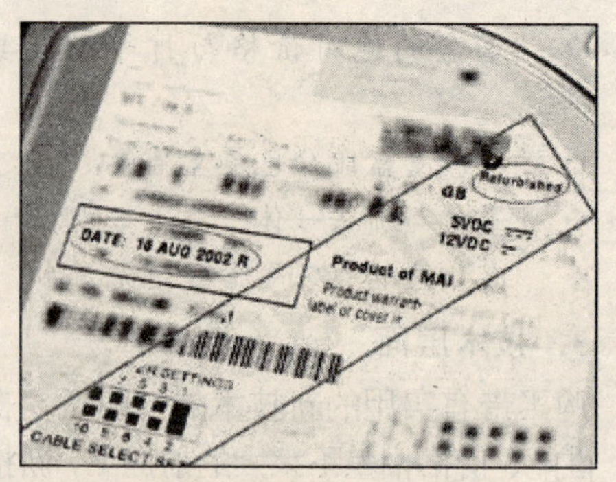

厂家在维修硬盘之后，会在盘面上做出相应的标识：

❖ 圆圈里，日期后面有一个“R”字母，这证明圆圈标注的是返修的日期，而不是生产日期。

❖ 标注方框中，有浅蓝色的“Refurbished”（整修）字样。

❖ 右上角有“Refurbished”（重修）标志。

在硬盘上看到以上的标记，就一定不要购买了。

11 AMD 处理器不如 Intel 处理器吗

目前用户都认为 Athlon XP 处理器有功耗大、不兼容的缺点（相对 Pentium 4）。由实际测试可知：

Athlon XP 处理器在功耗方面并不见得比 Pentium 4 高多少。

由于采用了铜连接制程，因此 Athlon XP 的耐高温能力远高于 Pentium 4，在 60℃以下是绝对安全的。

在兼容性方面，AMD 处理器也完全可以令人放心。

知识加油站

电脑最重要的核心部件有以下几种：

1．主板

主板是电脑主机内部的主要部件，位于主机箱内。CPU（中央处理器）、内存、显卡、声卡、网卡等均插接在主板上，软盘驱动器、硬盘则通过缆线与其相连，机箱背后的键盘接口、鼠标接口、打印机接口、网卡接口等也是由它引出的。

2．中央处理器 CPU

中央处理器是电脑的“心脏”，英文缩写为 CPU。CPU 在很大程度上决定了电脑的基本性能，平时我们所说的 Pentium（奔腾）、赛扬、速龙等指的就是中央处理器的型号。随着 CPU 型号的不断更新，电脑的性能也在不断提高。CPU 安装在主板的 CPU 插座上，主板固定在电脑机箱内。

3．内存

内存是内部存储器的简称，是电脑 CPU 与硬盘之间数据交换的桥梁，是数据传输过程中的一个寄存纽带。内存的主要功能是存放数据、执行指令及结果，并根据需要写入或读出数据。

4．显卡

显卡是电脑中进行数模信号转换的设备，它能将电脑中的数字信号转换成模拟信号让显示器显示出来。同时，目前的显卡具有图像处理能力，能够协同 CPU 进行部分图片的处理，提高电脑的运行速度。

5．声卡

声卡也称为声音卡、声效卡。声卡的作用包括声音和音乐的回放、声音特效处理、网络电话、MIDI 的制作、语音识别和合成等，声卡已成为多媒体个人电脑（MPC）不可缺少的部分。现在电脑市场上的声卡分为独立的单声卡和集成在主板上的音效芯片（也就是我们常说集成声卡）。

6．硬盘

硬盘是存储数据的重要部件，它用来存储大量数据。通常情况下，硬盘固定在电脑的主机箱内。与软盘相比，硬盘的容量要大得多，存取信息的速度也快得多，而且硬盘不易损坏，安全性高。现在市场上的硬盘容量通常为 80GB、120GB 和 160GB 不等。在硬盘家族中，USB 移动硬盘是新型硬盘，它的出现提高了硬盘的可移动性。

电脑组装

买回硬件后，还需要将它们正确地组装起来。下面就来看看怎样组装一台电脑。

1 怎样安装主板

❶ 将主板悬在机箱底板上方，确定铜柱螺丝与塑胶固定住位置。主板和底板对应的小孔，圆形螺丝孔，需加装铜柱螺丝。

❷ 底板对应的小孔是呈漏斗状滑孔，需用白色塑胶固定柱。把铜柱螺丝和白色塑胶固定柱安装在机对应的箱底板位置上。

❸ 将主板平行朝上压在底板上，使塑胶固定柱固定孔主板。将螺丝拧到与铜柱螺丝相对应的位置上。

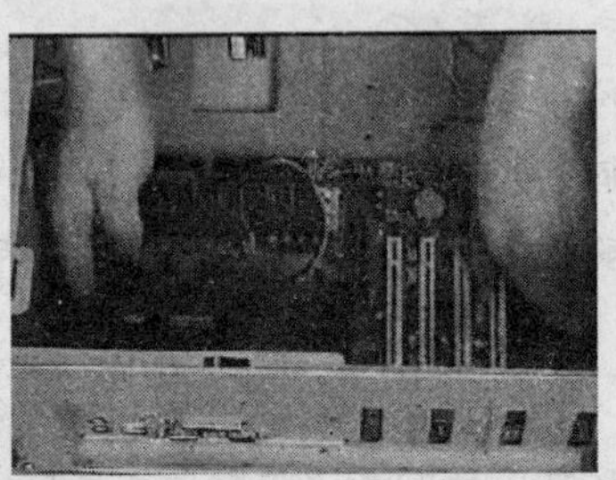

2 怎样安装 CPU

❶ 确定主板上的 CPU 插座支持要安装的 CPU。用食指拉起阻力杆，保证阻力杆与主板呈 90°的垂直状态放开。

❷ 找到插槽上面缺少针孔的一端。找到 CPU 的底部缺少针孔的部分。用拇指和食指小心夹住 CPU，以插槽与 CPU 特殊的方向为准，缓慢下放到 CPU 插槽中。

❸ 用食指下拉插槽边的阻力杆至底部卡住后，CPU 就安装成功了。

提 示

安装过程中要保证 CPU 始终与主板垂直，不要产生任何角度和错位，以免 CPU 针脚错位或断落。

3 怎样减小 CPU 风扇的噪音

使得 CPU 风扇噪音值达到静音还有点困难。噪音主要还是在于轴承的润滑以及扇叶的结构设计。可以选择具有静音功能的风扇或为风扇轴承加点润滑油，即可减小 CPU 风扇的噪音。

4 怎样安装内存

目前的内存有 SDARM、DDR SDRAM、RAMBUS 三种，按大小分有 128MB、256MB、512MB 等。

安装时，内存条对准插槽，均匀用力插到

底就可以了。同时插槽两端的卡子会自动卡住内存条。

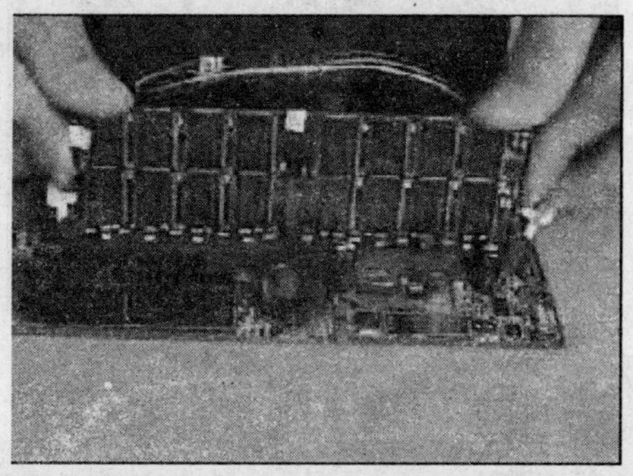

提 示

安装内存条时不要太用力，以免掰坏线路。内存条上金属接脚端有两个凹槽，对应内存插槽上的两个凸棱，方向要对准。

5 怎样安装显卡

主板上黑色槽是 ISA 插槽，白色插槽是 PCI 槽，另外的一个是 AGP 插槽，专门用来插 AGP 显示卡的。

把显卡以垂直于主板的方向插入 AGP 插槽中，用力适中保证卡和插槽的良好接触。用螺丝固定。

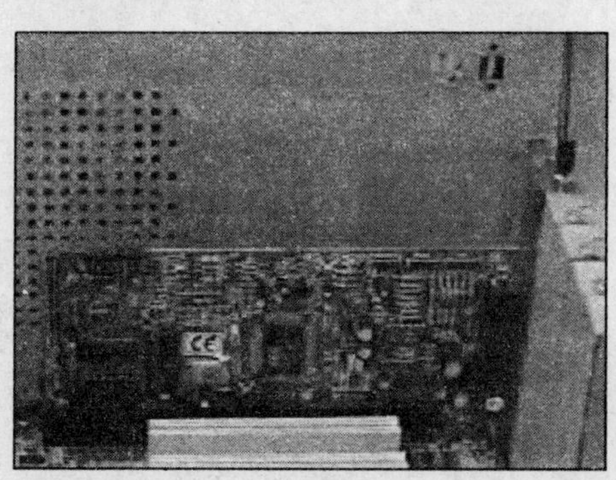

6 怎样安装声卡

把声卡以垂直于主板的方向插入 ISA 插槽或 PCI 插槽中，用力适中保证卡和插槽的良好接触。用螺丝固定。

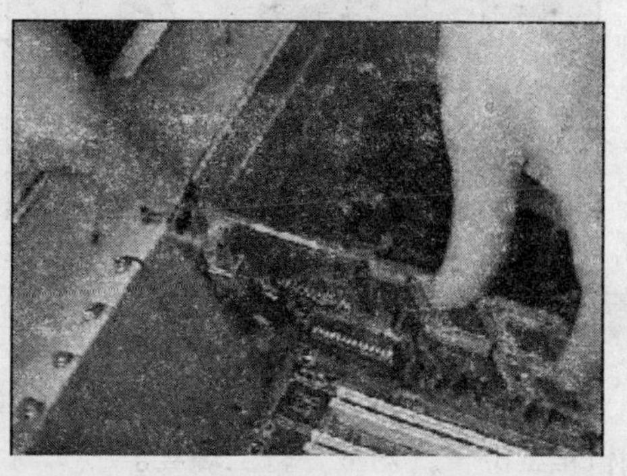

7 怎样安装硬盘

连接好数据线和电源线，数据线和电源线中红色的线在内。将硬盘放到机箱为硬盘留的位置处。在用粗牙螺丝把硬盘固定时同时调整硬盘的位置，使它靠近机箱的前面板，拧紧螺丝即可。

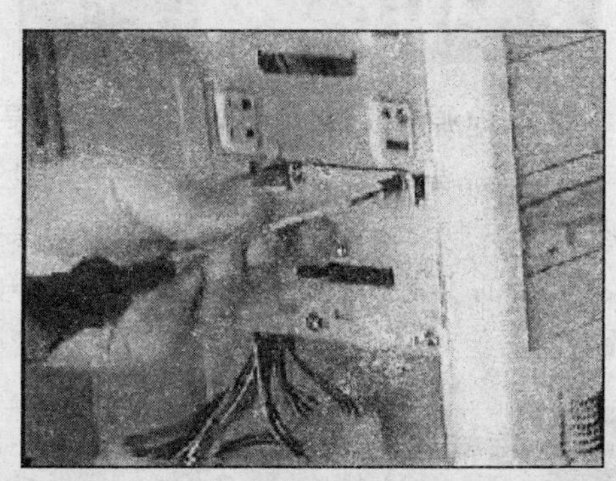

8 怎样安装光驱

把光驱放置在固定架上，保持光驱的前面和机箱面板齐平。在光驱的每一侧用两个螺丝初步固定。调整光驱的位置，把螺丝拧紧即可。

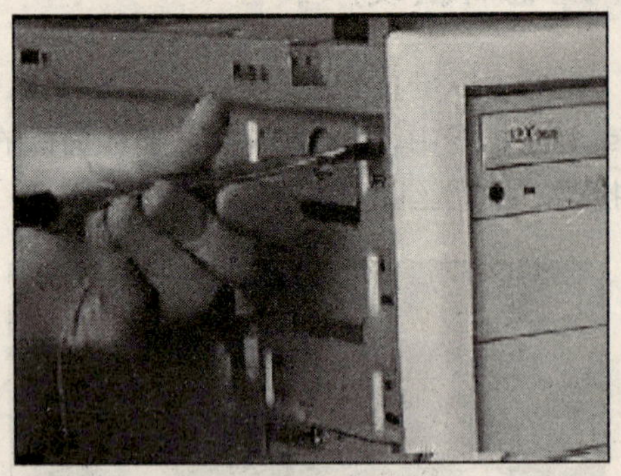

9 怎样安装电源

把电源放在电源固定架上，使电源螺丝孔和机箱上的一一对应，拧上螺丝。

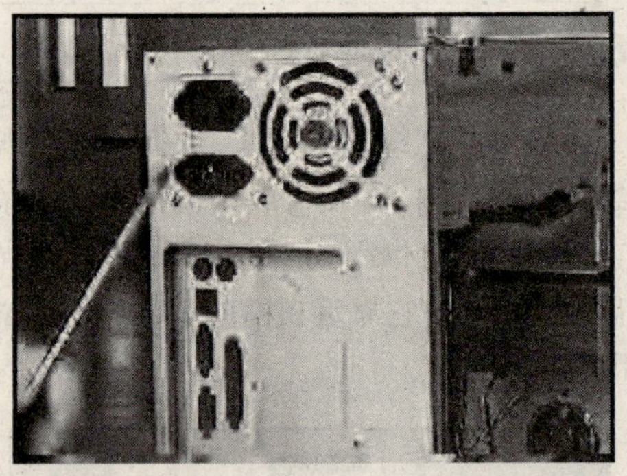

ATX 电源有三种输出接头，较大的是主板电源插头，只有一个。将插头对准主板上的插座插到底就可以了。四芯的插头是连接硬盘、光驱的，连接时保证插头和插座的缺角相吻合。

10 怎样连接显示器

将显示器的信号线接在显示卡上，电源接在主机电源上或直接接在电源插座上。

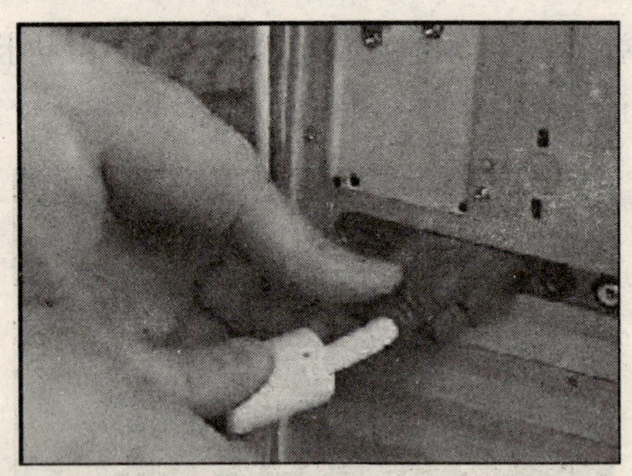

11 怎样连接键盘

键盘插头上有个向上标记，连接时按照这个方向插到主板后部有一个圆形的接口就可以了。

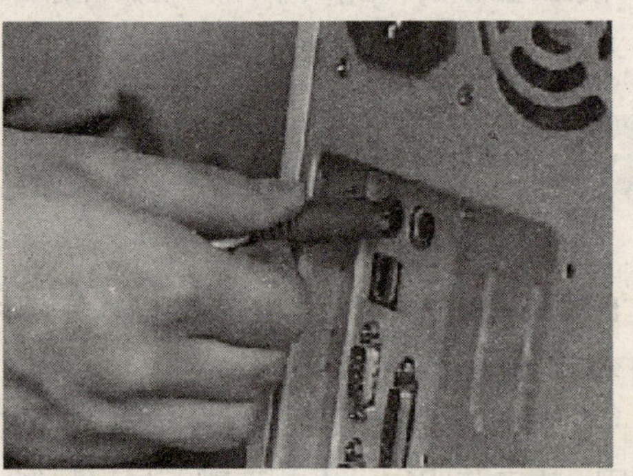

新手上路

电脑的外围设备有以下几种：

1．主机箱

电脑的主机箱是电脑核心硬件的“家园”，保护着 CPU、主板、内存、显卡、磁盘驱动器等设备，让它们能够在里面“安居乐业”。电脑的机箱有立式和卧式之分（不过现在已经很少看到有卧式机箱），也就是按照主板在机箱中的安装位置不同来划分。

2．软盘和软盘驱动器

软盘分为 5.25 英寸的软盘和 3.5 英寸的软盘，容量分别为 1.2MB 和 1.44MB。现在常用的软盘是 3.5 英寸的软盘，5.25 英寸的软盘几乎已看不到了。3.5 英寸软盘有一个写保护装置，就是盘角上的一个正方形孔和一个滑块。当滑块封住小孔时，可以对盘片进行读和写的操作；当小孔打开时，软盘处于写保护状态，只能读取和拷贝软盘的内容。

软盘只是存储数据的介质，如果要对它进行读出或写入数据的操作，还必须有软盘驱动器。这里需要注意的是，3.5 英寸软盘和 5.25 英寸软盘所使用的软盘驱动器是不一样的。

3．光盘存储系统

光驱的全名是“光盘驱动器”，用于读取光盘上的数据或者将电脑数据刻录到特制光盘上进行存放。现在光驱的种类很多，基本上可以分为 CD-ROM、DVD-ROM 和 RW-ROM。

4．键盘和鼠标

键盘是由一组排列成阵列的按键开关组成的。如果按键盘的材料来划分，键盘可分为电容式、机械式和机电式三种。鼠标是一种手持式屏幕定位装置，大多通过一根长线与主板上的接口相连，其外形因酷似老鼠而得名。按照鼠标按键数量的不同，鼠标分为一键鼠标（多用于苹果机）、两键鼠标和三键鼠标，同时鼠标也可分为有线鼠标和无线鼠标两类。

5．显示器

显示器主要分为 CRT（Cathode Ray Tube，阴极射线管）和 LCD（Liquid Crystal Display，

液晶）显示器。CRT 显示器是目前台式机显示器的主流，其优点是价格合理，具有高分辨率和绚丽的色彩，但体积较大，可携带性与移动性差；LCD 液晶显示器以前广泛用作笔记本电脑的显示器，目前也风靡于台式机，其最大的特点在于低辐射，体积小便于移动。

6．打印机

打印机主要用于打印文档图案，分为针式打印机、喷墨打印机和激光打印机。针式打印机主要用于打印票据，在银行、超市等场合使用较多；喷墨打印机适合打印文档和质量一般的图片，适合普通用户使用；激光打印机速度快，质量高，但比较贵，适合专业的打印店使用。

7．扫描仪

扫描仪主要用于将文档、图片等扫描进电脑，适合常常接触文档转换的人群使用。

8．摄像头

摄像头的用处很多，可以像摄像机一样摄像，也可以拍照，还可以用于实时图像传输，是经常远程视频聊天的用户不可或缺的外设。

第 3 章 系统安装前的准备工作

- 怎样进入 BIOS 设置主界面
- 怎样设置系统快速启动
- 怎样不保存设置退出 BIOS
- 怎样载入 BIOS 默认设置
- 怎样对硬盘分区进行规划
- 单系统怎样分区比较好
- 怎样使用 Fdisk 为硬盘分区

3.1 BIOS 设置

BIOS，是“Basic Input/Output System”的简称，中文名为“基本输入输出系统”，它是一个固化到电脑主板上的 ROM 芯片中的程序，包括电脑的基本输入输出程序、系统设置程序以及开机加电自检程序和系统启动自举程序等。

1 BIOS 和 CMOS 有什么区别

常常听说 BIOS 设置和 CMOS 设置，二者究竟有何区别呢？看看下表就明白了。

名称	实体	功能	彼此关系
BIOS	一组程序	设置硬件参数	将硬件参数保存在CMOS芯片中
CMOS	RAM 芯片	存放硬件参数	接受并保存BIOS设置的参数

准确的说法是通过 BIOS 设置程序对 CMOS 参数进行设置。而平常所说的 CMOS 设置与 BIOS 设置指的是同一回事，在一定程度上造成两个概念的混淆。

2 怎样进入 BIOS 设置主界面

电脑开机几秒钟后，根据屏幕提示快速按下“Del”键可进入 BIOS 程序设置主界面。

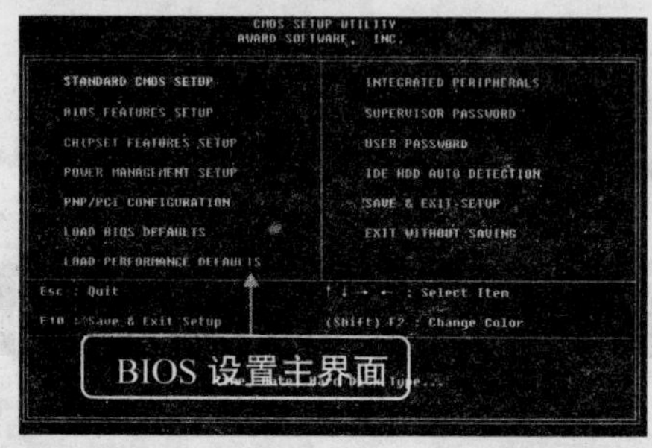

提 示

不同类型的主板进入 BIOS 设置程序的方法会有所不同，比如某些联想品牌机要按“F2”键才可以进入 BIOS 程序。具体进入方法应该注意开机后的屏幕提示。

3 BIOS 设置程序的各项功能是什么

BIOS 设置程序的各项基本功能如下：

❖ Standard CMOS Setup（标准 CMOS 设置）：在此菜单内可对基本的系统配置进行设定，例如时间、日期、IDE 设备、软驱参数等。

❖ BIOS Features Setup（高级 BIOS 设置）：在此菜单内可对系统的高级特性进行设定。

❖ Chipset Features Setup（高级芯片组特征设置）：在此菜单内可以修改芯片组寄存器的值，优化系统的性能。

❖ Power Management Setup（电源管理设置）：在此菜单内可以对系统电源管理进行特别的设定。

❖ PNP/PCI Configurations（PNP/PCI 配置）：在此菜单内可以对 PNP/PCI 设置进行配置。

❖ Load BIOS Defaults（载入 BIOS 默认设置）：在此菜单内可载入出厂默认值作为稳定的系统使用，但性能表现不佳。

❖ Load Performance Defaults（载入高性能默认值）：在此菜单内可载入最优化的默认值，但可能影响系统稳定。

❖ Integrated Peripherals（整合周边设置）：此项可设置主板周边设备和端口。

❖ Supervisor Password（设置管理员密码）：此项可设置管理员密码。

❖ User Password（设置用户密码）：此项可设置用户密码。

❖ Save & Exit Setup（存盘退出）：选择此项即可保存对 CMOS 的修改，然后退出设置程序。

❖ Exit Without Saving（不保存退出）：选择此项将不对 CMOS 的修改进行保存，并退出设置程序。

将光标移动到要设置的项目上，按“Enter”键即可对该项目进行设置。

4 怎样设置系统日期和时间

在 BIOS 设置主界面中，使用方向键选中“Standard CMOS Setup”选项，按“Enter”键进入标准 CMOS 设置界面。

其中“Date”和“Time”两项就是日期和时间设置。

按“+/-”键修改设置，或者按“Page Up/Page Down”键也可修改。

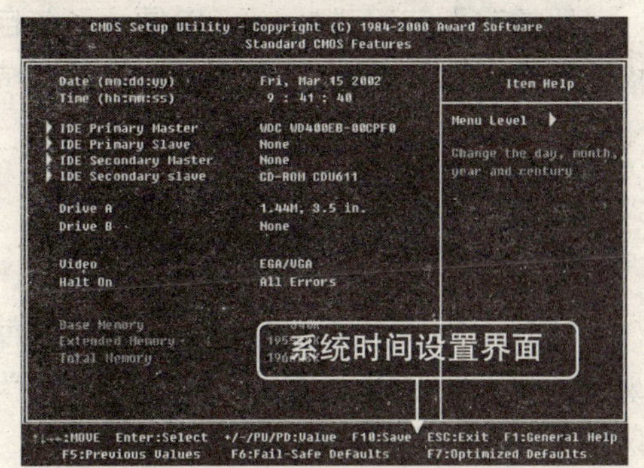

5 怎样设置 IDE 接口

IDE 接口设置主要是对 IDE 设备的数量、类型和工作模式进行设置。常用的 IDE 设备就是硬盘和光驱。

电脑主板上一般有两个 IDE 插槽，共连接两条 IDE 数据线。一条 IDE 数据线最多可以接两个 IDE 设备，因此一般电脑最多可以连接 4 个 IDE 设备。

IDE 接口设置中各项的含义如下：

❖ IDE Primary Master：第一个 IDE 插槽的主 IDE 接口。

❖ IDE Primary Slave：第一个 IDE 插槽的从 IDE 接口。

❖ IDE Secondary Master：第二个 IDE 插槽的主 IDE 接口。

❖ IDE Secondary Slave：第二个 IDE 插槽的从 IDE 接口。

硬盘设置有三个选项：

（1）“Manual”表示允许用户手工设置 IDE 设备的参数。

(2)"None" 表示开机时不检测该 IDE 接口上的设备，即屏蔽该接口上的 IDE 设备；

(3)"Auto" 表示自动检测 IDE 设备的参数。

一般情况下使用 "Auto"，以便让系统自动检测硬盘，但某些情况下需要将此项设置成 "None"。

6 怎样设置 Video/ Halt On

"Video" 项是显示模式设置，现在都使用彩色显示器，因此默认的显示模式为 EGA/VGA，不需要修改。

"Halt On" 项让用户决定在开机自检中出现错误时，采取的对应操作。该项设置共有 5 个选项，各个选项功能如下：

❖ "No Errors"：检测到任何错误都不要停止 BIOS 工作，继续检测。

❖ "All Errors"：有任何错误系统均暂停，等候处理。

❖ "All，But Keyboard"：除了键盘错误外，有任何错误系统均暂停，等候处理。

❖ "All，But Diskette"：除了软驱错误外，有任何错误系统均暂停，等候处理。

❖ "All，But Disk/Key"：除了硬盘和键盘的错误外，有任何错误系统均暂停，等候处理。

7 怎样设置内存显示

内存显示部分共有 3 个选项：Base Memory（基本内存）、Extended Memory（扩展内存）和 Total Memory（内存总量），这部分参数都不能修改。

完成标准 CMOS 设置后按 "Esc" 键可返回到 BIOS 设置主界面。

8 怎样设置病毒警告

在 BIOS 设置主界面中选择 "BIOS Features Setup" 项并按 "Enter" 键，即可进入高级 BIOS 设置界面。

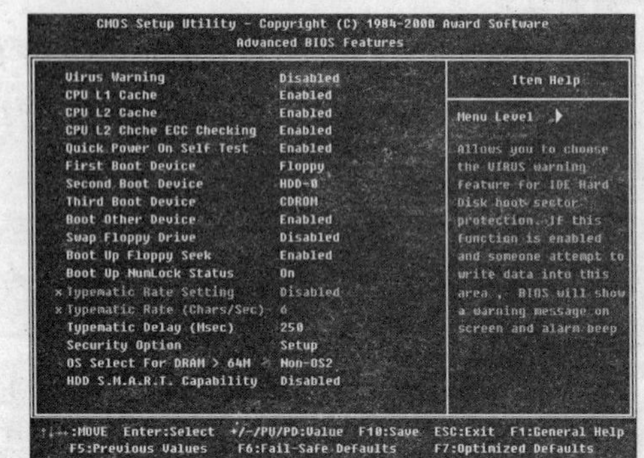

"Virus Warning" 项目是病毒警告。打开病毒警告功能可对 IDE 硬盘的引导扇区进行保护，防止引导型病毒的破坏。打开此功能后，如果有程序企图在此区中写入信息，BIOS 会在屏幕上显示警告信息，并发出蜂鸣报警声。

此项设定值有：Disabled（禁用）和 Enabled（使用），一般设置为 "Disabled"。

9 怎样设置 CPU 缓存

在高级 BIOS 设置界面可对此项进行设置。这项设置可调整 CPU 内部的一级缓存和二级缓存，可选设定值有：Disabled（禁用）和 Enabled（使用），一般设置为 "Enabled"。

10 怎样设置系统快速启动

在高级 BIOS 设置界面可对此项进行设置。Fast Boot 项是针对启动时的检测而设置的，可以用常速或快速来检测系统，此项设定值有：Disabled（禁用）和 Enabled（使用）。

如果将此项设置为 "Enabled"，则系统在启动时会跳过一些检测项目，从而提高系统的启动速度。但如果系统处于不稳定状态时，建议将此项设置为“Disabled”。

11 怎样设置系统启动顺序

在高级 BIOS 设置界面可对此项进行设置。

启动顺序设置一共有 4 项：

- ❖ “First Boot Device”：第一启动设备。
- ❖ “Second Boot Device”：第二启动设备。
- ❖ “Third Boot Device”：第三启动设备。
- ❖ “Boot Other Device”：其他启动设备。

其中每项可以设置的值有：

- ❖ Floppy: 软驱。
- ❖ IDE-0: 第一硬盘。
- ❖ IDE-1: 第二硬盘。
- ❖ IDE-2: 第三硬盘。
- ❖ IDE-3: 第四硬盘。
- ❖ CDROM: 光驱。
- ❖ SCSI: SCSI 硬盘。
- ❖ LS120: LS120 软驱。
- ❖ ZIP: ZIP 驱动器。
- ❖ Disabled: 禁用。

系统启动时会根据启动顺序从相应的驱动器中读取操作系统文件，如果从第一设备启动失败，则读取第二启动设备，以此类推。如果设置为“Disabled”则表示禁用此设备。

提 示

“Boot Other Device”项表示使用其他设备引导，比如闪存。将此项设置为“Enabled”，允许系统在前三个设备引导失败后尝试从其系统在前三个设备引导失败后尝试从其他设备引导。

12 怎样设置其他高级选项

“Security Option”项：用于设置系统对密码的检查方式。如果设置了 BIOS 密码，且将此项设置为“Setup”，则只有在进入 BIOS 设置时才要求输入密码；如果将此项设置为“System”，则在开机启动和进入 BIOS 设置时都要求输入密码。

“OS Select For DRAM>64MB”项：是专门为 OS/2 操作系统设计的，如果电脑用的是 OS/2 操作系统，而且 DRAM 内存容量大于 64MB，就将此项设置为“OS/2”，否则将此项设置为“Non-OS2”。

“Video BIOS Shadow”项：用于设置是否将显卡的 BIOS 复制到内存中，此项通常使用其默认值。

13 怎样载入 BIOS 默认设置

有时设置 BIOS 后觉得效果不好，但是又无法改回到原样，则可以通过载入默认设置选项，将 BIOS 设置恢复到默认设置。

Load BIOS Defaults	
Load Optimized Defaults	载入最优化设置
Load Performance Defaults	

如要载入最优化默认设置，其操作步骤如下图所示。

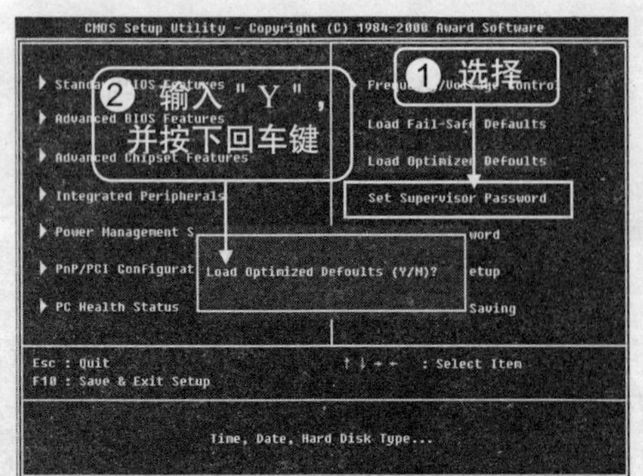

设置完毕后，BIOS 中的所有设置选项都变成以性能为主的默认值。载入默认的安全状态设置也可参照以上步骤。

提 示

如果在最优化设置时电脑变得不稳定，可以用"Load Fail-Safe Defaults"选项来恢复 BIOS 的默认值，该项是最基本的也是最安全的设置。在这种设置下一般不会出现问题，但电脑的性能也得不到最充分的发挥，因此这项设置作为一种诊断方法，判断导致错误的设置到底是哪一项。

14 怎样设置超级用户密码

使用"超级用户密码"进入 BIOS 可以修改 BIOS 设置，而使用"用户密码"只能浏览 BIOS 设置。BIOS 密码最长为 8 位，输入的字符可以为字母、符号、数字等，注意字母要区分大小写。

使用"Set Superviser Password"项修改或启用超级用户密码的步骤如下图所示。

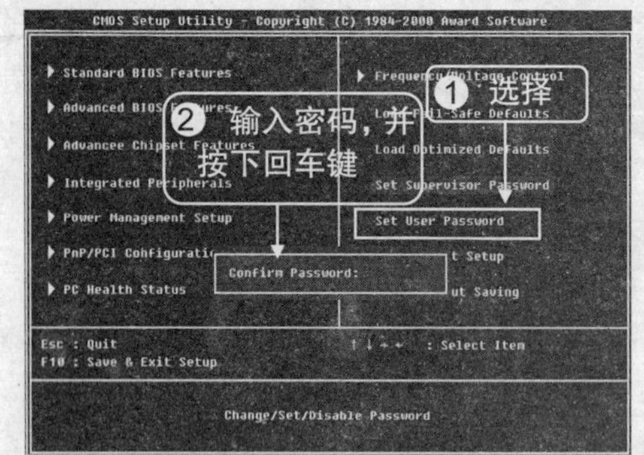

❸ 再次输入密码，按下"Enter"键。

15 怎样保存设置退出 BIOS

"Save & Exit Setup"选项用于在 BIOS 设置完毕后，保存所作的设置，并退出 BIOS 设置程序。

❶ 按下"F10"键。

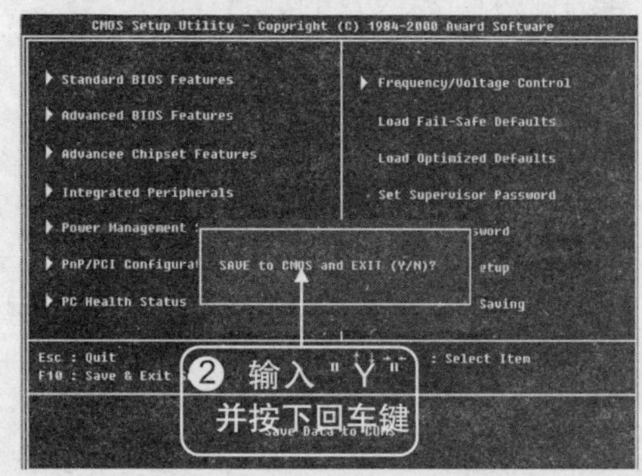

16 怎样不保存设置退出 BIOS

如果对设置不满意，不需要保存，则可在 BIOS 设置程序主界面中选择"Exit Without Saving"项，此时将弹出"Quit Without Saving"的对话框，按下"Y"键再按下"Enter"键，即可退出 BIOS 设置界面，重新启动电脑。

专业提升

如果忘记 BIOS 口令，那么用户将面临两种情况：一是能进入操作系统，但不能修改 BIOS 设置；二是更加严重的情况，即连操作系统也无法进入。那么怎样使 BIOS 密码失效呢？本节就介绍怎样在这两种情况下破解 BIOS 密码。

1. CMOS 放电法

打开机箱，找到主板上的电池，将其与主板的连接断开。此时，CMOS 将因断电而失去内部储存的一切信息。再将电池接通，合上机箱开机，由于 CMOS 已是一片空白，可任意进行修改。

2. 跳线短接法

在电池附近有一个跳线开关（可参考主板说明书），一般情况下，在跳线旁边注有 RESET CMOS 或 CLEAN CMOS 字样，跳线开关一般为三脚，有的在 1、2 两脚上有一个跳接器，此时将其拔下接到 2、3 脚上即可放电。

几乎所有的主板都有清除 CMOS 的跳线和相关设置，但因厂商不同而各有所异，例如有的主板的 CMOS 清除设备并不是常见的跳线，而是很小的焊接锡点，一般都要用镊子，小心地将其短路，就可成功清除 CMOS 密码。

3. 程序破解法

此法适用于可进入操作系统，但无法进入 BIOS 设置（要求输入密码）的情况。具体方法是：将电脑切换到 DOS 状态，在提示符“C：WINDOWS>”后面输入以下破解程序：

```
debug
- O 70 10
- O 71 ff
- q
```

再选择“exit”命令退出 DOS，密码即被破解。因 BIOS 版本不同，有时此程序无法破解时，可采用另一个与之类似的程序来破解：

```
debug
- O 71 20
- O 70 21
- q
```

选择“exit”命令退出 DOS，重新启动并按住“Del”键进入 BIOS，系统将不再提示输入密码。

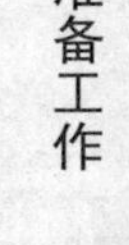

硬盘分区和格式化

硬盘必须在格式化以后才能正常使用。一个硬盘往往被划分为几个部分来使用，每个部分装载不同的数据，便于管理。将硬盘划分为几个部分的过程称之为“分区”。

1 能详细介绍一下分区的作用吗

分区就是将硬盘分为几个部分来使用，每个部分可以有不同的用途，就好像用墙壁将一间大房间隔成几间小房间一样，这样做的好处是能够让不同用途的数据各安其所，不至于相互影响。

> **提 示**
>
> 在 DOS 和 Windows 操作系统里，盘符是按字母表分配的：A、B 分配给软驱，从 C ~ Z 则分配给硬盘分区、光驱或者移动存储器。也就是说，电脑系统最多只支持二十四个分区。

2 怎样转换分区格式

各种分区都有自己的优缺点，读者应该根据自己的需要来进行选择。

不过，有时候难免会碰上要转换分区格式的情况，因此，有必要事先仔细阅读本节，将分区格式转换的内容完全掌握。

1. NTFS 转 FAT

在不支持 NTFS 分区格式的系统中，可以采用以下方法将 NTFS 分区转换为 FAT 分区。

❶ 在 BIOS 中将第一启动设备设置为光驱，然后在光驱中放入 Windows 2000 Server 安装光盘后，重启电脑。

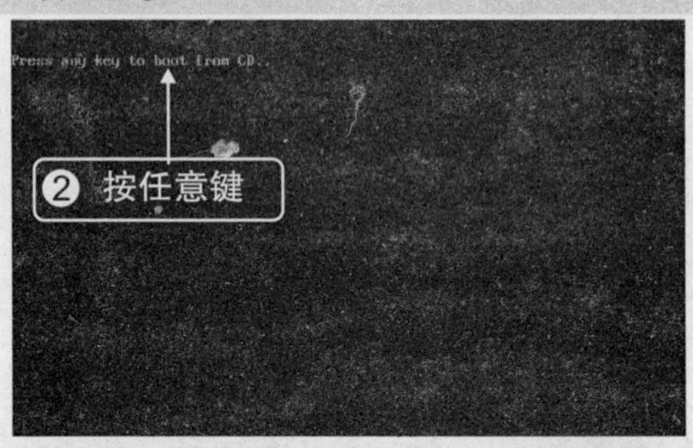

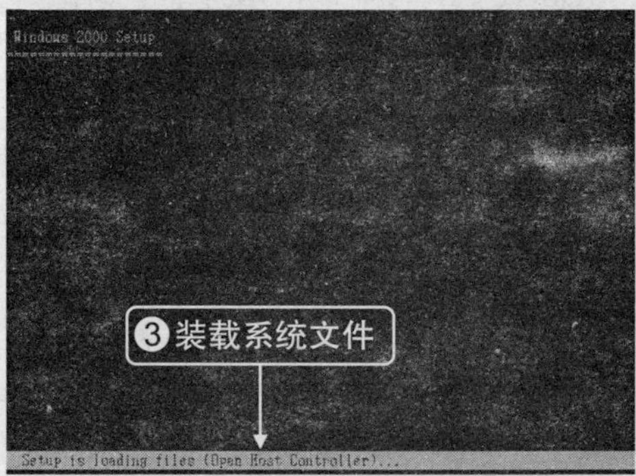

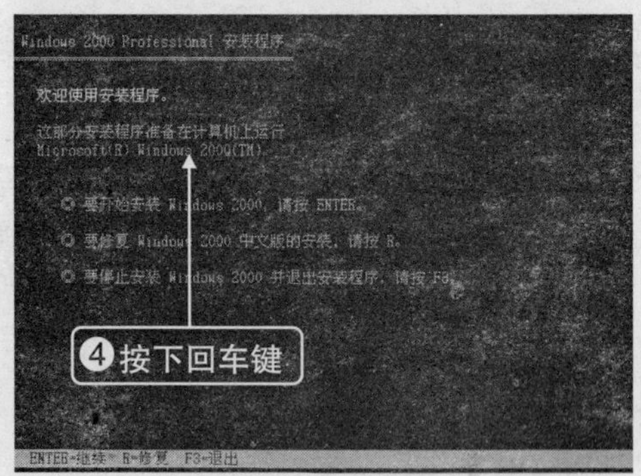

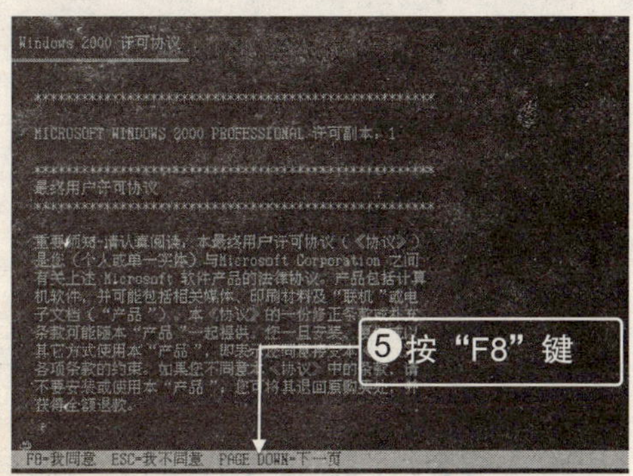

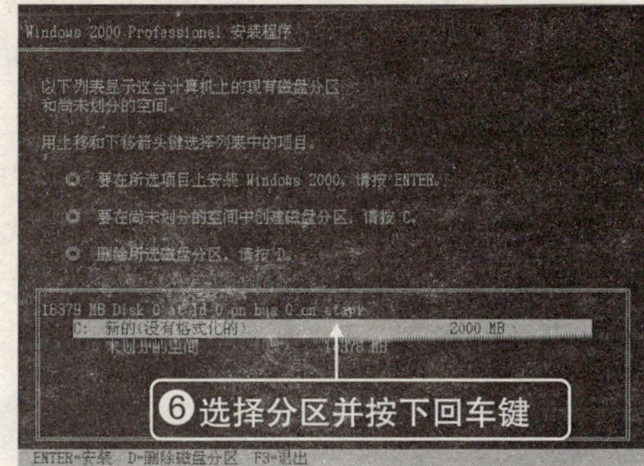

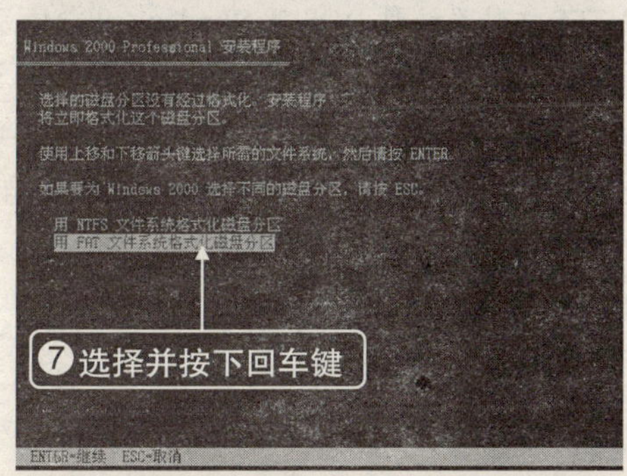

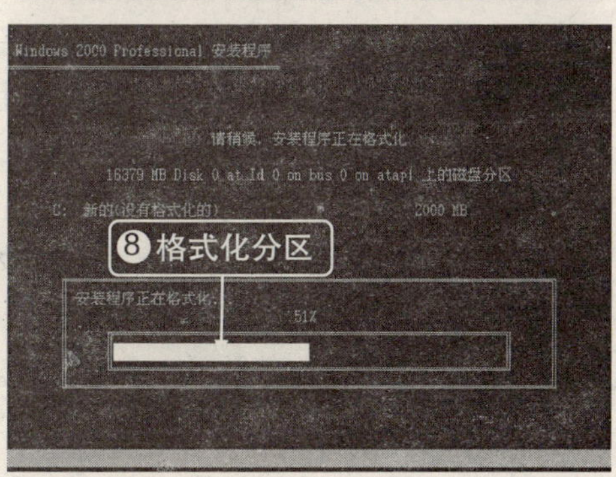

格式化完毕后，电脑将重新启动。

提 示

转换完毕后要在 BIOS 中将第一启动设备改回来。

2. FAT 转 NTFS

FAT 转 NTFS 格式要稍微多做一些工作。

❶ 制作一张 Windows 98 的启动盘，然后将 ghost.exe 文件复制到上面。

❷ 然后下载一个能让 DOS 操作系统认识 NTFS 格式的软件，比如 NTFSdos.exe，复制到启动盘上面。

❸ 在硬盘上找一个 NTFS 格式的分区，移除所有数据，只建一个空文件夹。

❹ 退出操作系统，用启动盘启动，运行 NTFSdos.exe。

❺ 运行 ghost.exe，选择“Local”→“Partition”→“To Image”命令，将该分区制作成镜像文件 NTFS.gho。

❻ 由于该分区上只有一个空文件夹，所以镜像文件非常小，可以直接复制到启动盘上。

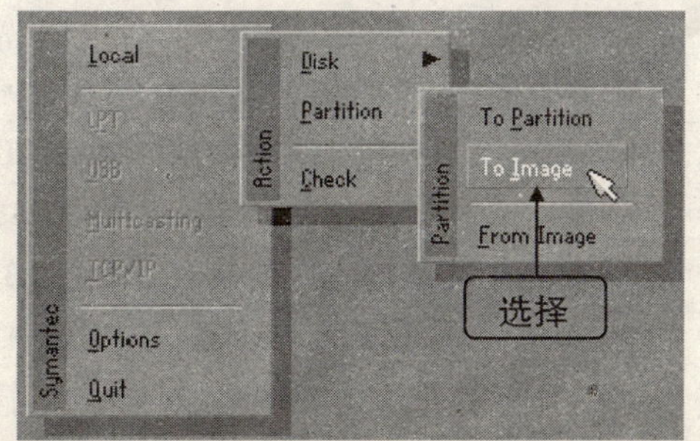

❼ 重新启动电脑后，运行 GHOST.EXE，选择“Local”→“Partition”→“From Image”命令，将 NTFS.gho 恢复到想转换的 FAT 分区上，重启电脑后该分区已经成为 NTFS 格式了。

3 文件系统是什么

文件系统就是有组织地存储文件或数据的方法，目的是易于查询和存取。文件系统是基于一个存储设备而言的，比如硬盘或光盘。

在 DOS/Windows 系列操作系统中常使用的文件系统为 FAT16/FAT32/NTFS。而 Linux 主要的文件系统格式有 EXT2/ EXT3/Reiser FS。

4 Windows 支持哪些文件系统

常用的 Windows 文件系统有：FAT16、FAT32 和 NTFS，下面分别介绍它们的特点。

1．FAT16

FAT16 是早期 DOS 操作系统下的格式，因为出现得早，所以很多操作系统都支持它，包括 Windows 系列和 Linux。FAT16 由于设计原因，比较浪费磁盘空间。

2．FAT32

FAT32 是继 FAT16 后推出的一种格式，比 FAT16 节约空间，但运行速度比 FAT16 要稍微慢些。它的特点总结如下：

❖ 可以支持的磁盘最大为 2TB（2048GB），最小为 512MB。Windows 2000 如采用 FAT32 可以支持的分区最大为 32GB；如采用 FAT16 则支持的分区最大可为 4GB。

❖ 由于采用了更小的簇，FAT32 文件系统可以更有效率地保存信息，同等条件下可比 FAT16 提高 15%。

❖ FAT32 文件系统支持重新定位根目录和使用 FAT 的备份副本，另外，FAT32 分区的启动记录被包含在一个含有关键数据的结构中，可减少电脑系统崩溃的可能。

提 示

使用了 FAT32 格式的硬盘，就不能再使用 DOS 操作系统和一些早期的应用软件了。FAT32 是现在被普遍采用的格式。

3．NTFS

NTFS 是 Windows NT 的专用格式，它的安全性和稳定性非常出色。

❖ 安全性：它能使每个用户只能按照系统赋予的权限进行操作，充分保护了系统与数据的安全。它还提供了容错结构日志，可以将用户的操作全部记录下来。

❖ 稳定性：NTFS 簇的大小并不由分区或者磁盘的大小来决定，因此不易产生文件碎片，对硬盘的空间利用及软件的运行速度都有好处。

提 示

NTFS 文件系统对 DOS 及 Windows 98/Me 系统并不兼容，这几个操作系统必须借助第三方软件才能对 NTFS 分区进行操作。如果一定要使用 NTFS 文件系统，可考虑安装 Windows 2000/XP/2003，它们都支持 NTFS 文件系统。FAT32 是现在被普遍采用的格式。

5 Linux 使用什么文件系统

EXT2/3 是 Linux 常用的格式，它的安全性和稳定性比起 NTFS 来毫不逊色，再加上因为 Linux 本身也是稳定性极佳的操作系统，二者的结合受到了广大用户的青睐。

ReiserFS 文件系统也是一款优秀的文件系统，支持大文件，支持反删除（Undelete），是目前使用较广泛的 Linux 文件系统之一。

1．EXT2

EXT2 是 GNU/Linux 系统中标准的文件系统，其特点是存取文件的性能极好，具有反删除功能，不过操作起来比较复杂。

2．EXT3

EXT3 在保持 EXT2 格式性能优点的基础上添加了日志功能。EXT3 支持大文件，但不支持反删除功能。因此安全性相对来说比较高。EXT3 的特色如下：

❖ 可用性：异常断电或系统崩溃时，EXT2 文件系统要花费大量时间检查其一致性。而 EXT3 文件系统的恢复时间只需花大约一秒钟。

❖ 数据的完整性：EXT3 文件系统具有“同时保持文件系统及数据的一致性”模式，可保持数据与文件系统状态的高度一致性，基本上消灭磁盘碎片产生的可能。

❖ 文件系统的速度：EXT3 的总处理能力在多数情况下比 EXT2 系统高，这是因为 EXT3 的日志功能优化了硬盘磁头的运动。

❖ 数据转换速度：从 EXT2 文件系统转换成 EXT3 文件系统非常容易，不用格式化分区，只要简单地键入两条命令即可。

❖ 多种日志模式：EXT3 具有多种日志模式，一种工作模式的安全性要高一些，另一种工作模式则速度要快一些。

3．ReiserFS

这也是一个非常优秀的文件系统，支持大文件和反删除，同时也是 Linux 的日志文件系统之一，其特点如下：

❖ 先进的日志机制：ReiserFS 有先进的日志功能机制，保证了在每个实际数据修改之前，相应的日志已经写入硬盘。文件与数据的安全性有了很大提高。

❖ 高效的磁盘空间利用：ReiserFS 对一些小文件不分配 inode。而是将这些文件打包，存放在同一个磁盘分块中，大大节省了空间。

❖ 独特的搜寻方式：ReiserFS 使用基于快速平衡树搜索，在搜索大量文件时，速度要比 EXT2 快得多。

❖ 支持海量磁盘：ReiserFS 可轻松管理上百 GB 的文件系统，最大支持的文件系统尺寸为 16TB，非常适合企业级应用。

❖ 优异的性能：可高效存储和可快速输入输出小文件。另外，ReiserFS 文件系统支持单个文件尺寸为 4GB 的文件，这为大型数据库系统在 Linux 上的应用提供了更好的选择。

6 怎样对硬盘分区进行规划

不同的操作系统支持不同的文件系统，如下表所示。

	FAT 16	FAT 32	NTFS	EXT2/3
DOS	支持	\	\	\
Windows 98/Me	支持	支持	\	\
Windows 2000/XP/2003	支持	支持	支持	\
Windows Vista	支持	支持	支持	\
Linux	支持	支持	\	支持

一般来说，操作系统都安装在 C 盘中，而安装程序的磁盘不要划分得太大，也不能太小；如果要安装的程序很多，可安排两个连续的分区专门用来安装各种软件。对于存放音乐、电影（特别是高清晰电影）的分区来说，

就要将分区适当划分大一些。

> **提 示**
>
> 硬盘分区后，原来驱动器中的数据会全部丢失。为防止数据丢失的情况发生，建议在进行磁盘分区或格式化前对重要文件进行备份。

对硬盘进行分区一般有几个通用原则：

❖ 实用性

用户应根据自己硬盘的容量大小来决定到底该划分多少个分区，每个分区应划分多大的容量等。

❖ 合理性

所谓的分区合理性，主要指分区的数目要合理，不能太多、太细，过多的分区数目，会减慢系统启动及访问资源管理器的速度，也不方便平时的磁盘管理。

❖ 安全性

数据的安全性包括对数据的加密、数据的备份与恢复等。一个好的操作系统，在正确、规范的使用下能够发挥良好的性能。

对整个磁盘的分区要合理，明确划分出系统区、数据区、数据备份区等磁盘分区，每个分区的大小根据用途确定，当数据遭到破坏或者丢失时，能够快速、有效地进行处理。

❖ 操作系统的特性

不同的操作系统支持不同的文件系统，操作系统本身也有着一定的局限性，因此分区时应考虑将要安装的操作系统的特性，做出合理的安排。

7 单系统怎样分区比较好

对于只安装一个操作系统的硬盘来说。一般情况下，硬盘只划分一个主分区，即C盘，用于安装操作系统；其余空间划分一个扩展分区，将扩展分区再划分为逻辑分区，用于安装程序和存放数据。

当然，一个硬盘具体需要分割成多少个分区，主要依据用户自身的需要进行规划，可以1个主分区、3个逻辑分区的分法，也可以是2个主分区、2个或4个逻辑分区等。

8 两个Windows系统怎样分区比较好

安装多个Windows操作系统，一般不能将它们安装在同一分区内，因为这样可能导致系统紊乱。下面就以一个160GB硬盘安装Windows双系统为例，来讲解怎样规划硬盘分区。

盘符	大小	分区格式	分区存储内
C盘	10GB	FAT32	Windows 98
D盘	10GB	NTFS	Windows XP
E盘	30GB	FAT32	应用软件
F盘	30GB	FAT32	游戏
G盘	20GB	FAT32	系统备份
H盘	30GB	FAT32	文档资料
I盘	30GB	NTFS	电影、音乐

> **提 示**
>
> Windows 98不能识别137GB以上的分区，所以将最后一个分区设置为NTFS格式。这样做还有一个好处，就是NTFS格式的分区下，单个文件的大小能够超过4GB，因此这个分区适合存放体积巨大的高清晰电影和视频采集文件。

9 Windows 与 Linux 共存怎样分区

下表是一个硬盘容量为 160GB 的电脑安装 Windows 与 Linux 系统，Windows 使用主分区的分区规划。

盘符	大小	分区格式	分区存储内容
C 盘	10 GB	NTFS	Windows 2000/XP/2003
无	9 GB	Linux EXT3	Linux 系统分区
无	1 GB	Linux Swap	Linux 交换分区
无	20 GB	Linux EXT3	Linux 数据分区
G 盘	30 GB	FAT32	应用软件
H 盘	30 GB	FAT32	游戏
I 盘	30 GB	FAT32	资料、音乐、电影
J 盘	30 GB	FAT32	系统备份、软件备份

10 三个以上操作系统共存该怎样分区

安装 3 个以上的操作系统，可以把第一个操作系统安装在 C 盘，然后将其他操作系统依次安装在逻辑分区中。

硬盘分区和安装 Windows 双操作系统分区规划相似，可根据不同分区的用途而定。下表是一台硬盘容量为 160GB 的电脑，在安装 Windows 98/2000/XP 三个系统的分区规划。

盘符	大小	分区格式	分区存储内容
C 盘	10 GB	FAT32	Windows 98
D 盘	10 GB	NTFS	Windows 2000
E 盘	10 GB	FAT32	Windows XP
F 盘	20 GB	FAT32	应用软件
G 盘	30 GB	FAT32	游戏
H 盘	30 GB	FAT32	文档资料
I 盘	20 GB	FAT32	系统备份、软件备份
J 盘	30 GB	NTFS	音乐、电影

11 分区的先后顺序是什么

分区的步骤是先建立主分区，再创建扩展分区，然后进行逻辑分区。如一块硬盘有 C、D、E、F 四个分区，那么 C 盘分区就是主分区，而 D、E、F 都是属于扩展分区下的逻辑分区，如下图所示。

提示

每个硬盘上一般只同时设置一个主分区和一个扩展分区，逻辑分区数量则可以由用户自行划分。一块硬盘上设置了多个主分区的话，通常要使用 BootMagic 之类的多操作系统管理软件来安装和管理操作系统。

1. 主分区

主分区用来引导电脑启动，在一般情况下，都把第一个操作系统安装在主分区内。

在同一块硬盘内，可以建立 1~4 个主分区，实际上扩展分区的地位和主分区是对等的，因此如果要建立扩展分区，主分区的数量最多只能有 3 个。

2．扩展分区

扩展分区不能作为引导分区，也不能直接用来存储资料，必须将扩展分区划分成逻辑分区才能使用。一块硬盘上只能有一个扩展分区。

3．逻辑分区

建立在扩展分区基础上，可以用来存储资料。逻辑分区的数量没有上限，但在 Windows 中，能识别的分区数量有限，因此还是不要划分得过多为好。

在多硬盘的情况下，至少要有一块硬盘上有主分区才能保证操作系统的正常启动。操作系统一般都安装在主分区中，其可管理性和安全性都比较好。

12 怎样使用 Fdisk 为硬盘分区

Fdisk 是一款常用的分区工具，使用非常简单，虽然是全英文界面，但却很容易上手，在 Windows 98 里面就能找到这个工具。下面详细介绍 Fdisk 的使用方法。

1．运行 Fdisk

运行 Fdisk 程序的操作步骤如下：

❶ 在 BIOS 设置程序中，将电脑的启动顺序选择为从光盘或者软盘启动。重新启动电脑，就会由启动光盘或软盘引导进入 DOS。

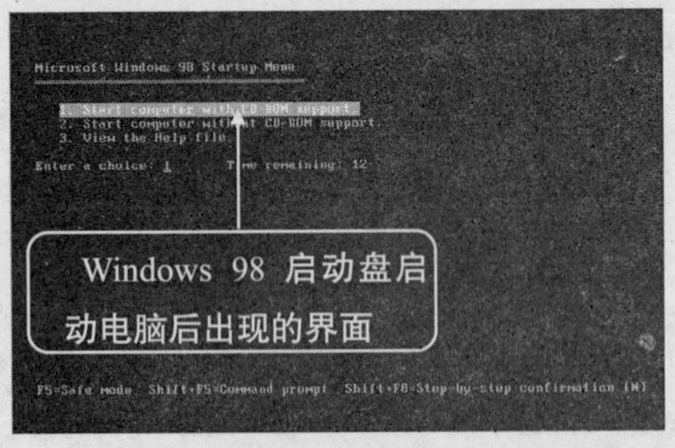

图中第 1 项表示启动电脑且正常使用光驱，第 2 项为启动电脑后不使用光驱，第 3 项查看帮助文件。

❷ 选择第 1 项，启动到 DOS 下。

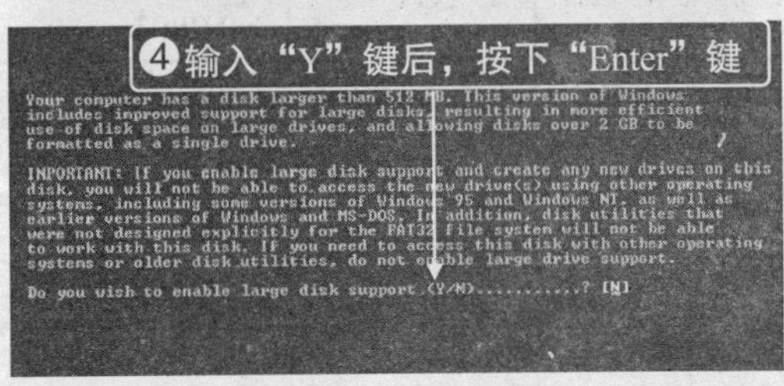

▶ 提 示

这里是提示用户磁盘容量已经超过了 512MB，为了充分发挥磁盘的性能，要求用户选择是否允许支持大容量的硬盘。现在的硬盘都超过了 512MB，因此这里一定要选择支持才行。

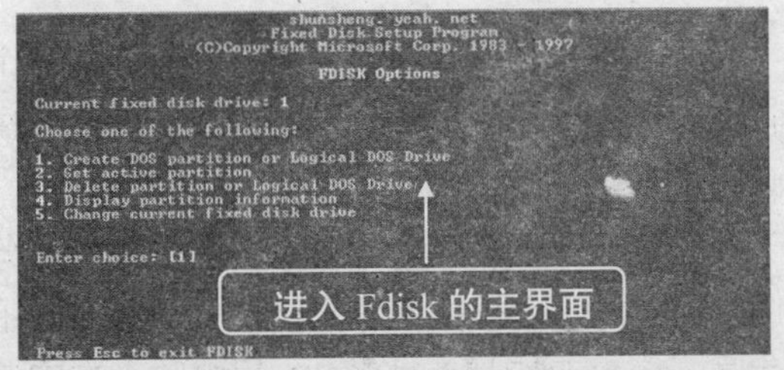

选项 1 表示创建 DOS 分区或逻辑驱动器。选项 2 表示激活分区。选项 3 表示删除分区或逻辑驱动器。选项 4 表示显示所有分区信息。选项 5 表示选择需要修改的硬盘。

2．创建主 DOS 分区

在分区的时候，需要首先为硬盘创建一个主分区。创建主分区的具体方法如下：

❶ 在 Fdisk 的主操作界面中选择 “1” 选项后按回车键，进入创建分区的界面。

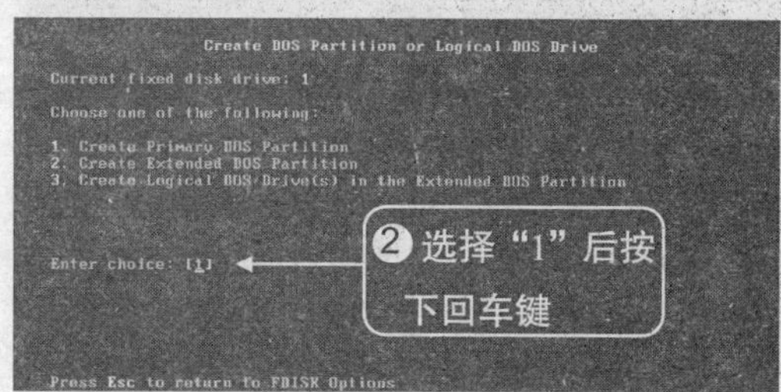

上图 3 个选项分别的含义如下：第 1 项为创建主分区，第 2 项为创建扩展分区，第 3 项为创建逻辑分区。

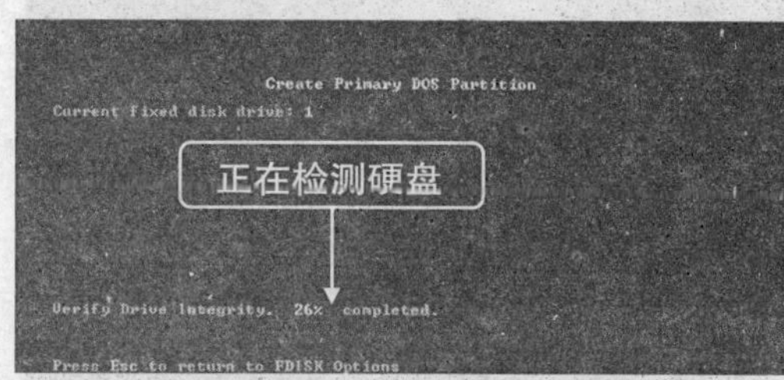

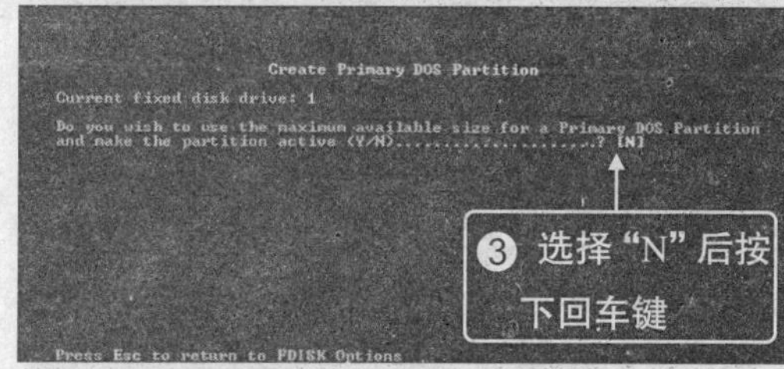

提 示

这里一般不选择 “Y”，因为选择 “Y” 之后就将整个硬盘划分为一个分区了，这样对操作系统和数据来说都是相当不安全的，也非常不便于管理。

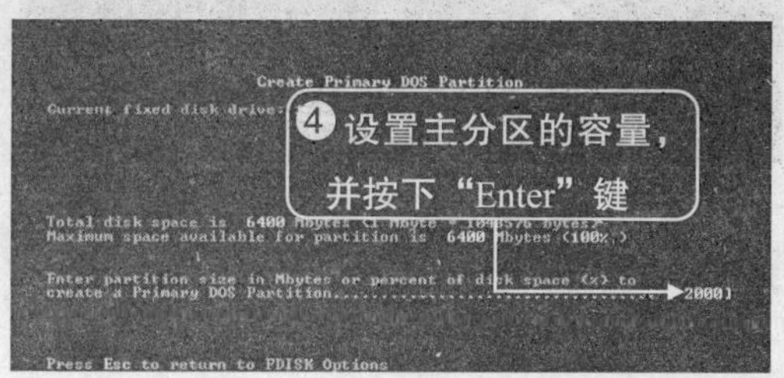

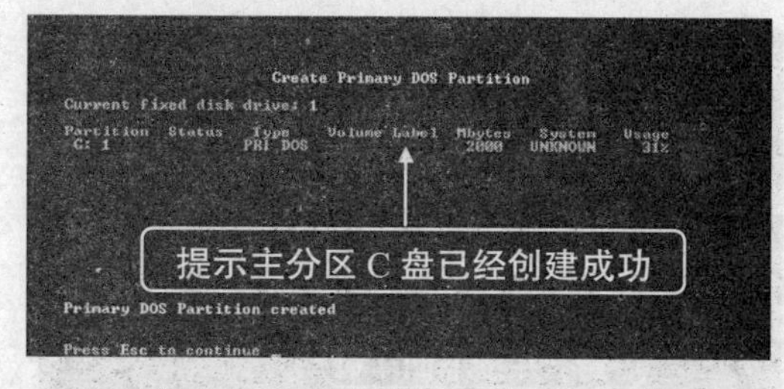

3. 创建扩展 DOS 分区

创建了主分区后，可按照下面的步骤创建扩展分区：

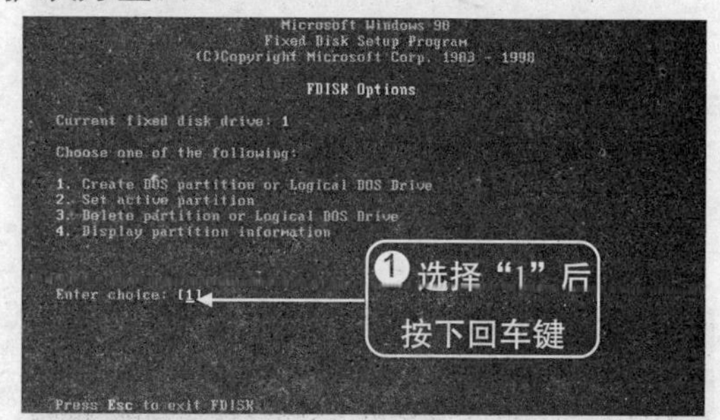

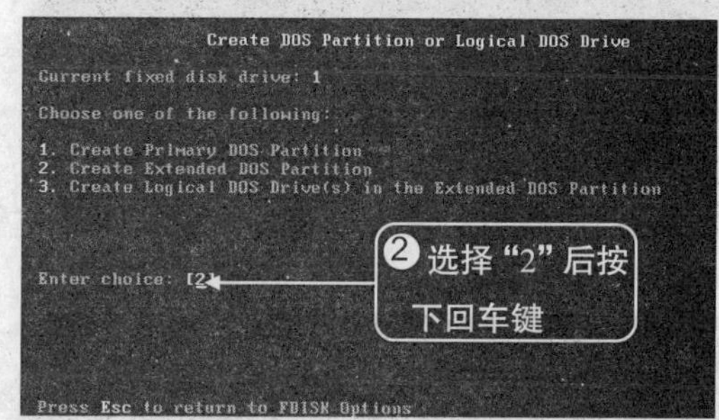

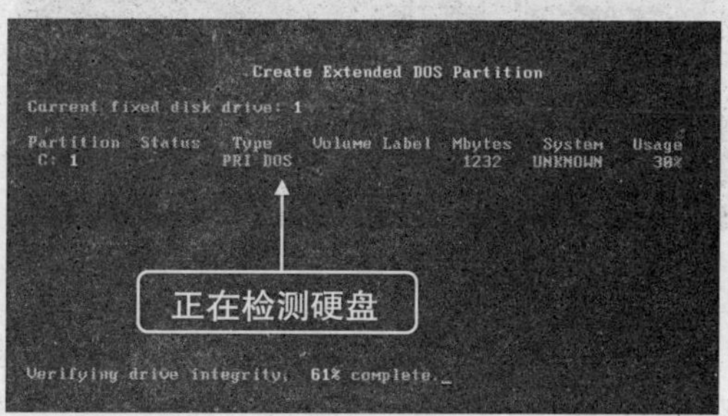

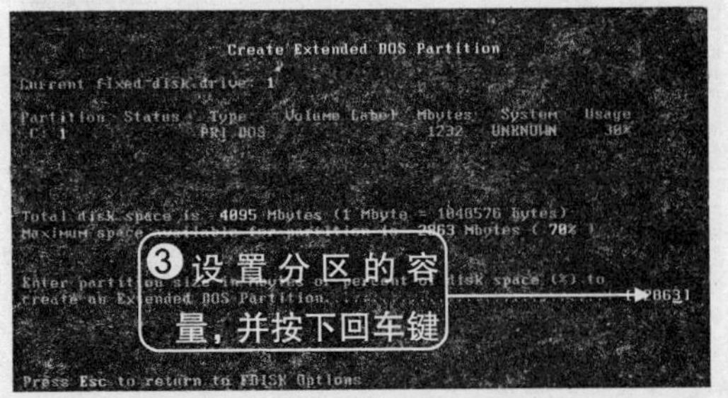

提 示

扩展分区通常使用主分区以外的所有空闲空间。因此这里不用改动，直接按“Enter”键就可以了。

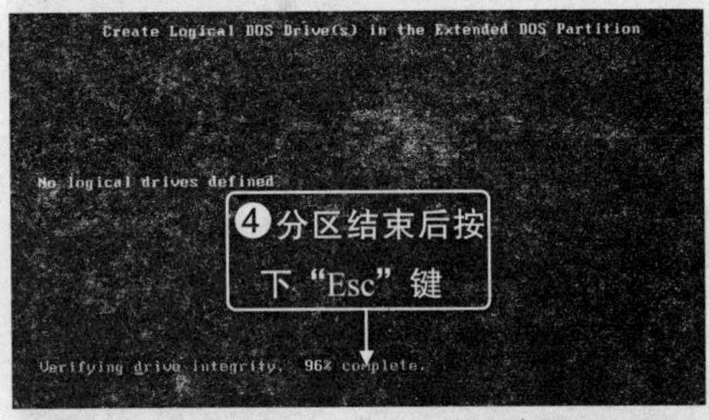

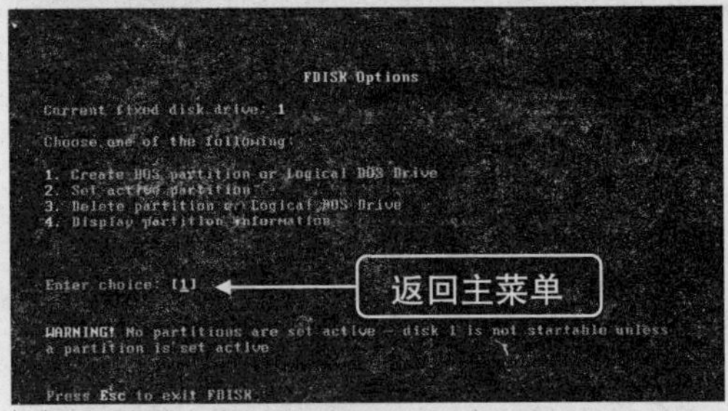

4．创建逻辑分区

创建了扩展分区后，可按照下面步骤创建逻辑分区：

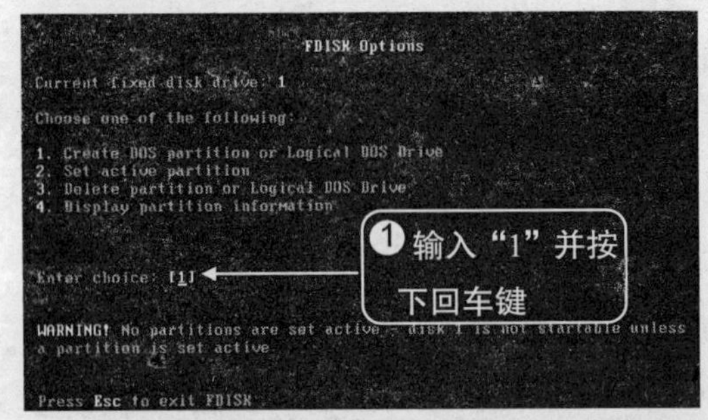

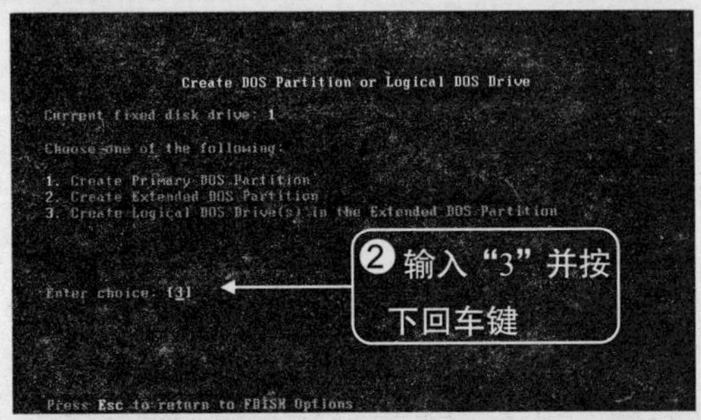

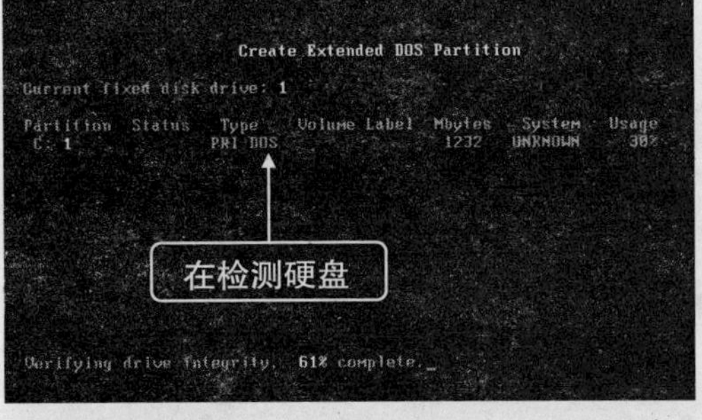

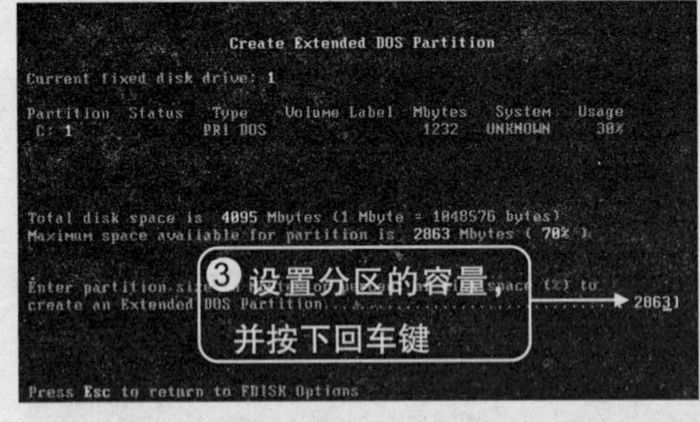

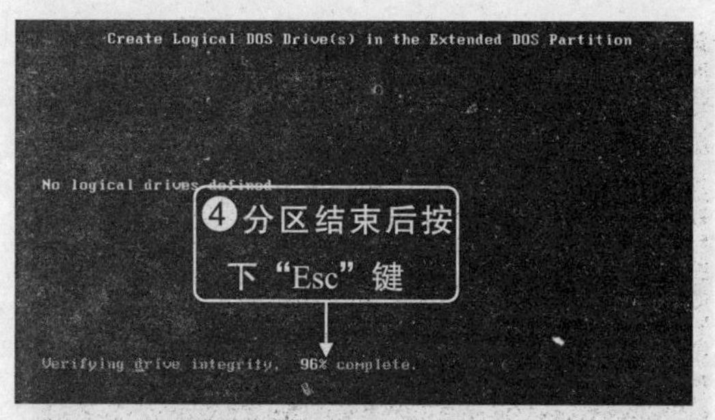

❺ 逻辑分区可以根据需要划分多个，只需重复上述步骤即可。

5．设置活动分区

完成了上述的操作后，还需要将分区激活，分区激活以后才能启动电脑。激活分区的方法如下：

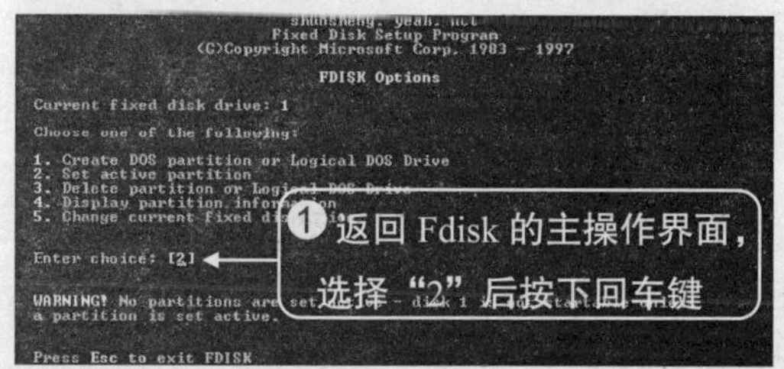

> **提 示**
>
> 只有主分区才能够设置为活动分区。

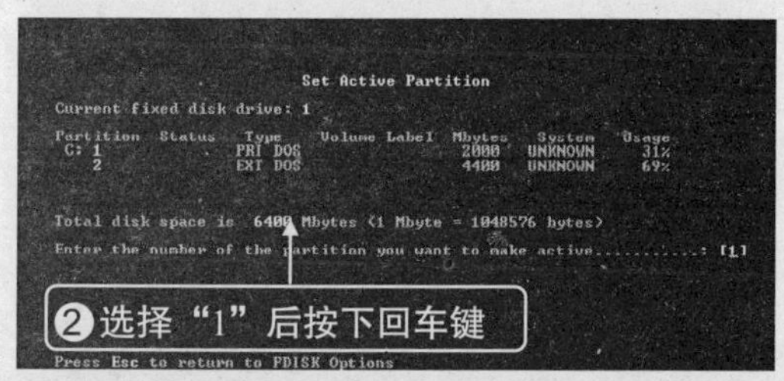

❸ 设置好活动分区以后，按下“Esc”键返回主界面，再按下“Esc”键退出 Fdisk 并重启电脑，分区即可生效。

完成了硬盘分区后，还需要对硬盘进行格式化，在格式化硬盘分区后，才能够在硬盘分区中安装操作系统。如果不格式化也行，在安装操作系统的时候，安装文件也会自动对硬盘进行格式化操作。

13 什么是硬盘格式化

硬盘在出厂后，一般都需要经过低级格式化、分区、高级格式化三个步骤才能够投入使用。

低级格式化也称为物理格式化，它将空白的磁片划分成一个个半径不同的磁道，并将磁道划分成若干个扇区，每个扇区的容量是 512B，硬盘在出厂时已经经过低级格式化了。

而这里所说的格式化，是指在硬盘分区上建立硬盘格式，即高级格式化。

14 怎样使用 Format 对分区格式化

硬盘分区完成后，用户还不能立即在上面安装操作系统，必须对硬盘进行格式化才可以使用硬盘。重新启动电脑后，可以使用 Format 命令手动进行格式化。

❶ 启动电脑到纯 DOS 状态下。

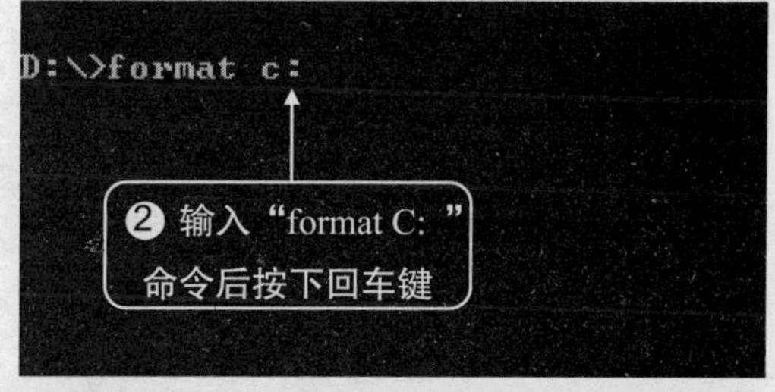

> **提 示**
>
> “format C:”命令表示格式化分区 C。读者可根据具体需要改变分区符号。

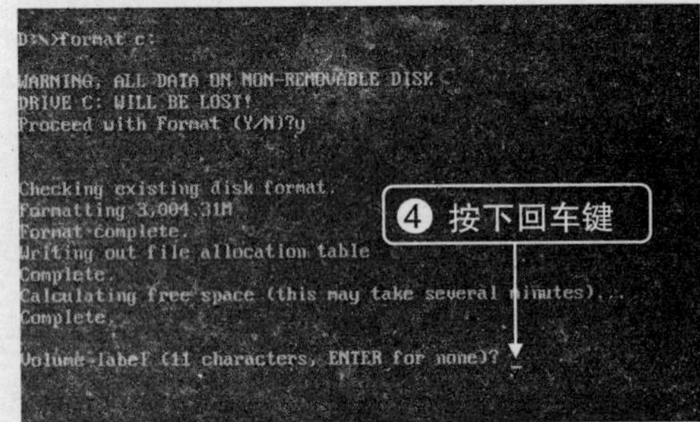

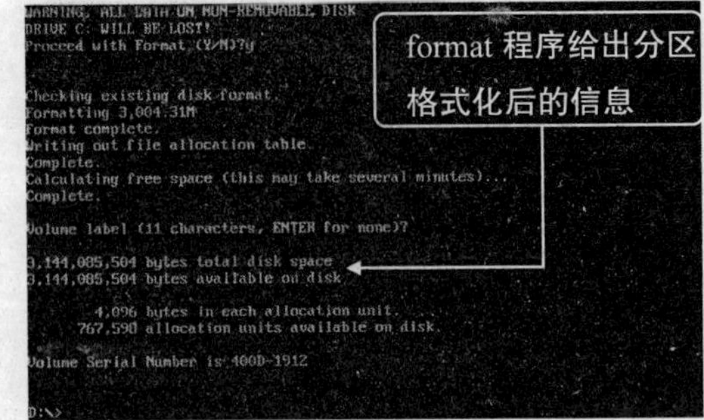

图中给出的分区信息意思如下：

❖ 分区大小为 3 144 085 504 B。

❖ 可用空间大小为 3 144 085 504B。

❖ 磁盘上每个单元大小为 4096 B。

❖ 磁盘上可用的单元数为 767 598 个。

❖ 磁盘的序列号为 400D－1912。

可用空间大小和分区大小相同，说明分区上没有坏簇，也没有复制启动文件在上面。现在，所有准备工作都已经做好了，接下来可以安装系统了。

技巧点拨

如果某些分区上已经复制了文件，但又需要重新分区而不影响文件，怎么办呢？

Partition Magic 就是专门为这种需要而设计的分区软件，它可以在不破坏数据的情况下重新调整分区大小、分割和合并分区，非常方便。

其中又可分为 DOS 版和 Windows 版两种，这里以 Windows 版本为例，讲解一下怎样使用 Partition Magic 来无损扩展一个分区的容量。

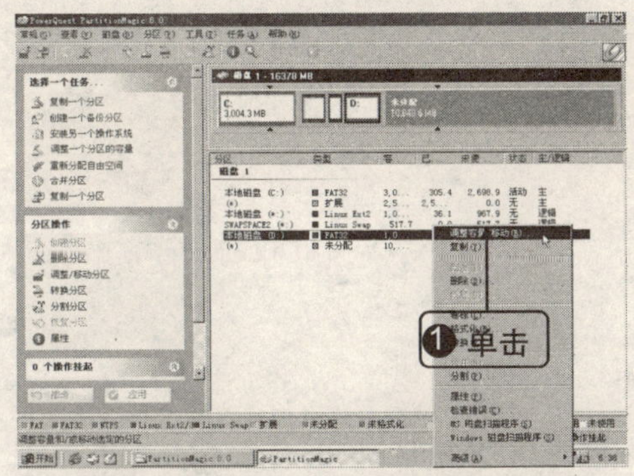

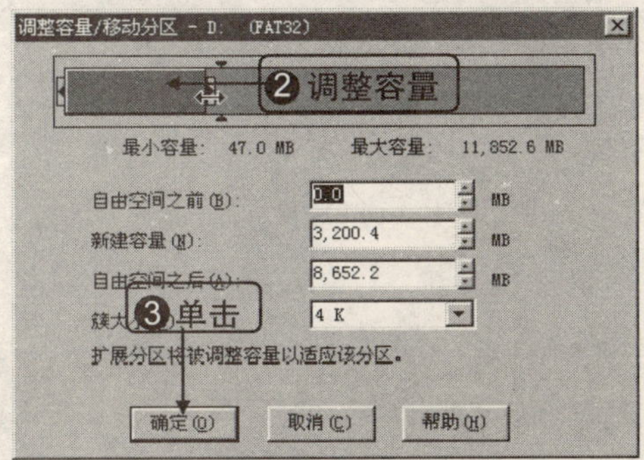

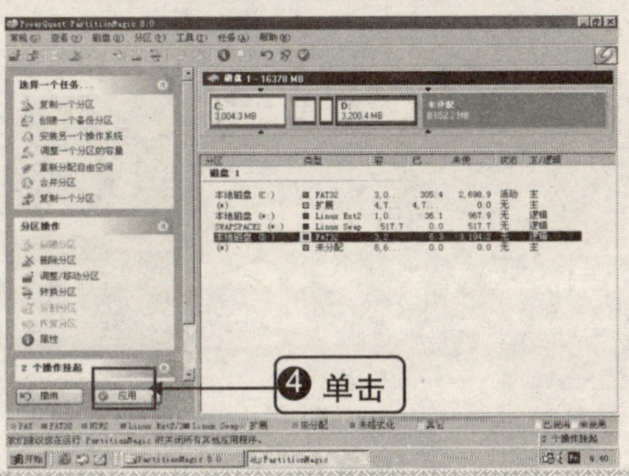

❺ 弹出确认对话框，单击“是”即可开始扩展分区容量。扩展完毕后，可以看到原有的数据都还存在。

第 4 章 安装操作系统和驱动程序

- 安装 Windows XP 的硬件要求是什么
- 安装 Windows XP 有哪些注意事项
- 怎样在 Windows 下全新安装 Windows XP
- 怎样在 DOS 状态下全新安装 Windows XP
- 怎样安装显示器驱动程序
- 驱动程序为什么要卸载与升级
- 怎样升级驱动程序

4.1 全新安装 Windows XP

Windows 有多种版本，这里以使用最广泛的 Windows XP 为例进行讲解。

1 安装 Windows XP 的硬件要求是什么

在安装 Windows XP 之前，必须确认电脑的硬件配置是否满足以下要求：

❖ CPU 达到 Pentium 233MHz 以上。

❖ 内存至少 64MB。

❖ 硬盘剩余空间至少 1.5GB。

❖ 显卡至少要支持 800×600 的分辨率、真彩色。

2 安装 Windows XP 有哪些注意事项

Windows XP 的安装时间一般都在 50 分钟以上，在安装过程中需要注意以下几个问题：

❖ 不要在解压数据和复制临时安装文件的过程中中断安装。

❖ 尽量不让 Windows XP 转换分区。

❖ 有条件情况下，尽量使用不间断电源（UPS）。

❖ 不要超频，并使用知名品牌配件。

❖ 注意 CMOS 是否有掉电情况。

❖ 尽量全新安装 Windows XP。

❖ 安装失败后多尝试恢复操作。

3 怎样在 DOS 状态下全新安装 Windows XP

不同版本的 Windows XP 虽然在部分功能支持上有些不同，但安装方法基本一致。

DOS 状态下全新安装 Windows XP 的具体步骤如下：

❶ 将电脑设置为从软驱启动，在软驱中插入 Windows 98 启动软盘，开机进入 DOS。

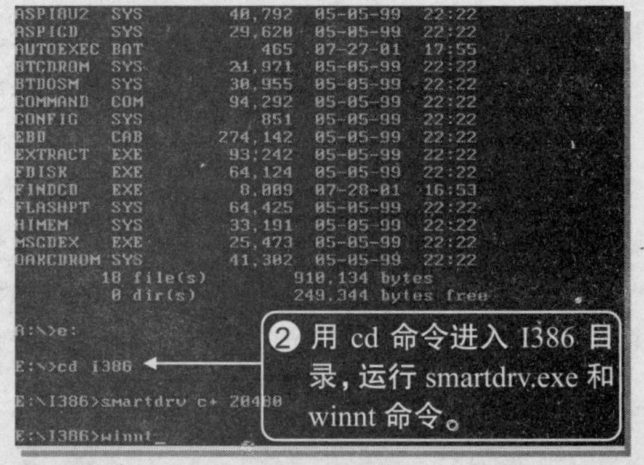

提 示

如果没有 smartdrv.exe 命令，可在 Windows 98 的启动软盘或者安装光盘中查找。

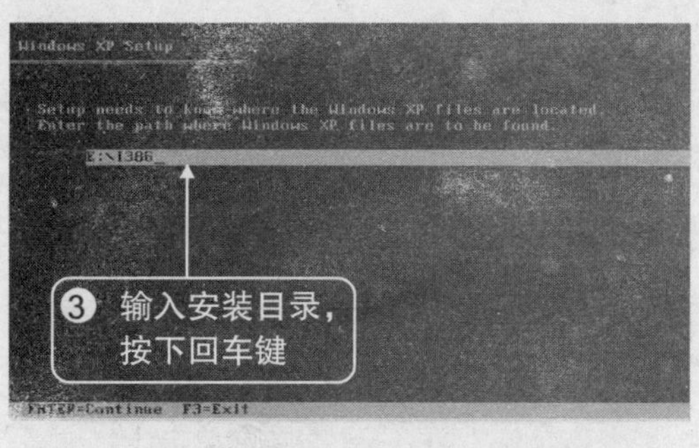

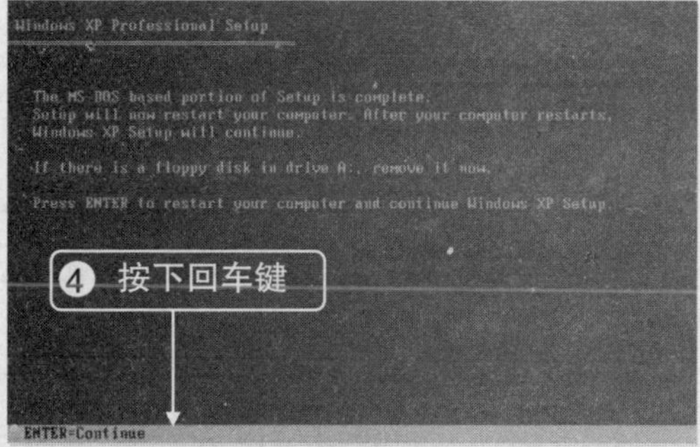

▶◀ 提 示

按下回车键后电脑会重启。如果安装光盘不能够自动启动，还应进入 BIOS 设置界面，将第一启动驱动器设为光驱。

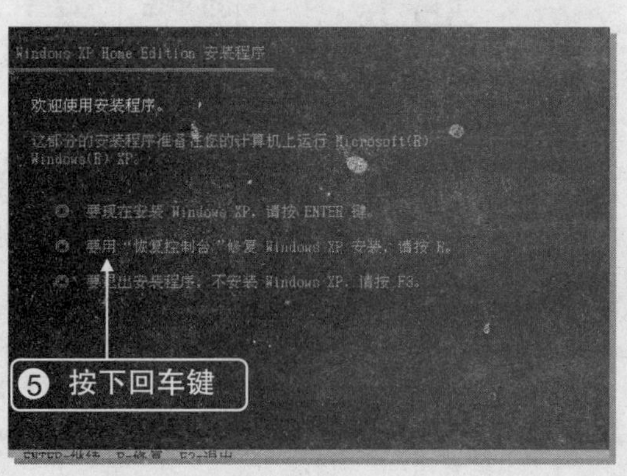

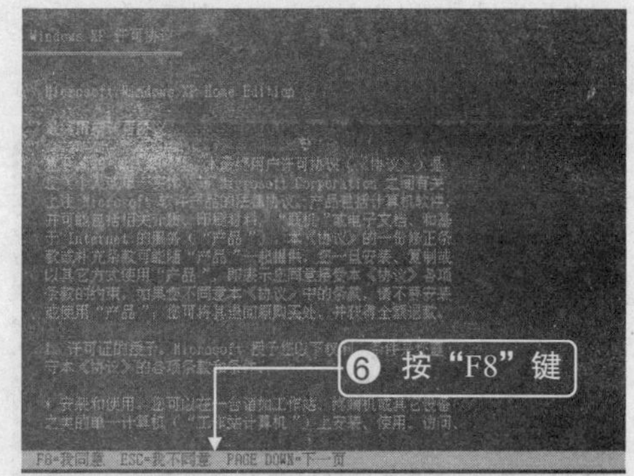

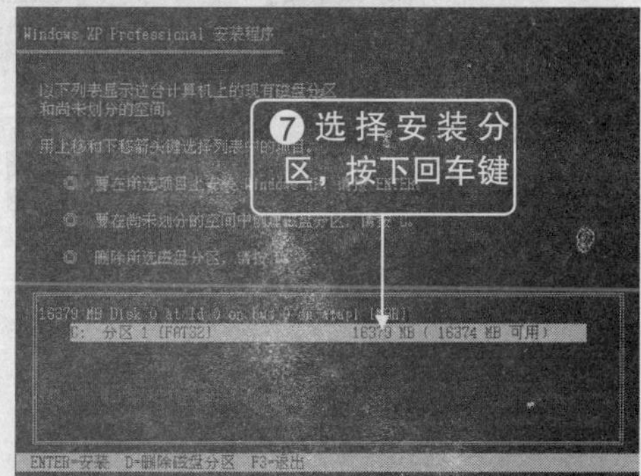

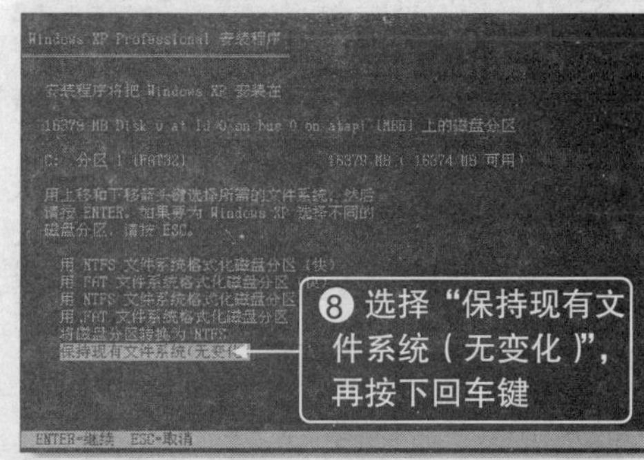

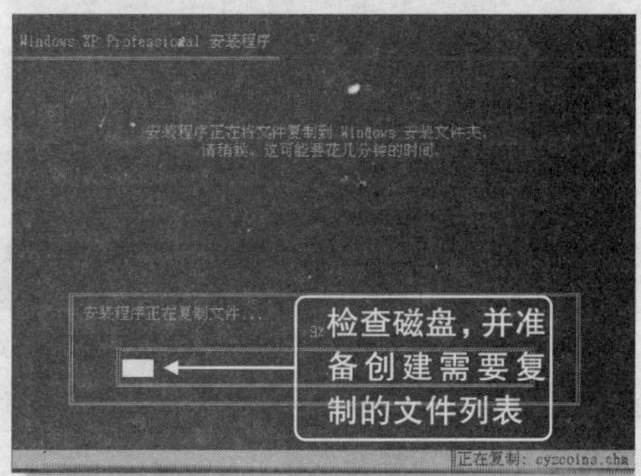

❾ 文件复制完毕后，安装程序会自动重启电脑。

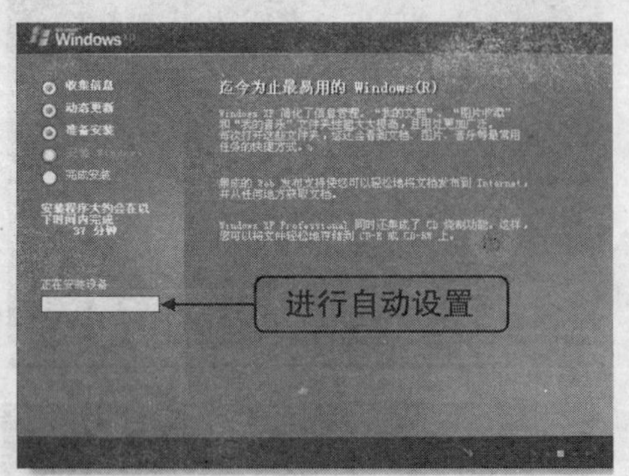

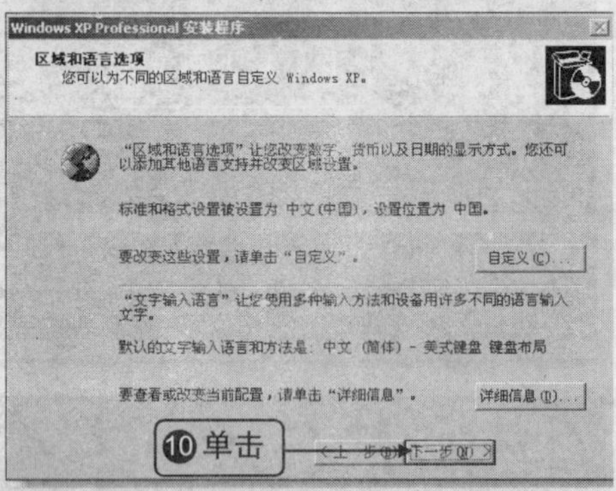

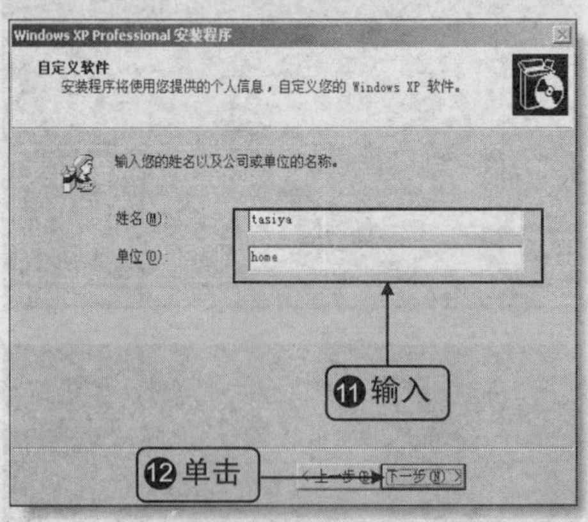

提 示

个人信息会作为身份标识而存储在电脑中，当安装应用软件时，安装程序会自动识别信息并添加到相应的注册表项目中。

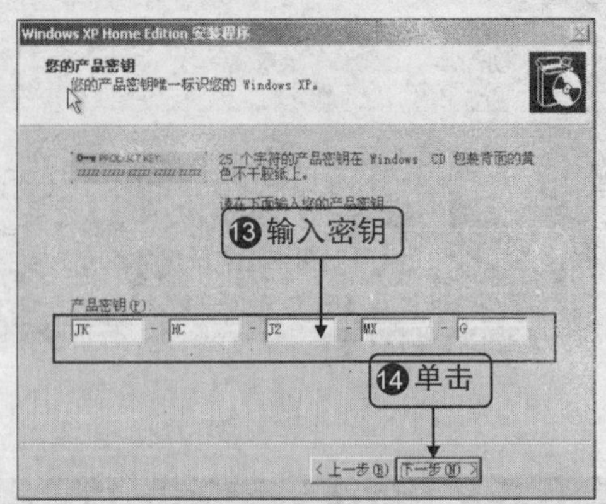

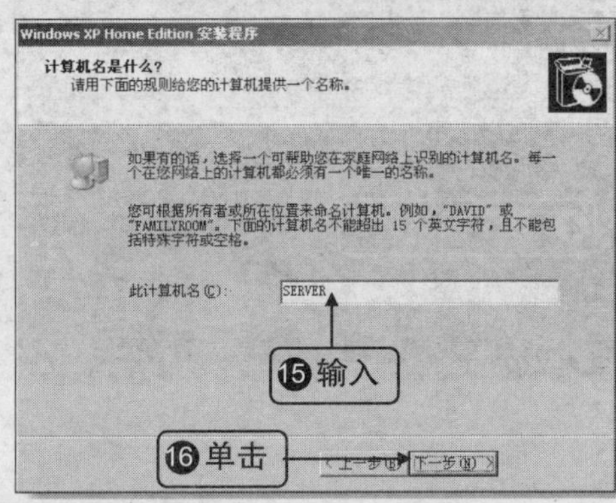

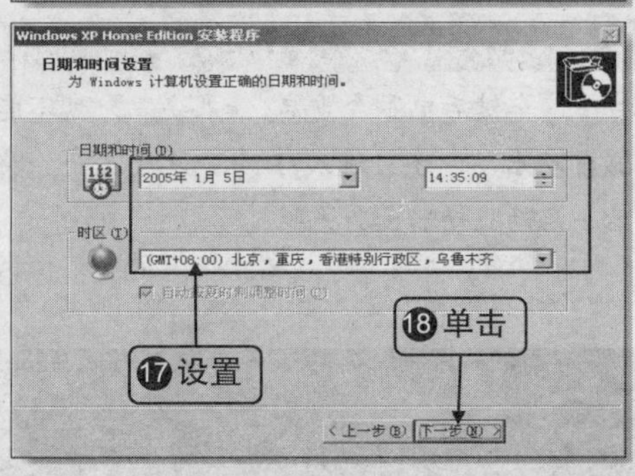

提 示

安装向导首先会读取 CMOS 中的时间设置，如果 CMOS 中的时间设置正确，就不需要再进行任何改动。

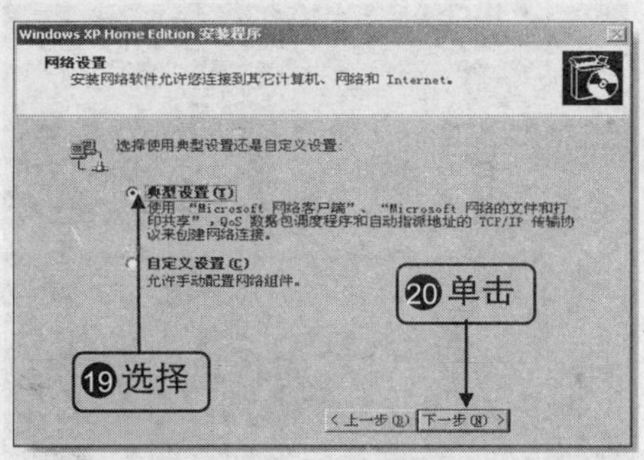

㉑ 在工作组或计算机域设置窗口中，输入将要加入的工作组名称。输入后单击“下一步”按钮。进行剩余的安装过程，完成设置工作后，电脑会再次重启。

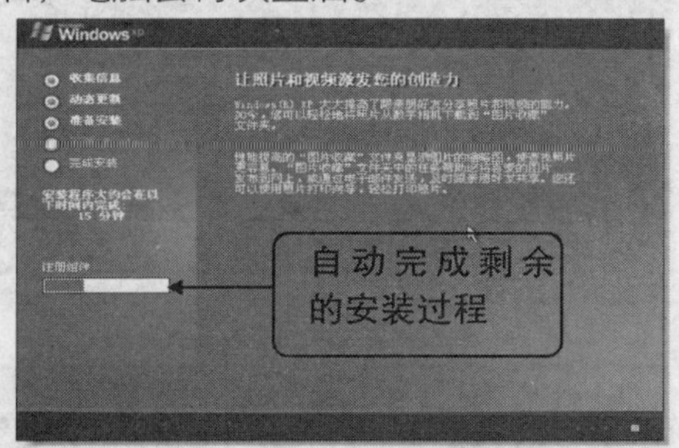

提 示

关于网络的安装过程只有在计算机中安装了网卡以后才会出现，否则将直接进入后面的安装过程。也可以进入 Windows XP 再详细设置，可以单击“跳过”按钮，忽略这些设置步骤。

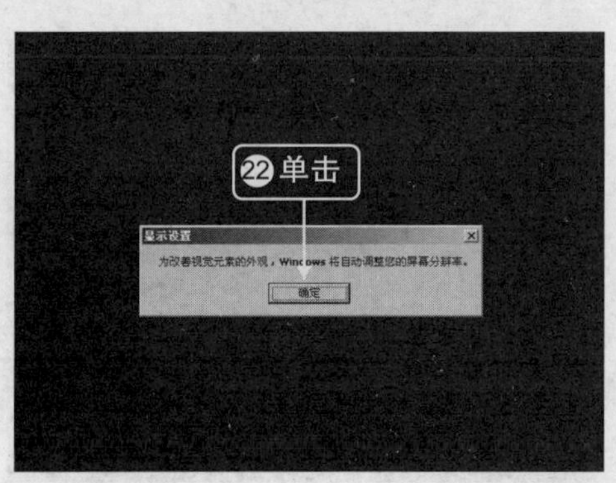

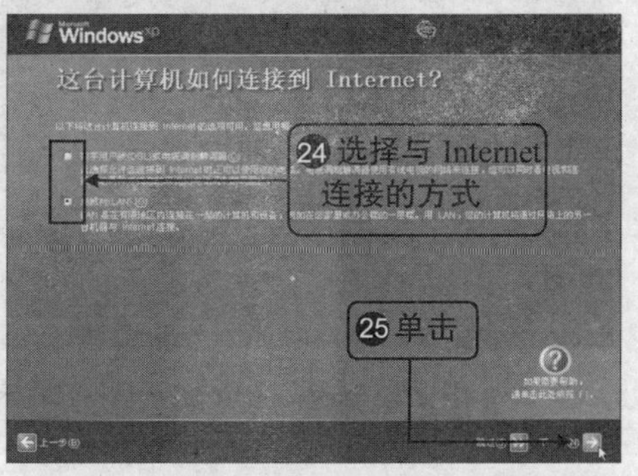

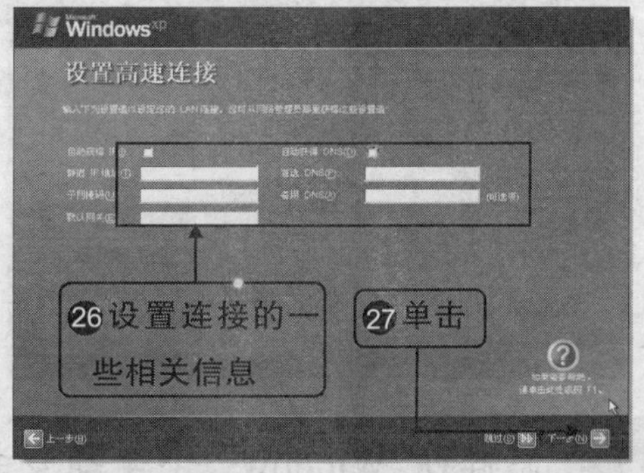

提 示

如果没有事先记下网络设置的参数，可以先不进行这方面的设置，单击“跳过”按钮即可。

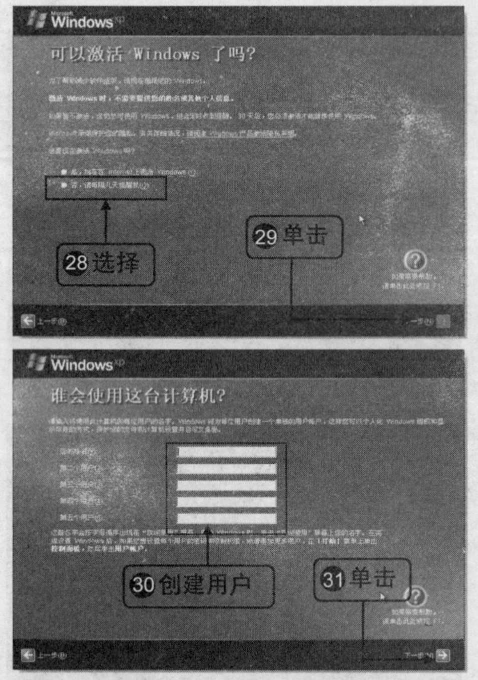

㉜ 最后单击“完成”按钮，即可结束整个安装过程。

4 怎样在 Windows 下全新安装 Windows XP

在 Windows 98/Me/2000 中，均可全新安装 Windows XP。在 Windows 中全新安装 Windows XP，所花费的时间要比在 DOS 下安装要少得多，但其过程却没有太大差异。

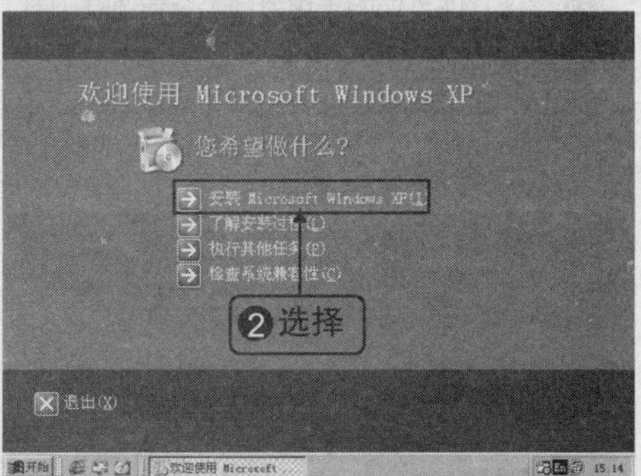

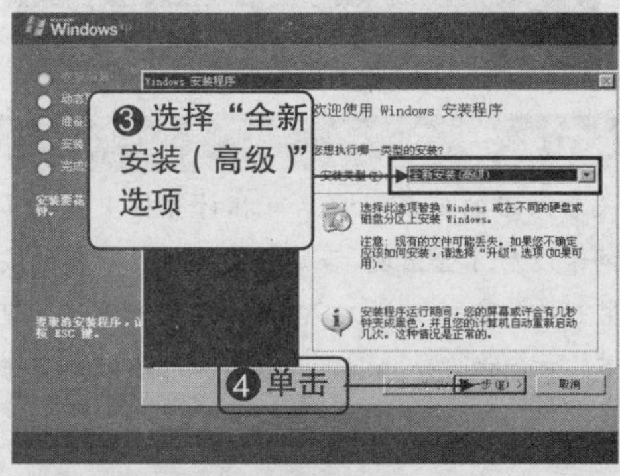

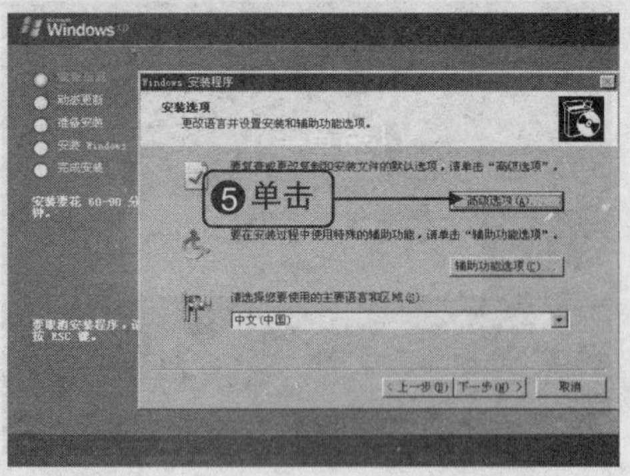

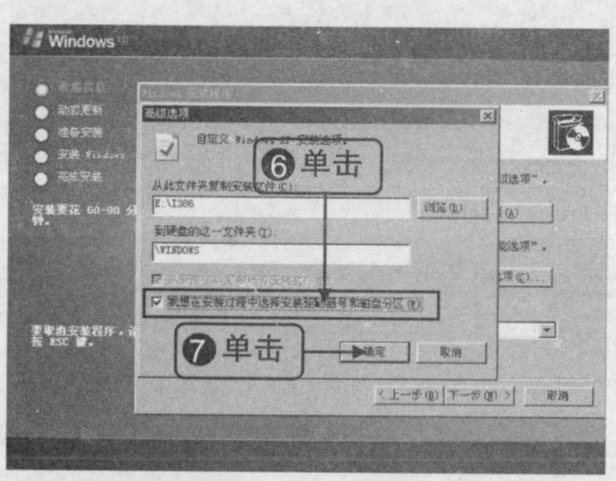

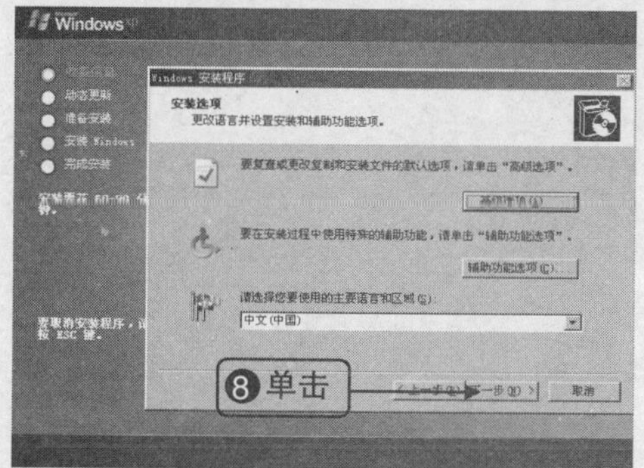

❾ 以下跟随提示进行安装。复制完文件后，电脑重启，进入选择选择分区的界面。

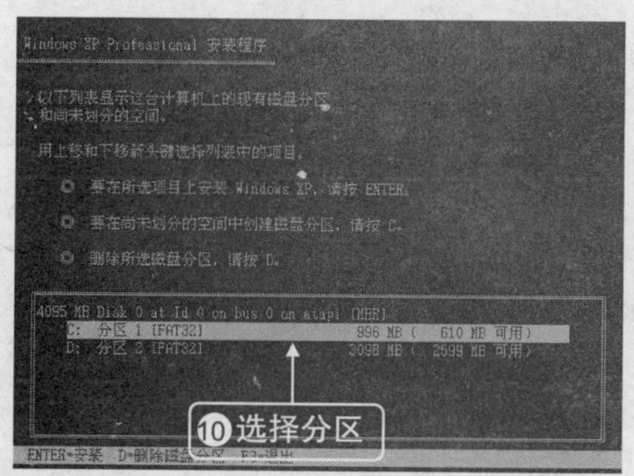

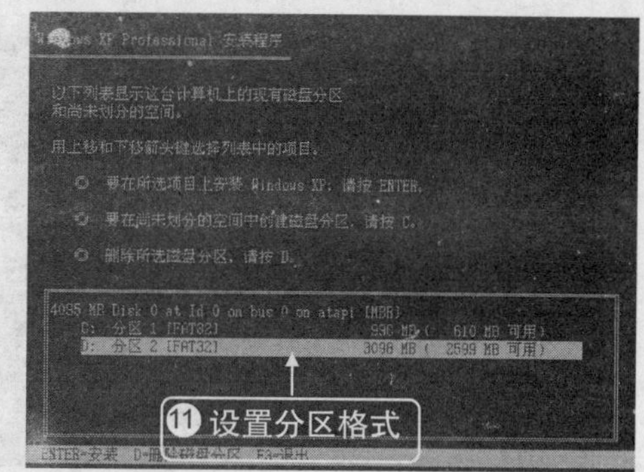

5 怎样激活 Windows XP

Windows XP 与以前版本的 Windows 操作系统有很大的区别，那就是在系统安装完成之后必须激活，否则只能使用 30 天。

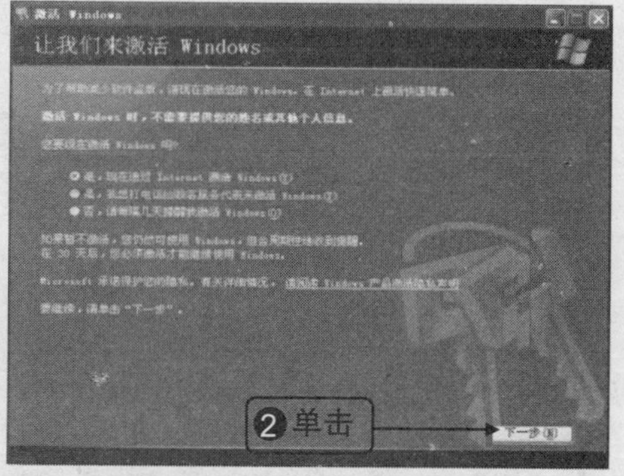

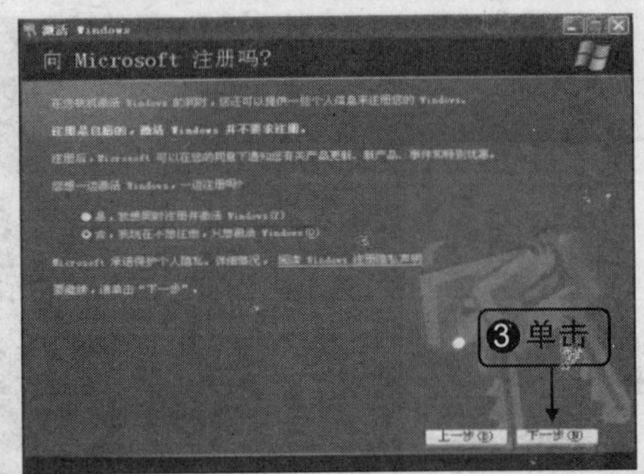

❹ 等待激活完成后，单击“确定”按钮关闭对话框。这样再也不用担心时间限制了。

知识加油站

Windows 系列操作系统对电脑硬件配置的最低要求，一般都和推出时的电脑低档配置相当。这里详细列出了 Windows 2000、Windows 2003、Windows Vista 和红帽子 Linux 9.0 的硬件要求（Windows XP 的硬件要求在前面已经讲解过，这里就不再重述了）。

Windows 2000 的最低硬件要求：

- CPU 至少达到 133MHz 以上。
- 内存至少需要 64MB。
- 硬盘剩余空间至少大于 850MB。
- CD-ROM 或 DVD-ROM 驱动器。
- 显示卡至少要支持 800×600 的分辨率、真彩色。

Windows 2003 的最低硬件要求：

- CPU 至少达到 550MHz 以上。
- 内存至少需要 256MB。
- 硬盘剩余空间至少大于 2GB。
- CD-ROM 或 DVD-ROM 驱动器。
- 显卡至少要支持 800×600 的分辨率、真彩色。

Windows Vista 的最低硬件要求：

- CPU 至少达到 800 MHz 32 位 (x32) 或 64 位 (x64) 处理器以上。
- 内存至少需要 512MB。
- 硬盘剩余空间至少大于 20GB。
- DVD-ROM 驱动器。
- 显卡至少要支持 800×600 的分辨率、真彩色。

红帽子 Linux 的最低硬件要求：

- CPU 至少达到 166MHz 以上。
- 内存至少需要 32MB。
- 硬盘剩余空间至少大于 3GB。
- CD-ROM 或 DVD-ROM 驱动器。
- 显卡至少要支持 800×600 的分辨率、真彩色。

4.2 安装硬件驱动程序

操作系统安装完后，不能马上使用，还必须为各硬件安装驱动程序。驱动程序是联系硬件与操作系统的纽带，只有安装了驱动程序，硬件才能在操作系统中发挥最佳的性能。

不同硬件驱动程序的安装方法不尽相同，目前主要有两种方式，一是将硬件驱动程序的光盘放进光驱自动运行并安装，称之为“自动安装法”。另一种方式是手动运行驱动程序安装文件进行安装，称之为“手工安装法”。用“手工安装法”安装驱动程序步骤比较多，但不会安装附加软件，可节约磁盘空间。而且有的硬件驱动程序没有提供可执行的安装文件，此时就只能用“手工安装法”进行安装了。

1 怎样安装显卡驱动程序

显卡直接关系到电脑屏幕的画面质量，没有安装或者错误地安装驱动程序将导致画面低劣、屏幕闪烁，甚至无法使用。

❶ 打开“控制面板”，双击“系统”图标。

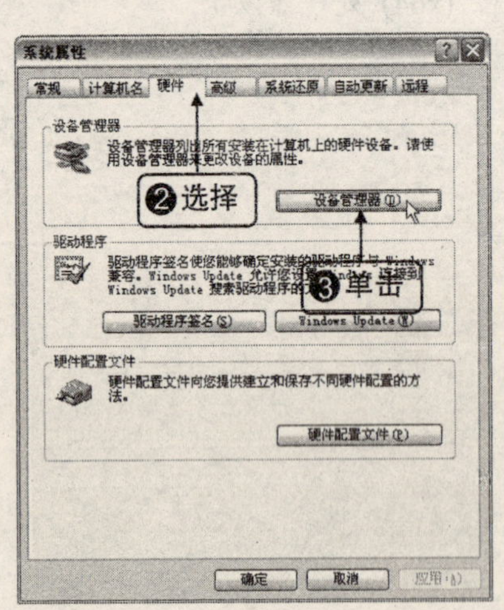

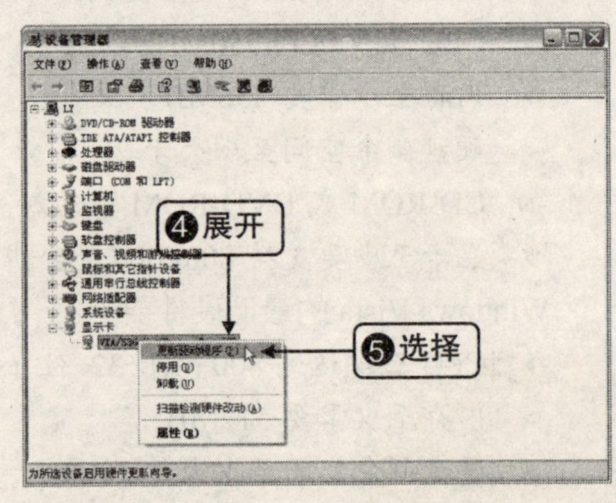

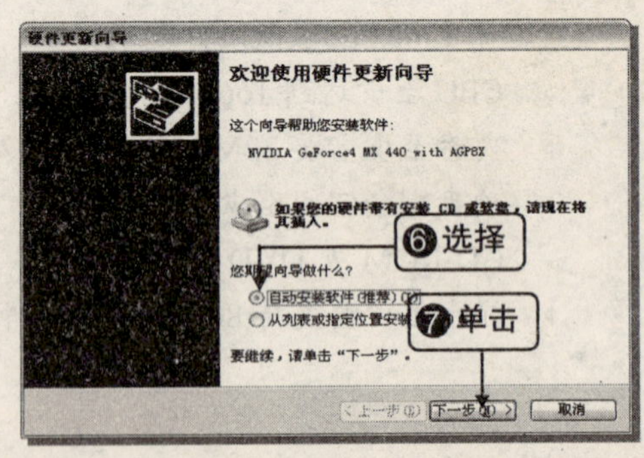

在此有两个选项，即“自动安装软件”和

“从列表或指定位置安装”。建议选择使用“自动安装软件”选项，这样系统会自动找出合适的驱动程序并安装完成。

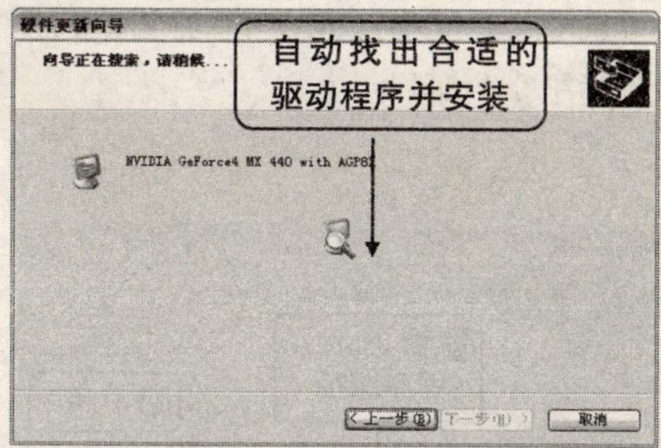

提 示

显卡、网卡的驱动安装完毕后，要重新启动电脑才能生效。而声卡、显示器的驱动安装后不必重启。一般情况下，最好显卡、声卡、Modem、网卡等硬件设备的驱动程序备份在硬盘上。这些硬件的生产厂商还不时地对硬件驱动程序进行升级。安装和升级时注意驱动程序所对应的操作系统版本。

2 怎样安装显示器驱动程序

有时候安装完显卡驱动程序后，分辨率是上去了，但是屏幕仍闪烁不定，非常刺眼。到“显示属性”对话框中调整刷新率时，却发现只能调整到60Hz。

出现这个问题主要是有些品牌的显示器需要安装驱动程序。下面介绍具体安装步骤。

❶ 打开控制面板，双击“显示”图标。

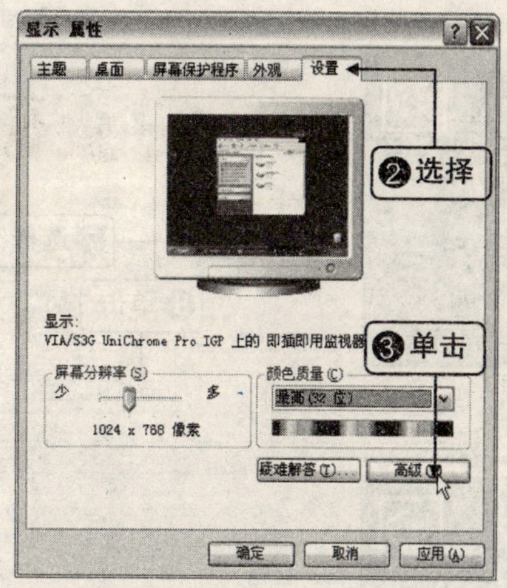

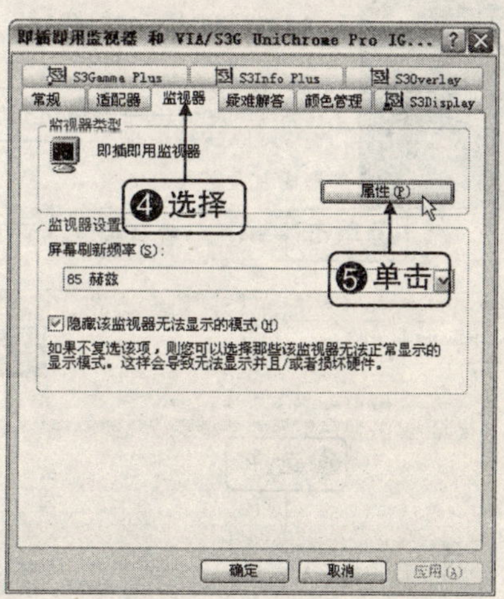

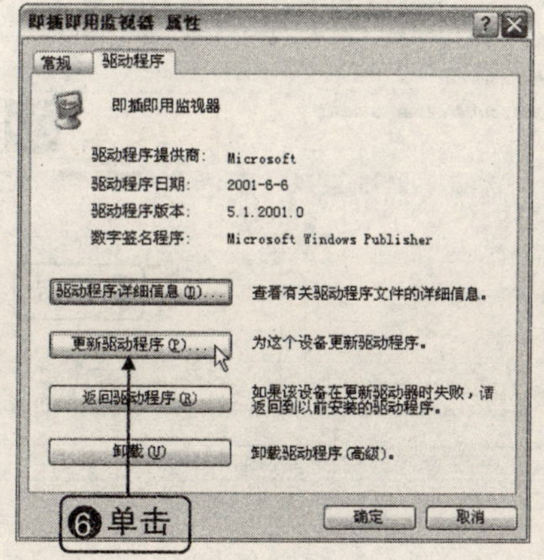

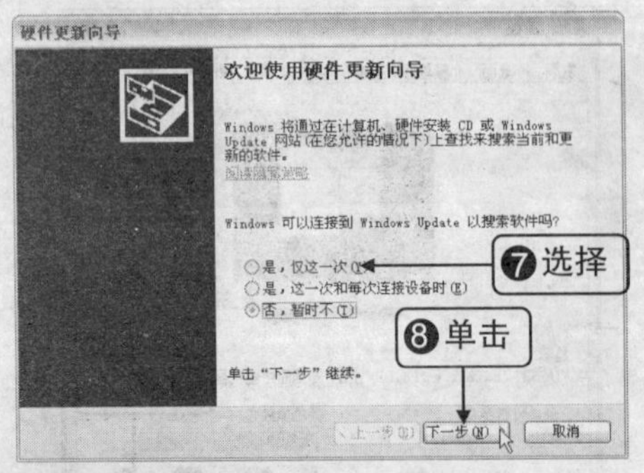

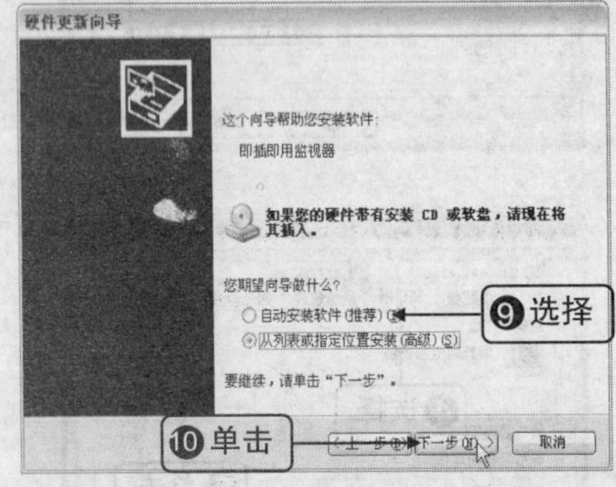

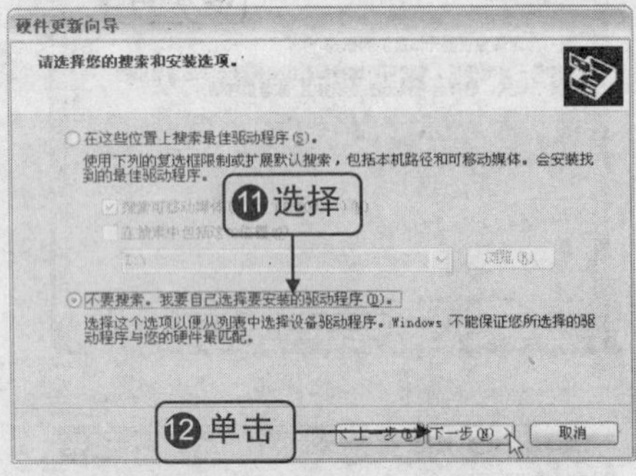

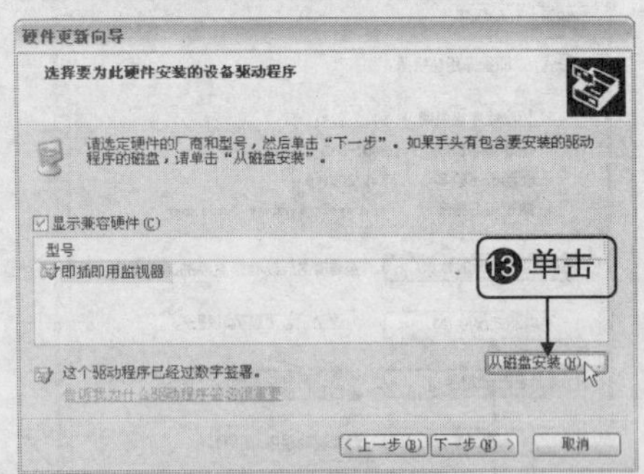

> **提示**
>
> 如果此处有多个驱动程序，应该仔细鉴别过后才选择，选错了会导致显示不正常。如果实在找不到显示器的驱动，可以将它设置为“即插即用监视器”。

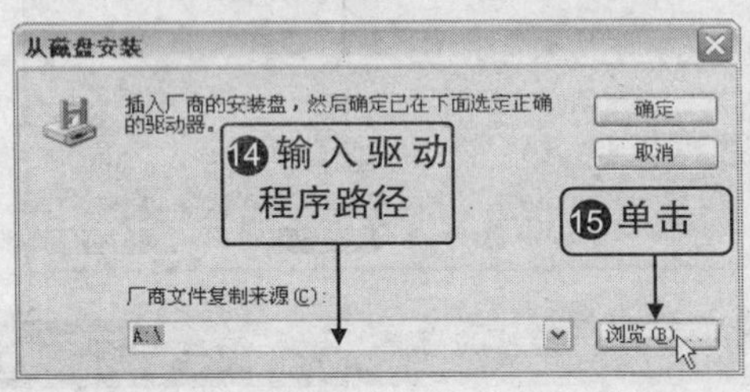

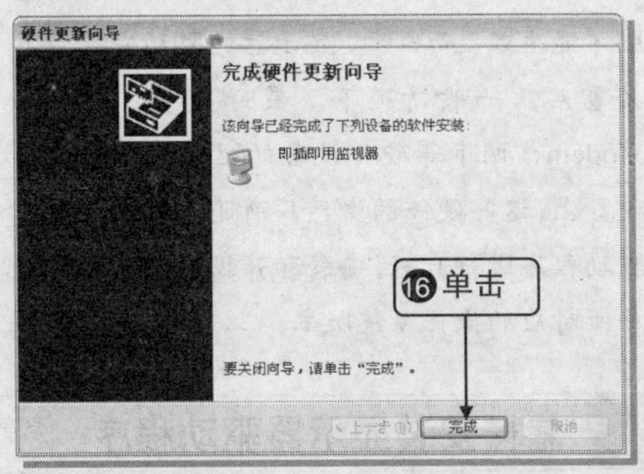

3 怎样安装声卡驱动程序

要让电脑播放音乐和电影，除了要安装声卡和音箱外，还需要安装声卡驱动程序。

❶ 打开“控制面板”，双击“系统”图标。

> **提示**
>
> 如果某些设备驱动程序没有安装好，将会在“其他设备”下显示这些硬件设备，并在设备前标记一个问号。

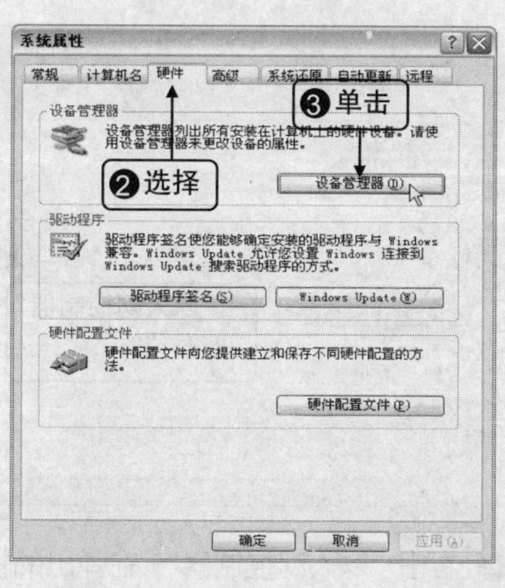

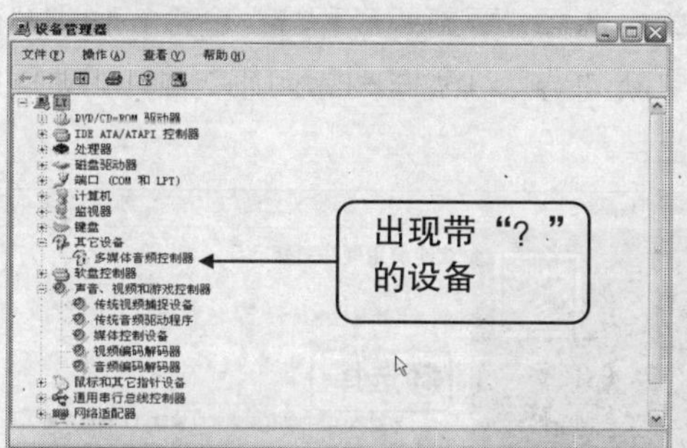

❹ 选中标有“？”的设备并右击，在弹出的快捷菜单中选择“更新安装驱动程序”命令，弹出“硬件更新向导”对话框。

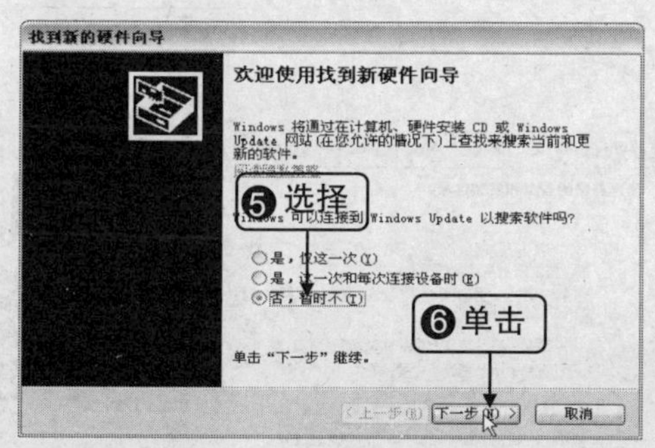

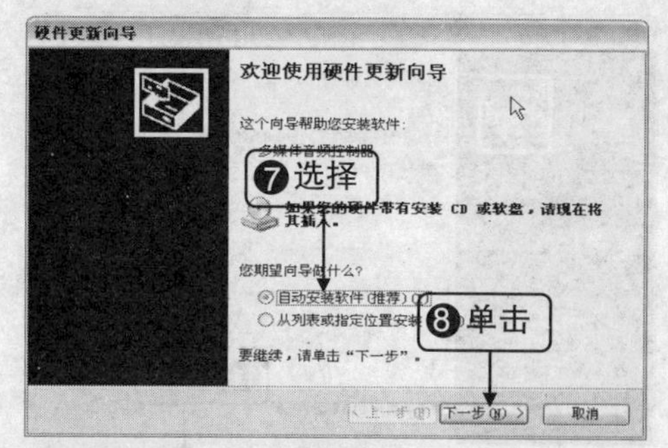

❾ 这里建议选择使用“自动安装软件”选项。系统会自动搜索合适驱动程序并安装。

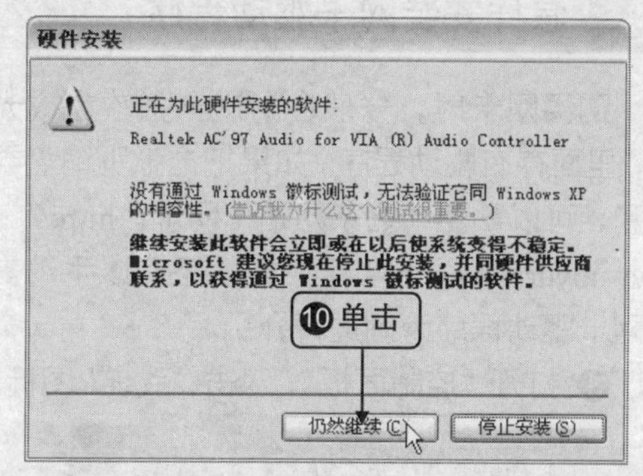

提 示

在安装某些驱动程序时，系统提示用户此软件没有通过微软徽标测试（也就是所谓的数字签名），安装后可能会导致系统不稳定。假如安装后出现不稳定现象，将之卸载即可。

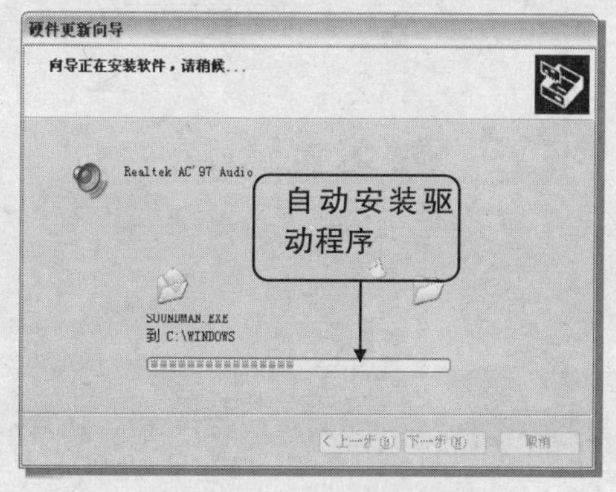

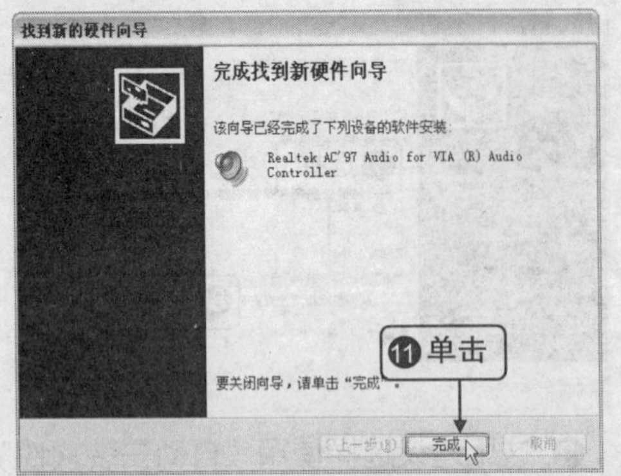

4 怎样安装网卡驱动程序

购买网卡时，一般会附送一张软盘或光盘，里面存有驱动程序。如果把这张驱动盘弄丢了，可以从驱动之家网站（网址：http://www.mydrivers.com）上下载。下面以手动安装网卡驱动程序为例进行介绍。

❶ 打开"控制面板"，双击"系统"图标。

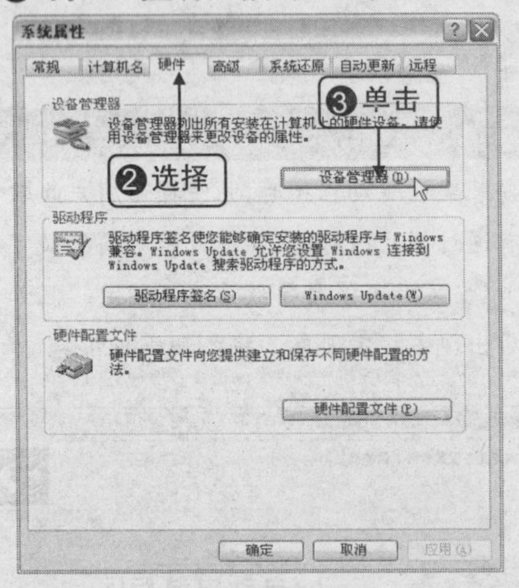

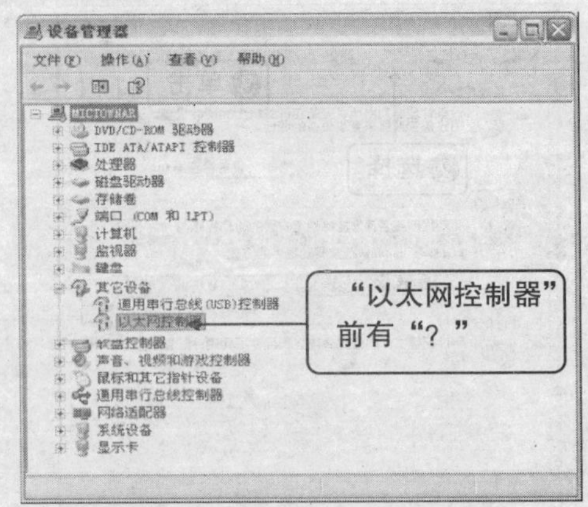

❹ 右击"以太网控制器"，在弹出的快捷菜单中选择"更新驱动程序"命令，弹出"硬件更新向导"对话框，提示用户插入驱动程序光盘。

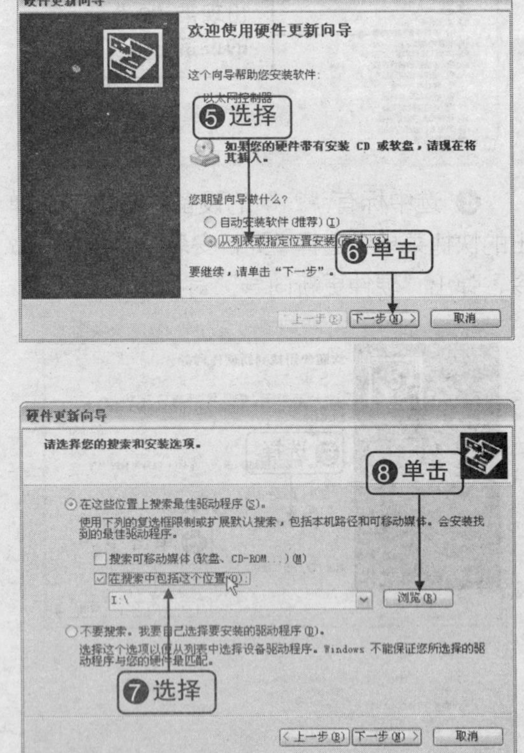

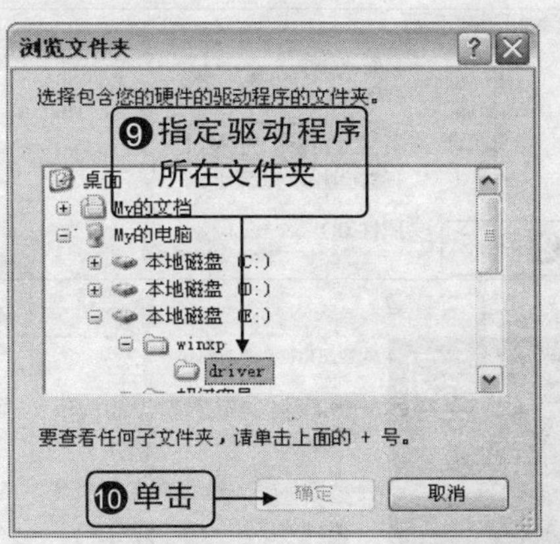

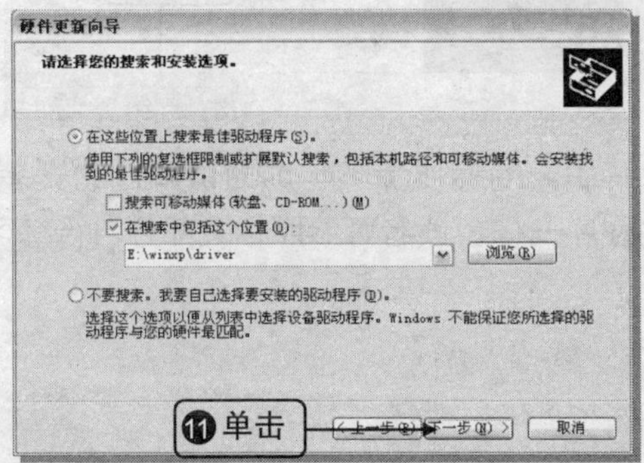

5 驱动程序为什么要卸载与升级

驱动程序为什么要卸载和升级呢？不外乎有以下两种情况：

❖ 新版本的驱动程序不够稳定，需要卸载后安装老版本驱动程序。

❖ 现有的驱动程序版本功能或者性能不够完善，因此发布新的驱动程序来升级。

> **提 示**
>
> 大部分 Windows 2000 操作系统下的驱动程序都可以用在 Windows XP 操作系统上。

6 怎样卸载驱动程序

卸载驱动程序的具体操作如下：

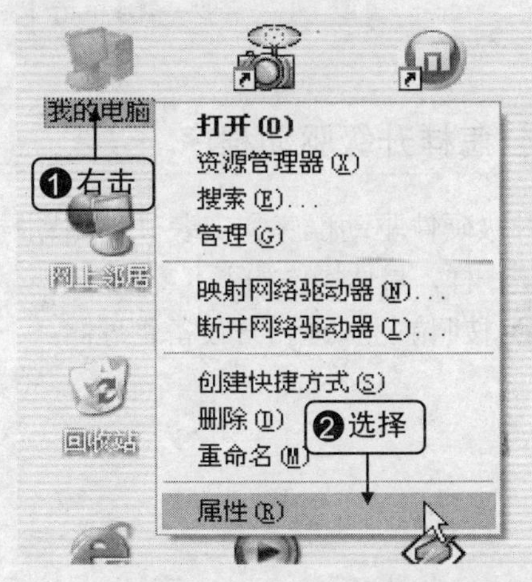

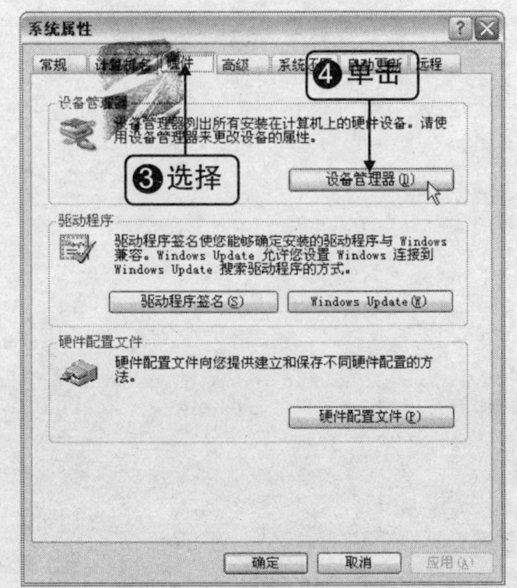

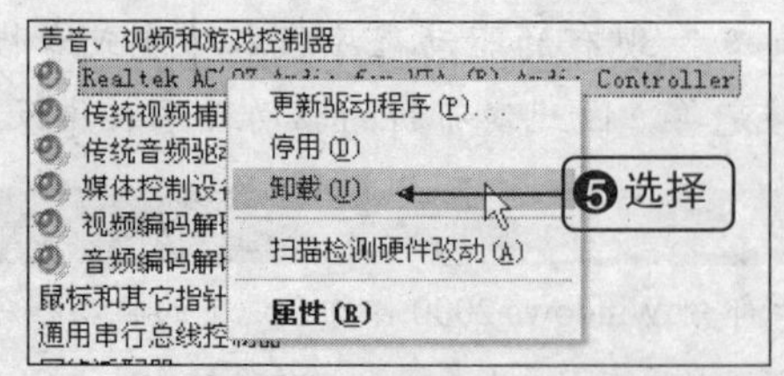

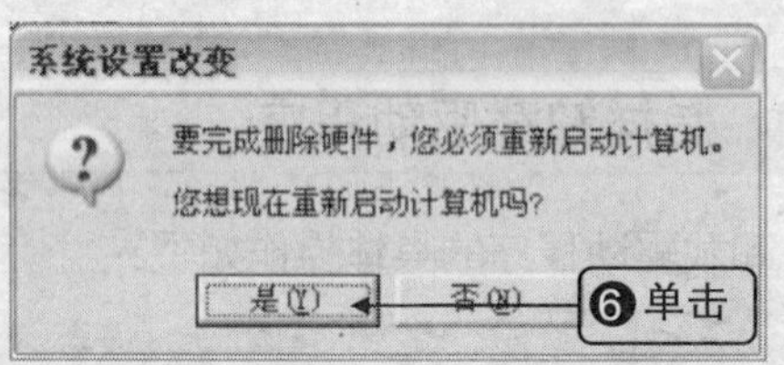

7 怎样升级驱动程序

升级硬件驱动程序和安装硬件驱动程序的方法一样，具体操作如下：

❶ 按照前述方法打开设备管理器。

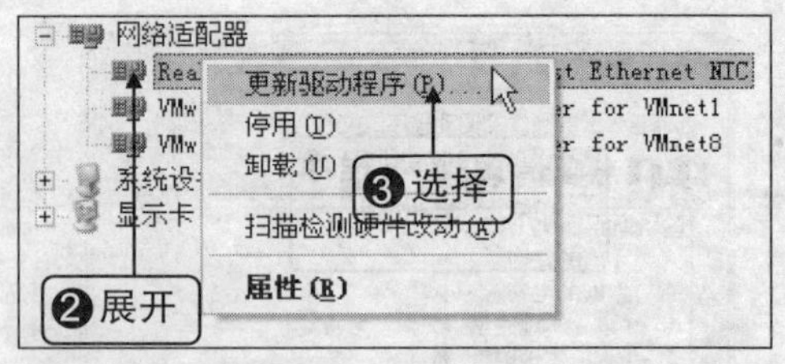

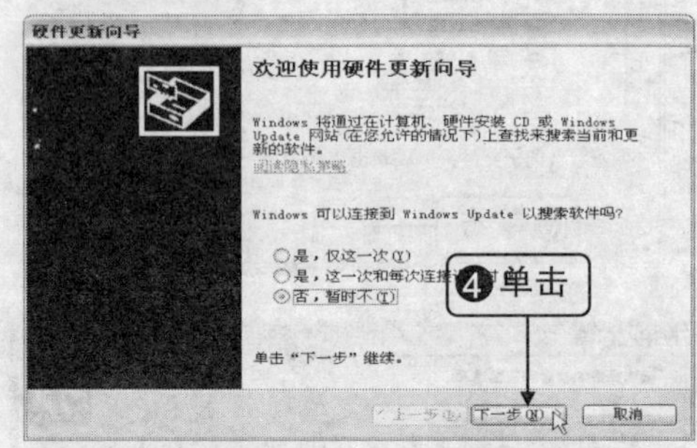

后面的操作步骤与前面讲解过的安装驱动程序一样，读者可参照相关部分自行练习。

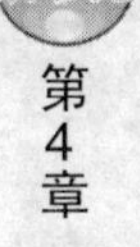

知识加油站

1．什么是驱动?

驱动程序实际上是一段能让电脑与各种硬件设备通话的程序代码，通过它，操作系统才能控制电脑上的硬件设备。如果一个硬件只依赖操作系统而没有驱动程序的话，这个硬件就不能发挥其特有的功效。换言之，驱动程序是硬件和系统之间的一座桥梁，由它把硬件本身的功能告诉给系统，同时也将标准的操作系统指令转化成特殊的外设专用命令，从而保证硬件设备的正常工作。

驱动程序也有多种模式，我们比较熟悉的是微软的 Win32 驱动模式，无论使用的是 Windows 9x 系列，还是 Windows 2000/XP 操作系统，同样的硬件只需安装其相应的驱动程序就可以用了。我们常常见到 For 9x 或者 For NT/2000 之类的驱动程序，是由于这两种操作系统的内核不一样的，需要针对 Windows 的不同版本进行修改。而不需根据不同的操作系统重新编写驱动，这就给厂家和用户带来了极大的方便。

有时候在找到某个硬件型号的驱动程序之后，会出现 VxD、WDM 两种驱动。其中，VxD 驱动是一款虚拟驱动程序，类似于 DOS 下的驱动程序，如果你使用的是 Windows 9x 系统，使用 VxD 驱动程序会发挥出你的硬件的最佳性能；而 WDM 驱动则是支持更多的新设备，可以增强系统性能和稳定性，在 Windows 2000/XP 操作系统中只支持 WDM 驱动。

2．什么是公板驱动?

公板：由芯片厂商推荐的布线方法和元器件位置生产出来的型号。

公板驱动：芯片厂商按照公板设计编制的驱动程序。公板驱动最适合采用公板设计的显卡产品(竞争激烈，目前最新的硬卡产品生产厂商为了尽快发布多数都采用了公板设计)，兼容性最好，并且性能通常最出色，特别是更新速度最快。但如果显卡产品采用了某些独特的设计，由于采用的自行设计的布线及元器件配备方案，因此为此产品量身定做的驱动程序性能高于公板驱动程序。此外，厂商自行开发的驱动程序可能附带有专门针对自己产品系列的各种控制设定程序，调节比较方便。需要说明的是，目前多数厂商所发布的自己的驱动程序仅仅是在公板驱动程序内核基础上做一些自己的外部包装，几乎可以看作换了个标志的公板驱动，性能与公板几乎完全相同。

3．什么是 PCB 以及 PCB 版本?

PCB：印刷电路板。PCB 版本（如 1.X、2.X）：是指所采用的印刷电路板不同，通常厂商会对现有的线路设计做一些小小的改动，需要重新制作 PCB，于是出现 PCB 版本号的升高，而另一种情况是原有型号的 PCB 停产或缺货，于是换用另一 PCB 来生产，有时甚至仅仅是 PCB 生产日期、生产线或批次的区别。通常情况下，如果驱动说明内注明 PCB 版本号，则虽然是同型号硬件但驱动或 BIOS 也不能通用。如：你的 BH6 主板是 PCB 1.0 版的，却使用了[Abit 升技 BH6（PCB:1.1）主板最新 BIOS PM 修正版（1999 年 11 月 27 日发布）]这个 BIOS 来刷新，马上就会出问题。

4．什么是 Beta 版驱动?

Beta 版：产品（驱动、BIOS）发布之前的测试版本，也叫做 β 版，与此对应的还有 α 版（Alpha 版）。α 版通常是软件开发商内部自行测试的版本，而 β 版则是公开发布让用户来进行测试的版本。

第 5 章　操作系统维护

- 为何安装后硬盘分区不见了
- 多重启动菜单消失了，怎么办
- 电源管理导致安装后黑屏
- 为何 CPU 占用率 100%
- 为什么光盘无法自动运行
- 鼠标双击操作无效，怎么处理

5.1 操作系统安装

Windows 操作系统在安装中，有时会出现意外，导致安装无法顺利进行。本节主要解答有关操作系统安装的问题。

1 怎样在 Windows XP 系统下卸载 Windows Vista

Windows Vista 的启动管理程序不像 Windows 2000 和 Windows XP 一样，它的位置在硬盘的 MBR 上。可以使用 Windows Vista 的安装光盘将启动管理程序卸载掉，其操作步骤如下：

❶ 启动 Windows XP，并放入 Windows Vista 的安装光盘。

❷ 选择“开始”→“运行”命令，输入“cmd”后按下“Enter”键。

❸ 在命令提示符窗口输入以下命令：

X:（X 代表光驱盘符）

cd boot

bootsect /nt52 SYS （使用启动修复程序改变系统盘启动管理器）

❹ 重新启动， Vista 的启动管理器已经消失了，此时可删除在启动分区中的以下文件和文件夹：

Boot 文件夹

Boot.BAK

bootmgr

BOOTSECT.BAK

❺ 格式化 Vista 所在的分区，或者删除 Vista 的文件夹。

2 为何不能在 Windows 98 中安装 Windows 2000

故障现象：

安装好 Windows 98 后，准备全新安装 Windows 2000 组成双系统，但是安装 Windows 2000 的过程中，总是在拷贝完文件后死机。

故障分析与处理：

Windows 98 是基于 DOS 的操作系统，为了充分利用、高效率管理内存，Windows 98 会在“Config.sys”这个配置文件中加载“Himem.sys”和“Emm386.exe”，即使系统中没有使用“Config.sys”，Windows 98 也会在进入图形界的时候加载“Himem.sys”。

这两个管理基本内存的文件，带有多种参数，不同的配置会带来不同的内存分配环境。因此，一旦这两个文件的配置有问题，则往往会导致安装 Windows 2000 失败。另外，计算机硬件故障也会导致安装 Windows 2000 出现这种情况。因此，在解决这个问题前，用户首先应该检查硬件的基本安装情况，如风扇和连线的正常与否。另外，如果计算机被超频，也可能出现这样的安装故障，因此最好将超频后的机器调整到正常状态，然后再重新安装。

如果硬件都没有问题，则可以从系统配置下手，首先得屏蔽掉“config.sys”里的这两个程序，具体的方法是：

❖ 在 Windows 98 中依次单击“开始”/“运行”，打开运行窗口，然后在运行栏中输入“msconfig”回车，将含有这两个程序的命令行取消，也就是去掉其前面复选框中的“√”。

❖ 单击“Autoexec.bat”选项卡，将该窗口中所有的命令行都取消，单击“确定”按钮后重新启动计算机即可。

3 Windows 2000 不能安装的原因有哪些

故障现象：

配置低的机器无法安装 Windows 2000，另外还有一些硬件档次较高的机器也无法安装 Windows 2000。

故障分析与处理：

导致机器无法安装 Windows 2000 的原因不多，最常见的有：

1．硬件档次太差

不能达到 Windows 2000 的最低系统要求：Windows 2000 Professional 要求 133MHz 或更高主频的 Pentium 级兼容 CPU；至少有 64MB 内存；至少有 1GB 可用磁盘空间的 2GB 以上硬盘。如果机器达不到这个标准，将无法安装 Windows 2000。

2．硬件不兼容

Windows 2000 支持绝大部分主流的硬件产品，但是，某些电脑的部分硬件设备并不被 Windows 2000 所支持，因此用户在安装 Windows 2000 之前，最好检查一下自己的硬件是否被 Windows 2000 所兼容；在 Windows 2000 安装光盘的“drive:\support\”中有一个“Hcl.txt”文件，用户可以打开该文件，查看里面的硬件兼容列表中是否包含自己机器上配置的硬件产品。由于这个兼容列表比较旧，用户还可以到微软的网站上去查看最新的兼容列表（网址：http:\www.microsoft .com/hcl/）。

如果是因为硬件档次太低不能安装 Windows 2000，那就只能升级硬件了。至于兼容性引起的安装问题，可以通过更换部分不兼容的配件来解决。

4 ACPI 技术的主板无法安装 Windows 2000 是怎么回事

故障现象：

采用支持 ACPI 技术的主板的电脑，在安装 Windows 2000 时出现无法安装的信息。

故障分析与处理：

安装 Windows 2000 时出现蓝底白字的提示：“The ACPI Bios in the system is not fully compliant with the ACPI specification…”重新启动电脑，在出现安装向导时按“F7”键跳过 ACPI 模式的安装，直接跳到“文本模式”安装就可以继续安装 Windows 2000 了。如果担心由此会造成电脑出现问题，也可以在运行 Windows 2000 安装程序时按“F5”键，会出现 4 个选项，选择“Standard PC”进行 Windows 2000 的安装。

5 为什么 Windows 2000 安装好后，界面显示为乱码

故障现象：

Windows 2000 安装好后，操作界面上的中文全部显示为乱码。

故障分析与处理：

出现这种情况是由于用户在安装 Windows 2000 的过程中，在选择计算机的“地区”时，没有选择“China（PRC）”，而选择了其他国家或地区。一般可以按照以下方法解

决：

❖　在 Windows 2000 中依次单击“开始”→“设置”→“控制面板”→“区域选项”。

❖　打开“区域选项”窗口后，单击“常规”选项卡，将“你的区域设置”选择为“中文（中国）”，然后按“确定”保存，退出并重新启动电脑即可。

Windows 2000 对多语言有极好的支持，假如用户安装的是英文版 Windows 2000，也只需要将区域设置为“中国”就可以正常显示中文了。但是，即使用户安装的是简体中文版 Windows 2000，如果没有正确设置区域，则看到的中文全部是乱码。

6 为什么用光盘安装 Windows 2000 时出现错误提示

故障现象：

尝试使用 Windows 2000 安装光盘启动电脑并安装 Windows，系统出现以下信息：“Setup cannot load the keyboard layout file kdbus.dll”，“Setup cannot continue . shutdown or restart you computer”。

故障分析与处理：

出现这个故障的原因是因为当前机器中的硬盘分区数据超过了 24 个。如果只有一块硬盘，则只好将其中的一些分区合并。

7 Windows 2000 不支持 DMA66 控制器，怎么办

故障现象：

某些 BX 芯片组的主板由于其本身不支持 DMA66，所以通过另外加装 DMA66 控制器的方式来达到支持 DMA66 的目的。但是，这类电脑在安装 Windows 98/Me 时都不会出现问题，一旦用户安装 Windows 2000，不管是升级安装还是全新安装，屏幕上都会出现一个错误信息：“安装出现错误，如果此画面第一次出现，请重启机器，如果是第二次出现，请检测病毒，卸载最近安装的硬件或硬盘控制器……”

故障分析与处理：

出现这种故障后，首先检查是不是由病毒造成的。如果不是，则应该是 Windows 2000 自身不支持 HPT368 Ultra DMA66 controller 控制器造成的。对于这种集成了第三方控制器的主板，实际上在安装 Windows 2000 时，安装向导会提示“Press F6 if you need to install a third party SCSI or RAID diver…”

根据提示按“F6”键，进入下一个界面后，Windows 2000 就能找到该控制器了。如果 Windows 2000 还是不能找到该控制器，也能通过主板厂商提供的驱动盘来进行安装此控制器。接着便能正常安装 Windows 2000 了。

8 为什么升级安装 Windows 2000 不能检测当前系统

故障现象：

Windows 2000 能够在 Windows 98 上进行升级安装，但是在安装 Windows 2000 时出现“Windows 2000 无法检测到你目前运行的 Windows 版本”的提示。

故障分析与处理：

在非正式版或某些盗版 Windows 98 中安装 Windows 2000 时，会出现上述情况，原因是 Windows 2000 不能正确识别其 Windows 版本号。由于微软不把 Windows SE 认为是正式版软件，因此在 Windows 98 SE 上升级安装 Windows 2000 也会出现这个问题。对于这个故障，可用以下两种方法解决：

1．DOS 下安装

重新启动电脑，然后用 Windows 98 的安装光盘或者启动软盘启动电脑，在 DOS 下执行 Windows 2000 安装光盘“i386”目录下的“Winnt”命令，然后根据提示进行安装。

2．修改当前 Windows 98 的注册表

❶ 在 Windows 98 中依次单击“开始”→“运行”，然后在运行窗口中输入“regedit”按回车键。

❷ 打开注册表编辑器，定位到 HKEY_LOCAL_MACHINESOFTWARE\Microsoft\Windows\CurrentVersion 子键。

❸ 在右边的窗口中修改字符串“Product Name ”的数值为“Microsoft Win98”，修改字符串“Prlduct Name”的数值为“Microsoft Win98”，修改字符串“SubVersionNumber”的数值为“. 1”，最后修改字符串“ProductID”的数值为“50578-000-0000016-08727”。

❹ 退出注册表编辑器，然后重新启动 Windows 98，就能在 Windows 98 中升级安装 Windows 2000 了。

9 为什么不能将 Windows XP 安装到其他分区中

故障现象：

在 Windows 98 中插入 Windows XP 安装光盘，并进行“全新”安装。想将 Windows XP 安装到 D 盘，可是无法进行选择，Windows XP 被安装到 C 盘。

故障分析与处理：

在 Windows 环境中安装 Windows XP 时，并不是不能选择 Windows XP 的安装位置，而往往是设置时疏忽了一点。

❶ 当用户在 Windows 环境中插入 Windows XP 安装光盘后，自动弹出安装向导。

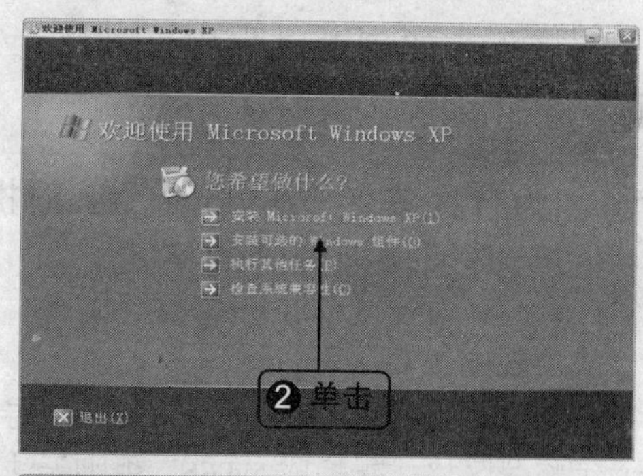

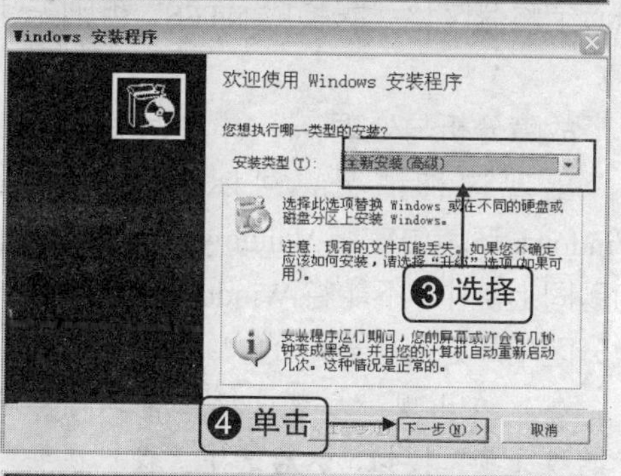

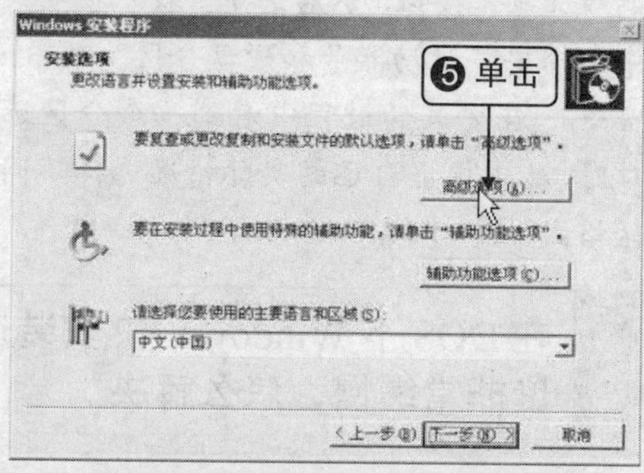

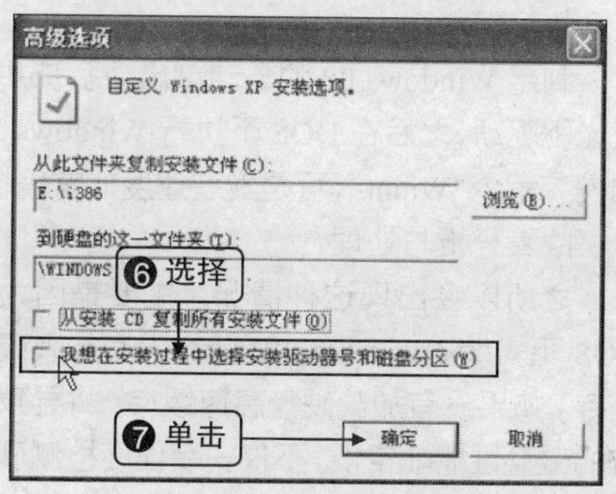

在接下来的安装过程中就可以选择 Windows XP 的安装分区了。

10 为什么安装 Windows XP 时提示必须转换分区的格式

故障现象：

安装 Windows XP 的过程中，安装向导提示必须将分区格式转换成 NTFS，否则无法安装。

故障分析与处理：

出现这种情况，可以肯定我们是在 Windows 环境中安装 Windows XP 的，具体的问题同上例中"不能将 Windows XP 安装到其他分区中"是一模一样的。

❖ 在出现"安装选项"窗口时，单击"高级选项"按钮，然后选中"我想在安装过程中选择安装驱动器号和磁盘分区"项。

❖ 在安装的过程中看到一个分区选择窗口时，从中根据自己的实际情况选择不同的分区格式。

11 在 DOS 下 Windows XP 安装速度非常缓慢，怎么解决

故障现象：

利用 Windows 98 的启动盘启动系统并加载光驱驱动，之后在 DOS 下执行 Windows XP 的安装命令"Winnt"，可是安装速度非常缓慢。

故障分析与处理：

之所以会出现这种情况，主要是因为在 DOS 下安装 Windows XP 前，没有加载高速缓存。如果没有加载硬盘高速缓存，将导致系统的磁盘性能非常低，不仅安装程序检测硬盘的速度很慢，而且在复制文件时会像蜗牛一样。至于怎样加载硬盘高速缓存，操作很简单。

❶ 在 Windows 98 的安装光盘或安装 Windows 98 的硬盘分区中，都有一个名为"Smartdrv"的可执行程序，想办法将这个文件拷贝到一张软盘上（建议将其拷贝到 Windows 98 启动盘上）。

❷ 通过启动盘进入 DOS 之后，先不要执行 Windows XP 的安装命令，而是先执行"A：\smatdrv"，接着再执行"X：\i386\winnt"（X 就是此时的光驱盘符），就能非常快速地安装 Windows XP 了。

12 为什么安装时总是在拷贝完文件后跳回或是死机

故障现象：

在安装完 Windows 98 之后，再安装 Windows 2000 或 XP 总是在拷贝完文件后跳回或是死机。

故障分析与处理：

Windows 98 是基于 DOS 的操作系统，尤其是因为要管理好内存，Windows 98 会在"Config.sys"里加载"Himem. sys"。而这两个管理基本内存的文件，带有多种参数，不同的配置会带来不同的内存分配环境。当然，系统过热比如风扇停转的时候，也会表现出这些症状。因此，当出现这种情况之后，我们应该首先检查硬件的基本情况如风扇和连线的正常与否。如果系统是超频的又不能正常安装的话，请降低回正常的频率后再安装 Windows 2000 或 XP，这样成功率较高些。

所以，如果在 Windows 98 里面升级安装无法正常进行的话，在确认了硬件无故障的情况下，请首先屏蔽掉"Config.sys"里的这两处程序，或者干脆用不带此两文件的启动盘，跳过"Config.sys"及"Autoexec.bat"来启动

系统，在纯 DOS 状态下再进行安装 Windows 2000。当然，这样无法加载“Smartdrv.exe”，安装 Windows 2000 的时间会加倍。。

13 为何安装后硬盘分区不见了

故障现象：

在电脑中安装完两个操作系统之后，一个或数个分区不见了。

故障分析与处理：

这多是安装多操作系统失败的后遗症。因为现在微软发布的 Windows 2000 和 Windows XP 都是支持 NTFS 格式的，在安装的时候可以让操作者格式化或转化分区格式为 NTFS，我们在不太了解的情况下可能选择了这种格式。如果 Windows XP 的安装程序在转化格式的时候中途死机的话，很可能会破坏分区表；或是安装多操作系统后不正常卸载，直接删除 NT 内核的操作系统，也会导致分区表的错误。

解决的方法是，用 Windows 的安装程序修复，或是重装系统。实在不行的话，只有备份好数据后重新用 Fdisk 分区。

14 多重启动菜单消失了，怎么办

故障现象：

安装好多个 Windows 操作系统之后，重新启动计算机，没有出现多重启动菜单供选择，只能直接进入某个 Windows 版本。

故障分析与处理：

出现这种情况，大都是因为用户在安装 Windows 时，没有按“从 Windows 的低版本到高版本”这样一个顺序安装而造成的。比如准备安装 Windows 2000+Windows 98 的系统，则最好先安装 Windows 98，然后再安装 Windows 2000。另外，如果两个操作系统同处在一个硬盘分区的话，某些关键的引导文件会被覆盖，造成多重启动菜单不正常。对于这种情况，最好的方法就是按照安装顺序来重新安装。

微软的 Windows 系列系统从 Windows 2000 开始，其安装程序都有自动检测生成多重启动菜单的功能。所以除了注意每个 Windows 独占一个分区外，还要注意先安装较低版本的 Windows，再安装相对高级版本的 Windows。只有这样 Windows 才能自动检测到已存在的操作系统，自动生成多重启动菜单。

以安装 Windows 98+Windows 2000+Windows XP 这样一个三系统为例：

❖ 我们可以先按照顺序将 Windows 98 安装在 C 盘，然后在 DOS 下安装 Windows 2000（在 DOS 下安装可以省去很多不必要的麻烦）。当 Windows 2000 安装好之后，启动 Windows 之前，将会看到一个 Windows 98+Windows 2000 的启动菜单。

❖ 然后可以在 Windows 2000 下安装 Windows XP，等 Windows XP 安装好之后，其安装程序会自动检测到以前的那个启动菜单，并自动接管该菜单，以一个“Windows 98+Windows 2000+Windows XP”的新姿态出现。

15 怎样创建 Windows 2000 紧急修复盘

故障现象：

Windows 2000 的紧急修复盘中保存了大量的系统信息，能够将已经崩溃的 Windows 2000 挽救回来，因此每一个 Windows 2000 的用户都应该准备这样一套紧急修复盘。

故障分析与处理：

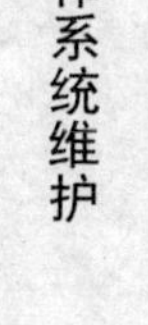

其制作流程如下：

❶ 在 Windows 2000 中依次单击“开始”→“程序”→“附件”→“系统工具”→“系统信息”，打开“系统信息”窗口。

❷ 单击该窗口上的“工具”→“Windows”→“备份”，接着在弹出的“备份”窗口中，单击“紧急修复盘”按钮，当单击该按钮后，将打开一个提示窗口，要求我们插入一张已经格式化的空白盘，此时单击“确定”开始进行紧急修复盘的制作。

❸ 根据提示插入软盘之后单击“确定”按钮，便会看到正在复制系统数据的画面，稍等片刻便会看到紧急修复磁盘已制作成功的信息。

16 Windows 98+Windows XP 双系统启动菜单丢失了，怎么办

故障现象：

在 Windows 98 下全新安装了一个 Windows XP，组成了一个 Windows 98+Windows XP 的双系统。但是在一次误操作之后，双系统启动菜单丢失，无法进入 Windows XP。

故障分析与处理：

出现这种情况之后，我们可以通过下面的操作来修复启动菜单：

❶ 启动计算机，进入 Windows XP，插入 Windows XP 的安装光盘。执行该光盘根目录下的“Setup”程序，进入 Windows XP 安装光盘的欢迎窗口。

❷ 选择“安装 Windows XP”，按照正常流程在 Windows 98 下“全新安装” Windows XP。

❸ 当 Windows XP 提示需要重新启动计算机并继续安装之后，根据提示重新启动。

❹ 进入 Windows XP 的安装界面之后，安装向导提供了三个选项。此时需要选择第二项——用“恢复控制台”修复 Windows XP。

❺ 根据提示按下“R”键之后进入恢复控制台。此时控制台会询问我们要登录到哪个 Windows XP 安装，一般就选择默认的“1”，接着键入系统管理员密码，就进入了控制台的 Windows 目录下，在 Windows 目录下键入“bootcfg/Add”，控制台会扫描已安装的 Windows。几秒钟后扫描完成，提示选择要添加的安装，选“1”。接着提示输入加载识别符，可输入“Microsoft Windows XP Professional”。提示输入“OS”加载选项，键入“fastdetect”，按“Enter”键，输入“EXIT”。

❻ 重新启动计算机，就可以看到熟悉的双系统启动菜单了。

17 启动时提示"Boot.ini 文件非法"，是怎么回事

故障现象：

计算机安装的是 Windows 2000 与 Windows XP 双操作系统，一次在删除 C 盘的一些文件后，再重新启动计算机，系统提示“Boot. ini 非法，程序将由 C:\WinNT 启动”，原来的双重启动菜单不见了，直接进入了 Windows 2000（Windows 2000 安装在 C 盘）。

故障分析与处理：

很明显，出现这种故障就是因为“Boot .ini”文件被错误删除造成的，在 Windows 2000 或 Windows XP 组成的多系统中，引导装入程序和多重引导都由一个具有隐含属性的初始化文件“Boot.ini”控制。在“Boot.ini”包含有控制计算机可用的操作系统的设置，引导的缺省操作系统以及应当等待多少时间信息。由于“Boot.ini”实际上就是一个系统配置文件，所以完全可以自己制作一个出来。

在 Windows 中新建一个文本文件，打开

后在里面输入以下信息：

[boot loader]
timeout=30
default=multi（0）disk（0）rdisk（0）partition（1）\WinNT
[operating systems]
Multi（0）disk（o）partition（1）\WinNT=“Microsoft Windows2000 professional” /fastedtect multi（0）disk（0）rdisk（0）partition（2）Windows=“Microsoft WindowsXP professional”/fastedtect

输入完成之后，执行记事本菜单中的“文件”→“另存为”命令，然后将文件名写成“Boot.ini”，将保存类型选择为“所有文件”（这是最关键的一步），然后单击“保存”按钮保存。

将上一步创建的这个“Boot.ini”文件复制到C盘根目录下，最后重新启动，启动菜单就会出现。

18 怎样去除 Windows 2000 遗留下的多重启动菜单

故障现象：

一台旧电脑，原来安装的是 Windows 98（安装在C盘），后来又安装了 Windows 2000（安装在D盘）。因为这台计算机的配置比较低，Windows 2000 运行的速度相当慢，所以后来便将 Windows 2000 删除了，可是由 Windows 2000 所创建的这个多重启动菜单却总是不能去除。

故障分析与处理：

Windows 2000 加 Windows 98 这样的双系统，控制其启动菜单的文件位于C盘根目录下，其中“Boot.ini”中就保存了这个启动菜单。要想取消这个启动菜单，只要将这个“Boot.ini”文件删除就可以了。由于“Boot.ini”文件的属怕是只读、隐藏的，所以一般情况下，我们无法看到它，得想点办法才行：

❶ 在 Windows 98 中，单击“开始”→“设置”→“文件夹选项”。

❷ 在弹出的“文件夹选项”窗口中单击“查看”选项卡，然后在该窗口的“高级设置”选项中，将“文件和文件夹”选项下的“隐藏文件”设置为“显示所有文件”。

❸ 单击“确定”按钮保存并退出，再到C盘根目录下找到“boot.ini”文件，将它删除即可。

虽然通过删除“boot.ini”文件可以达到去除双重启动菜单的目的，但要想真正去除 Windows 2000 留在硬盘中的启动信息，还可以使用 Windows 98 启动盘启动计算机，进入 DOS 提示符下运行“Fdisd/MBR”，然后重新启动计算机即可。

19 电源管理导致安装后黑屏

故障现象：

给多台同型号电脑安装 Ghost 版 Windows XP 的时候，有的电脑启动到一半黑屏过不去。

故障分析与处理：

在 BIOS 中，把电源管理设成打开状态后，机器就自动启动过去了。

提 示

在用 Ghost 版时，有的版本在使用前一定要把电源管理打开，要不然会造成机器启动到一半就启动不过去了。

20 为何安装双系统却成了升级安装

故障现象：

一台已经安装了 Windows 98 的电脑，想再安装一个 Windows 2000，组成一个 Windows 98 与 Windows 2000 的双系统，但是安装完成后，只有一个 Windows 2000 系统，Windows 98 却不见了。

故障分析与处理：

出现这种情况完全是因为操作者疏忽造成，由于这种故障已经无法弥补，所以我们只能解释为什么会出现这种问题，避免类似的错误产生。

❶ 当我们在光驱中插入 Windows 2000 安装光盘后，会自动弹出一个“Microsoft Windows 2000 CD”的窗口，询问是否要将 Windows 98 系统升级到 Windows 2000，如果想建立双系统，此时绝对不能单击“是”按钮，而必须单击“否”按钮。

❷ 选择“否”按钮后，进入 Windows 2000 安装向导窗口，单击该窗口上的“安装 Windows 2000”选项，进入 Windows 2000 安装向导。

❸ 在打开的安装方式选择窗口中，此时一定得选择第二项“安装新的 Windows 2000”，否则就会出现前面提到的那种故障。

专业提升

开机时显示出很多英文提示，然后电脑就停止运作了，这是因为系统自检没有通过，英文提示就是错误报告。以下是常见的错误报告列表，用户可对照着找出电脑故障。

Bad CMOS Battery：主板的 CMOS 电池电力不足。

Cache Controller Error：Cache Memory 控制器损坏。

Cache Memory Error：Cache Memory 运行错误。

CMOS Checks UM Error：CMOSRAM 存储器出错，应重新执行 CMOSSETUP。

Diskette Drive Controller Error：原因有五：软盘驱动器未与电源连接；软盘驱动器的信号线与 I/O 卡之间的连接不正确；软盘驱动器损坏；多功能卡损坏；CMOS 里软驱参数设置错。

Display Card Mismatch：主机内装显示卡与系统设定值不匹配。

Equipment Configration Error：硬件设备参数不合，重新设置 CMOS。

Fixed Disk Controller Error：原因可能是硬盘未接电源；硬盘信号线与 I/O 卡之间的连接不正确；硬盘已损坏。

Fixed Disk0 Error：硬盘 0 磁道损坏。

Insert System Diskette, Press ENTER Key To Reboot：没有系统引导盘。

I/O Parity Error：输入输出程序无法正确运行。

Keyboard Error：键盘连接错误或键盘损坏。

Memory Error：主板上 DRAM、SIMM 或附加的内存条损坏。

Memory Size Mismatch：系统检测到的内存条容量与实际不符。

Press Fl To Continue or Ctrl+Alt+ESC For SETUP：系统设定错误。

Protected Mode Test Fail：CPU 保护模式错误。在该情况下，系统仍可在实模式（Real Mode）DOS 环境下运行。

RAM BIOS Not Exist：当用户想启动 SHADOWRAM，但 SHADOWRAM 不存在。

RAM Parity Error：主板上 DRAM 或 SIMM 无法正常运行。

RealTime Clock Error：时钟设定不正确。

5.2 操作系统使用

Windows 在使用中会出现各种各样的问题，有的是设置不当，有的则是系统故障，读者要注意进行区别。

1 Windows Vista 系统中“天气”小工具无法使用，是怎么回事

这是因为区域设置造成的，解决方法如下：

❶ 依次打开“控制面板”→"时钟、语言和区域""区域和语言"选项。

❷ 将“当前格式”设置为“英语(美国)”。

❸ 再转到“位置”将“当前位置”设置为“美国”。

❹ 再转到“管理”，单击“更改系统区域设置”，设置为“英语（美国）”。

❺ 重新启动计算机之后，“天气”小工具即可使用了。

❻ 单击天气小工具右上角的设置按钮，在“当前位置”文本框中使用英文或汉语拼音输入要查找的城市名称，例如北京可输入“beijing”或“peking”，乌鲁木齐可输入“wulumuqi”或“urumqi”，即可看该城市的天气了。

❼ 经过以上步骤以后，会将区域设置为美国，导致系统数字/货币/时间/日期等以英文显示，同时会造成非 Unicode 程序（QQ 等）不能显示汉字。用户可以在区域和语言选项中单击“自定义此格式”，按照中文习惯，重新设置数字/货币/时间/日期即可。

2 为什么在 Windows Vista“开始”菜单的底部再也看不到“运行”命令

很简单，只要按下“Win+R”组合键，即可打开熟悉的运行对话框。

3 Windows Vista 的关机速度还是太慢了，有没有什么方法可以加快呢

要加快 Windows Vista 的关机速度，在保证系统稳定性前提下可做的优化是通过尽量缩短关闭前的等待时间。同 Windows XP 一样，可以通过修改注册表调整相应选项来实现。

1. 关闭服务前的等待时间

打开注册表编辑器，找到如下注册表项：

HKEY_LOCAL_MACHINE\System\CurrentControlSet\Control

在右面的窗口中，双击名为“WaitToKillServiceTimeout”的注册表项，将它的数值从默认的 20 000（单位为毫秒）调整到一个较小的数值，如 5000 甚至 1000 等，这样，如果 Windows Vista 在设置的 5 秒（5000）或 1 秒（1000）内没有收到服务关闭信号，系统即会弹出一个警告窗口，通知用户该服务无法中

止，并给出强制中止服务或继续等待的选项等待用户选择。

2. 缩短关闭应用程序与进程前的等待时间

在注册表中找到如下分支：

HKEY_CURRENT_USER\Control Panel\Desktop

双击右侧面板中的“WaitToKillAppTimeout”，将其值从默认的 20 000（单位同样为毫秒）修改为较小的 5000 或 1000，这样，Windows 在发出关机指令后如果等待 5 秒或 1 秒仍未收到某个应用程序或进行的关闭信号，将弹出相应的警告信号，并询问用户是否强行中止。

在右侧面板中还有一个名为“HungAppTimeout”的注册表项，该项对应于系统在用户强行关闭某个进程或应用程序后，如果该对象没有响应时的等待时间。其默认值为“5000”，一般可将其修改为“1000”。

然后，在如下的注册表分支：

HKEY_USERS\.DEFAULT\ControlPanel\Desktop\

重复上面的操作，即修改“WaitToKillAppTimeout”与“HungAppTimeout”两个注册表项的值。

3. 在关机或注销时自动中止应用程序或进程

即便将“HungAppTimeout”的值设得很小，并不意味着 Windows Vista 在等待时间超过该时限后便会自动中止该程序或进程，而仍会弹出对话框让用户确认是否中止。如果你感觉这样的方式过于繁琐，可通过修改注册表项让 Windows Vista 在超过等待时限后自动强行中断该进程的运行。

找到如下的注册表分支：

HKEY_CURRENT_USER\Control Panel\Desktop registry

可看到项中有一名为“AutoEndTasks”的注册表项，其默认值为“0”，将其修改为“1”即是让 Windows Vista 自动终止所有的进程，而不再需用户的确认。

4 Windows Vista 系统在打开窗口时使用了动画效果，严重影响打开窗口的速度，怎么办好呢

对内存较小的用户来说，改善的方法就是将动画效果关闭。

按“Win+R”组合键打开“运行”窗口，输入“Regedit”运行注册表，找到“HKEY_CURRENT_USER\ControlPanel\Desktop\Window Metrics”分支，在右边的窗口中找到“MinAniMate”键值，把它的值由“1”修改为“0”即可关闭动画显示。

5 在 Windows Vista 中怎样安装侧边栏呢

❶ 拷贝 Windows Sidebar 目录到系统分区的 Program Files 目录下。

❷ 拷贝 Parts 目录到 C:\Users\username 目录下（username 根据具体用户而定）。

❸ 运行 sidebar.exe 即可。

6 Vista 中怎样开启 Windows 边栏

❶ 在 Windows Vista 中，选择“开始”→“所有程序”→“附件”→“Windows 边栏”，

就可以打开 Windows 边栏了。

❷ 在 Windows Vista“控制面板”中选择“经典视图”，然后在里面选择“Windows 边栏”即可。

7 为何 CPU 占用率 100%

故障现象：

在 Windows XP 中，查看系统资源占用率时，发现 CPU 始终处于 100%的使用状态。

故障分析与处理：

Windows XP 操作系统经常出现 CPU 占用 100%的情况，主要问题可能发生在下面的某些方面：

1．杀毒软件

由于新版的 KV、金山、瑞星都加入了对网页、插件、邮件的随机监控，无疑增大了系统负担。

处理方式：尽量使用最少的监控服务，或者升级硬件配备。

2．驱动没有经过认证

大量的测试版的驱动在网上泛滥，造成了难以发现的故障原因。

处理方式：尤其是显卡驱动特别要注意，建议使用微软认证的或由官方发布的驱动，并且严格核对型号、版本。

3．病毒、木马

大量的蠕虫病毒在系统内部迅速复制，造成 CPU 占用资源率居高不下。

解决办法：用杀毒软件彻底清理系统内存和硬盘，并且打开系统设置软件，查看有无异常启动的程序。经常更新升级杀毒软件和防火墙，加强防毒意识。

4．不必要的启动项

解决办法：依次单击“开始”→ " 运行 "，输入“msconfig”并回车，打开“系统配置实用程序”，关闭不必要的启动项。

5．" svchost " 进程

“svchost”是 Windows XP 系统的一个核心进程。它不单单只出现在 Windows XP 中，在使用 NT 内核的 Windows 系统中都会有“svchost”的存在。一般在 Windows 2000 中，“svchost”进程的数目为 2 个，而在 Windows XP 中“svchost”进程的数目就上升到了 4 个及 4 个以上。

6．网络连接

当安装了 Windows XP 的计算机做服务器的时候，收到端口 445 上的连接请求时，它将分配内存和少量地调配 CPU 资源来为这些连接提供服务。当负荷过重的时候，CPU 占用率可能过高，这是因为在工作项的数目和响应能力之间存在固有的权衡关系。需要确定合适的“MaxWorkItems”设置以提高系统的响应能力。如果设置的值不正确，服务器的响应能力可能会受到影响，或者某个用户独占太多系统资源。

要解决此问题，我们可以通过修改注册表来解决：在注册表编辑器中定位到 HKEY_LOCAL_MACHINESYSTEMCurrentControlSetServiceslanmanserver 子键，在右侧窗口中新建一个名为“maxworkitems”的 DWORD 值。然后双击该值，在打开的窗口中键入下列数值并保存退出：

如果计算机有 512MB 以上的内存，键入“1024”；如果计算机内存小于 512 MB，键入“256”。

8 安装 Windows XP SP2 时，出现“访问拒绝”错误，怎么处理

故障现象：

安装 Windows XP SP2 时，出现“访问拒绝”错误。

故障分析与处理：

很有可能是当前的登录用户对于某些安装 SP2 所需的文件夹和注册表项没有相应的权限。

1．检测注册表的权限设置

❶ 依次单击“开始”→“运行”，在打开的运行窗口中输入“regedit”并回车，打开注册表编辑器 。

❷ 在注册表中定位到 HKEY_LOCAL_MACHINE 子键。

❸ 在该注册表项目上单击鼠标右键，从弹出的快捷菜单中选择“权限”项，在打开的权限对话框上确保在“组或用户名称”列表框中有“Administrators”组。

如果没有的话，请添加“Administrators”组到该列表框。同时保证“Administrators”组拥有“完全控制”的权限。

2．检测 Windows 安装目录的权限设置

❶ 依次单击“开始”→“运行”，在打开的运行窗口中输入“%systemdrive%”并回车。

❷ 在打开的窗口中，用鼠标右键单击“Windows”文件夹，从弹出的菜单中选择“权限”项，在打开的权限对话框上确保在“组或用户名称”列表框里有“Administrators”组。

如果没有的话，请添加“Administrators”组到该列表框。同时保证“Administrators”组拥有“完全控制”的权限。

❸ 完成以上两步的设置之后，重新启动电脑进入安全模式，安装 SP2。

9 安装 Windows XP SP2 时，出现“Unable…”错误，怎么处理

故障现象：

安装 Windows XP SP2 时，出现“Unable…”错误。

故障分析与处理：

出现这种情况很有可能是以下几个原因所造成的。

❖ “%systemroot%\system32\catroot2”文件夹下的数据库文件或者日志文件被破坏。

❖ Cryptographic Services 服务没有启动。

❖ 本地安全数据库被破坏。

❖ 其他 Windows 所需的文件被破坏。

解决办法：

1．停止“Cryptographic Services”服务

❶ 依次单击“开始/运行”，在打开的运行窗口中输入“Services.msc”并回车，打开“服务”窗口。

❷ 在该窗口的右侧选中“Cryptographic Services”服务，然后单击工具栏中的“停止服务”按钮。

2．删除“Cetroot2”文件夹

❶ 依次单击“开始”→“运行”，在打开的运行窗口中输入“%windir%\sysytem32”并回车。

❷ 在打开的文件夹窗口中，找到并删除“Catroot2”文件夹。

3．重启“Cryptographic Services”服务

❶ 依次单击“开始”→“运行”，在打开的运行窗口中输入“Services.msc”并回车，

打开“服务”窗口。

❷ 在该窗口的右侧选中“Cryptographic Services”服务，然后单击工具栏中的“启动服务”按钮。

4．重新注册“DLL”文件

❶ 依次单击“开始”→“运行”，在打开的运行窗口中输入“regsvr32 softpub.dll”并回车。

❷ 用同样的方法注册以下的 dll 文件：

regsvr32 wintrust.dll

regsvr32 initpki.dll

regsvr32 dssenh.dll

regsvr32 rsaenh.dll

regsvr32 gpkcsp.dll

regsvr32 sccbase.dll

regsvr32 slbcsp.dll

regsvr32 cryptdlg.dll

如果按照上面提供的方法还不能够解决问题，我们还可以试试下面两个方法。

方法一：依次单击“开始”→“运行”，在打开的运行窗口中输入“CMD”并回车。然后在打开的命令提示符窗口中输入“ESENTU}TL /p %windir%\security\databasesecedit.Sdb”。

方法二：依次单击“开始”→“运行”，在打开的运行窗口中输入“%windir%\security”并回车。然后在打开的文件夹窗口中，将所有的“edb*.log”文件重新命名为“edb*.log.old”。

10 安装 Windows XP SP2 时，无法验证"update.inf"的完整性，怎么处理

故障现象：

安装 Windows XP SP2 时，无法验证“update.inf”的完整性。

故障分析与处理：

Cryptographic Services 服务没有启动。

解决方法：

❶ 依次单击“开始”→“运行”，在打开的运行窗口中输入“Services.msc”并回车，打开“服务”窗口。

❷ 在该窗口的右侧选中“Cryptographic Services”服务，查看该服务是否出于启动状态，如果没有的话，请双击该服务，设置启动类型为“自动”，并单击“启动”按钮，运行该服务。

11 安装 Windows XP SP2 时，系统提示文件保护错误，怎么处理

故障现象：

安装 Windows XP SP2 时，系统提示文件保护错误。

故障分析与处理：

引起该问题的原因很可能是安装了诸如 Style XP 等启动画面修改程序，这些程序会修改系统的“Boot.ini”文件，导致 SP2 无法升级（可能提示系统核心文件不正确）。

解决方法：出现这种情况时，可以尝试通过下面的操作来处理。

❶ 首先删除这些启动画面修改程序。

❷ 依次单击“开始”→“运行”，在打开的运行窗口中输入“Sysdm.cpl”并回车。

❸ 将打开的系统属性对话框切换到“高级”选项卡下，然后单击“启动和恢复”下的“设置”按钮。

❹ 单击“编辑”按钮，打开“Boot.ini”文件。

❺ 将“timeout”的值设置为 0，并将

“[operating systems]”部分的语句设置如下：

multi(0)disk(0)rdisk(0)partition(2)\WINDOWS="Microsoft Windows XP Professional" /noexecute=optin /fastdetect

本例中 Windows XP 安装在电脑的 D 盘，如果在 C 盘，则应为 partition(1)。

安装的启动画面修改程序会在“[operating systems]”语句后添加类似于“Kernel=****.exe”这样的变量，可以将这些添加的变量删除，确保该语句和上面内容类似，然后保存重新启动电脑即可。

12 程序安装到一半提示硬盘空间不足，怎么办

故障现象：

在安装一个游戏时，安装向导提示需要 1GB 的硬盘空间，将其安装到 C 盘时，明明 C 盘还有 1.5GB 的剩余空间，却在安装到一半时出现硬盘空间不足的警告。

故障分析与处理：

出现这样的问题，可以从以下两方面着手解决：

❶ 在安装软件时，软件都需要一个临时的空间来暂时存放安装文件，等软件安装好后，再自动清除临时空间中的临时文件，而这些软件又都喜欢拿 C 盘作为临时空间。如此一来问题就来了，以安装一个 1GB 的软件为例，虽然 C 盘有 1.5GB 的剩余空间，但是在安装这个软件时，安装程序往往会霸占大量的 C 盘空间来存放临时文件。且随着安装的进行，安装程序霸占的硬盘空间越来越大，而此时软件也已经部分安装到硬盘上了，因此也就会出现软件安装到一半时出现空间不足的警告。

解决方法：要么用分区软件扩大 C 盘的空间，要么将游戏安装到其他分区。

❷ 默认状态下，Windows 都将虚拟内存放在 C 盘，由于虚拟内存实际占用的硬盘空间是变化的，所以也很容易导致该故障的出现。

要解决这个问题，可以单击“开始”→“设置”→“控制面板”→“系统”→“性能”，然后单击“虚拟内存”按钮，进入“虚拟内存”窗口。

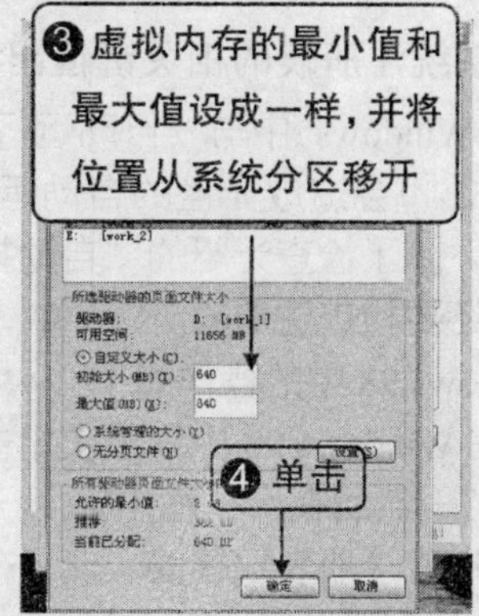

13 为什么光盘无法自动运行

故障现象：

将一张可以自动运行的光盘放入光驱，光盘却无法自动运行。

故障分析与处理：

该故障可能是由以下两种原因所造成的：

1．光驱的“自动插入通告”被关闭了

在正常状态下，光驱能自动检测到光盘的插入，但是一旦该项功能被关闭，则当我们将一张光盘插入光驱后，系统并不会自动监测光盘的插入，而必须由我们去手动检测（也就是在资源管理器中进入光驱盘符后，按“F5”键执行“刷新”功能，以便让系统去检测光驱中是否有光盘）。因此，当出现光盘自动运行功能失效的故障后，首先得检查 Windows 的“光盘自动插入通告”是否正常（以 Windows 98 为例）。

❶ 打开“系统属性”设置窗口，单击“设备管理器”选项卡，在“设备管理器”窗口中，

单击“CD-ROM”前面的“+”，然后选中“CD-ROM”下面的光驱。

❷ 单击“属性”按钮，在弹出的“光驱属性”窗口中，单击“设置”选项卡，保证该窗口中“自动插入通告”前的复选框被选中。

❸ 单击“确定”按钮，重新启动电脑即可。

2. 系统注册表的相关键值出错

如果 Windows 中与“自动运行”相关的键值出错，也会造成光盘的自动运行功能失效。因此，除了检查光驱的“自动插入通告”选项外，还要检查注册表。

Windows 98 中的操作如下：

❶ 在 Windows 98 中，依次单击“开始”→“运行”，然后在运行框中输入“regedit”并回车，打开注册表编辑器。

❷ 定位到 HDEY_CURRENT_USER\Software\microsoft\Windows \currentversion \policies\explorer 子键。

❸ 在右边的键值窗口中，双击“NoDrivetypeAutorRun”项值，把它打开，检查键值是不是以下数值：“0000 95 00 00 00”，如果不是的话，请改成上述值，然后单击“确定”按钮进行保存。接着退出注册表编辑器，重新启动电脑即可。

Windows XP 中的操作如下：(与 Windows 2000 的操作相同)

❶ 在 Windows XP 中依次单击“开始”→“运行”，然后在运行窗口中输入“regedit”并回车，启动注册表编辑器。

❷ 定位到 HKEY_LOCAL_MACHINE\SYSTEM\。

❸ 双击右边键值窗口中的“Autorun”项值，在弹出的“编辑 DWORD 值”窗口中，确保“数值数据”为“1”。

14 电脑安装 Windows XP SP2 后，无法利用 UPNP 功能，怎么办

故障现象：

电脑安装了 Windows XP SP2 后，无法利用 UPNP 功能。

故障分析与处理：

出现这个故障，很可能是由于没有正确安装系统的 UPNP 支持，没有启动相应的服务，或者没有升级网络设备的 firmware。

解决方法：

1. 安装 UPNP 用户界面

❶ 打开“控制面板”窗口，用鼠标双击“添加或删除程序”组件按钮，然后单击“添加/删除 Windows 组件”选项。

❷ 在“Windows 组件向导”对话框中，勾选“网络服务”项，如下图所示：

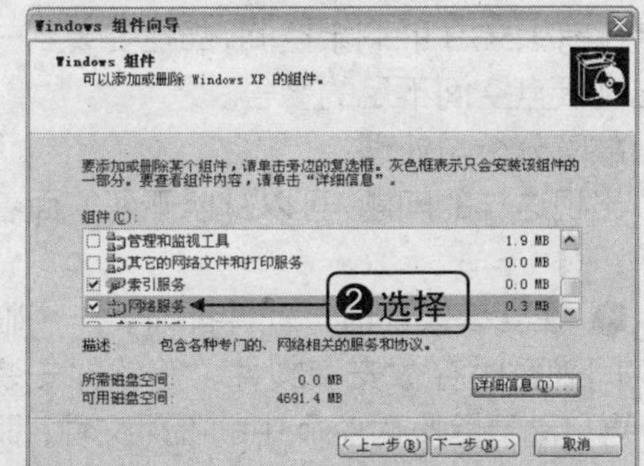

❸ 单击“详细信息”按钮，在打开的“网络服务”对话框中，勾选“UPNP 用户界面”复选框。

❹ 按照提示操作，完成安装 UPNP 支持。

2. 启动 UPNP 服务

❶ 依次单击“开始”→“运行”，在打开的运行窗口中输入“Services.msc”并回车，打开“服务”窗口。

❷ 用鼠标双击“Universal Plug and Play Device Host”服务，在打开的服务属性对话框中，将启动类型改成“自动”，同时单击“启

动”按钮，启动该服务。

❸ 采用同样的方法将“SSDP Discovery Service”服务的启动类型设置为“自动”。

3．确保 Windows 防火墙没有阻挡 UPNP

❶ 依次单击“开始”→“运行”，在打开的运行窗口中输入“Firewall.cpl”并回车，打开“Windows 防火墙”配置窗口。

❷ 将该窗口切换到“例外”选项卡。

❸ 在“程序和服务”列表框中勾选“UPNP 框架”复选框。

❹ 确保“UPNP 框架”项处于选定状态，单击“编辑”按钮，在弹出的“编辑服务”窗口中单击“更改范围”按钮，然后选择“任何计算机（包括 Internet 上的计算机）”。最后单击“确定”按钮，保存所做的修改。

4．正确配置路由器

❶ 联系网络设备制造商或经销商，以获得最新的 Firmware、驱动程序，并按照产品说明书进行升级。

❷ 由于升级 Firmware 以后，网络设备可能会恢复出厂时的设置，所以确保对网络设备重新进行正确的配置，以保证支持 UPNP。

5．排除其他因素的干扰

请确保电脑上没有安装第三方的防火墙，或者其他可能干扰系统 UPNP 功能的其他应用软件。

15 下载的 Windows 更新文件丢失了，怎么找回来

故障现象：

下载的 Windows 更新文件丢失。

故障分析与处理：

这是因为当前 Windows XP 所用的 V5 版本的 Windows 更新，其默认的更新补丁保存的临时文件夹不再是分区根目录下的 WuTemp 子目录。

解决方法：

❶ 打开“我的电脑”，进入“X:\Windows\SoftwareDistribution\Download”目录（X 为 Windows XP 所在的盘符）。

❷ 在该目录下可能存在几个子目录，可以通过在窗口菜单栏中依次执行“查看/详细信息”命令，使得这些子目录以详细信息方式显示，可以按照以下三个条件判断 SP2 文件所在的位置。

条件一：查看子目录的修改日期，如果是我们进行 Windows 更新的日期，那么可能就是 SP2 文件所在的位置；

条件二：通过 Windows 更新下载所得到的 SP2 安装文件的大小约为 400 MB，如果该目录的大小接近这个数字，那么可能就是 SP2 文件所在的位置；

条件三：进入根据以上两个条件筛选出来的子目录，然后在其下的“\update”目录下打开“Eula.txt”文件，如果里面含有“SERVICE PACK 2”字样，基本上可以判断为 SP2 文件所在的位置。

16 安装了 Windows XP SP2，出现 Explorer 进程崩溃是什么原因

故障现象：

电脑在安装了 Windows XP SP2 之后，出现 Explorer 进程崩溃。

故障分析与处理：

可能是第三方的应用程序替换了系统的 Shlwapi.dll 文件，导致 Explorer 进程出错。

解决方法：

❶ 准备一张能够引导电脑启动的 Windows XP 安装光盘，用它来引导计算机，进入故障恢复控制台。

❷ 在命令行提示符下，输入以下命令"expand X:\i386\shlwapi.dll_Y:\Windows\system32\shlwapi.dll /y"（X：光驱所在的盘符；Y：Windows XP 所在分区的盘符）。

❸ 运行"exit"命令退出故障恢复控制台，并重新启动电脑。

17 安装了 Windows XP SP2，看不到网页中的验证码，是什么原因

故障现象：

电脑在安装了 Windows XP SP2 之后，无法看到网页中的验证码。

故障分析与处理：

SP2 引入了增强的安全特性，默认会禁止"XBM"格式图片的显示，所以导致这些验证码无法看到。

解决方法：

❶ 依次单击"开始"→"运行"，在打开的运行窗口中输入"regedit"并回车，打开注册表编辑器。

❷ 在注册表编辑器的左侧定位到"HKEY_LOCAL_MACHINE\SOFTWARE\Microsoft\Internet Explorer\Security"注册表项，在右侧窗口中新建一个"DWORD"键值"Block XBM"，并将其值设置为"0"。

> **提 示**
>
> 如果该键值已经存在，可以直接将其值修改为"0"即可。

❸ 重新启动电脑。

18 安装了 Windows XP SP2，网页文字显示为乱码，是什么原因

故障现象：

电脑在安装了 Windows XP SP2 之后，部分网页里的文字显示为乱码。

故障分析与处理：

该故障可能是 SP2 本身的问题，可以通过安装 Windows 更新补丁解决。

解决方法：为系统安装微软的 KB886677 补丁包。

> **提 示**
>
> 该补丁只能安装在已经安装过 SP2 的 Windows XP 操作系统上。

19 安装了 Windows XP SP2，任务栏出现异常现象，是什么原因

故障现象：

电脑在安装了 Windows XP SP2 之后，任务栏有时出现异常现象。

故障分析与处理：

该故障是由第三应用软件的互相冲突而造成的。

解决方法：

1．新建用户

❶ 依次单击"开始"→"运行"，在打开的运行窗口中输入"Nusrmgr.cpl"并回车。

❷ 在打开的用户管理窗口中新建一个用户。

❸ 利用刚刚新建的用户重新登录 Windows XP。

2．借助第三方工具

如果上面提供的方法无法解决问题，还可以尝试下载使用"Taskbar Repair Tool Plus"工具。

❶ 下载并安装"Taskbar Repair Tool Plus"。

❷ 启动"Taskbar Repair Tool Plus"软件，在"Taskbar Problem"下拉列表框中选择

"Minimized Programs Missing"项。

❸ 单击"Repair"按钮，系统将会弹出一个消息框，提示系统将会重新启动"Explorer"，单击"是"按钮重新启动"Explorer"。

20 安装了 Windows XP SP2，不能检测到杀毒软件是什么原因

故障现象：

安装了 Windows XP SP2 之后，不能检测到杀毒软件。

故障分析与处理：

Windows XP 安全中心的检测功能可以帮助我们更好地检查杀毒软件的状态，但是这种检测功能并不能代替杀毒软件的功能。同时需要注意的是：需要由杀毒软件自己确定其状态，并通过 WMI Provider 将这些状态报告给 Windows 安全中心。也就是说 Windows 安全中心所报告的杀毒软件的状态都是来自于杀毒软件本身的报告功能。如果杀毒软件本身由于版本比较旧，而不支持这种报告，那么 Windows 安全中心就可能会误报，但是这并不会影响系统的正常运行。

解决方法：

由于 Windows XP 安全中心仅仅是一个检测功能，并不真正代替第三方杀毒软件的功能。首先推荐联系杀毒软件厂商，以获得最新版本的、可以正式支持 SP2 的版本。但是由于种种原因，如果 Windows XP 安全中心无法识别杀毒软件，则可以使用以下方法进行设置。

❶ 依次单击"开始"→"运行"，在打开的运行窗口中输入"Wscui.cpl"并回车，打开"Windows 安全中心"窗口；

❷ 在病毒防护部分单击"建议"按钮，然后勾选"我已经安装防病毒软件并将自己监视其状态"项，最后单击"确定"按钮。

21 鼠标双击操作无效，怎么处理

故障现象：

在 Windows 窗口中，鼠标的单击和拖拽操作有效，但无法通过双击鼠标来启动应用程序。

故障分析与处理：

该故障是我们无意中将鼠标双击的时间间隔设置得太短，致使系统将用户的双击操作视为两次不连续的单击操作。我们只需适当调整鼠标双击的速度即可解决该问题。

具体操作为：

打开"控制面板"，选中"鼠标"选项，单击鼠标右键，然后选择弹出菜单中的"打开"命令，启动鼠标设置功能。在"鼠标属性"对话框中选择"按钮"选项卡，然后将"双击速度"中的滑杆向左移动，适当调节鼠标的双击速度（此速度可通过旁边的"测试区域"进行测试），使之与我们自己的操作速度相适应。

22 "添加/删除程序"对话框不能打开，是怎么回事

故障现象：

"添加/删除程序"出现问题，当想打开它删除程序时，刚刚打开就自动关闭了。

故障分析与处理：

出现这种情况可能是"添加/删除程序"所需的链接文件损坏了，需要重新注册。具体操作步骤如下：

依次单击"开始"→"运行"，打开"运行"窗口，在运行窗口中分别输入"regsvr32 mshtml.dll、regsvr32 shdocvw.dll –i、regsvr32 shell32.dll –i"并回车即可。

23 为什么安装程序进行到18%的时候不能继续

故障现象：

电脑能启动，并能进入BIOS，设为光驱启动，进入安装系统界面，系统安装到18%的时候停了，再也装不下去（重装了两次）。把硬盘拿到别的机子测试，安装成功，把C盘格式之后，再把硬盘拿回来，重装，问题依旧。

故障分析与处理：

该情况说明硬盘没有问题。很可能是由数据线断裂所造成。更换硬盘数据线。

24 系统任务栏不见了，怎么找回来

故障现象：

电脑启动过程中，没出现异常情况，运行程序也正常，故怀疑是任务栏属性被设置成了“自动隐藏”并被拖到了上边、左边或右边的任一边上。

故障分析与处理：

❶ 将鼠标移到上边、左边或右边的任一边上，任务栏就会显现出来。然后单击任务栏中的空白处，选择弹出菜单中的“属性”选项。

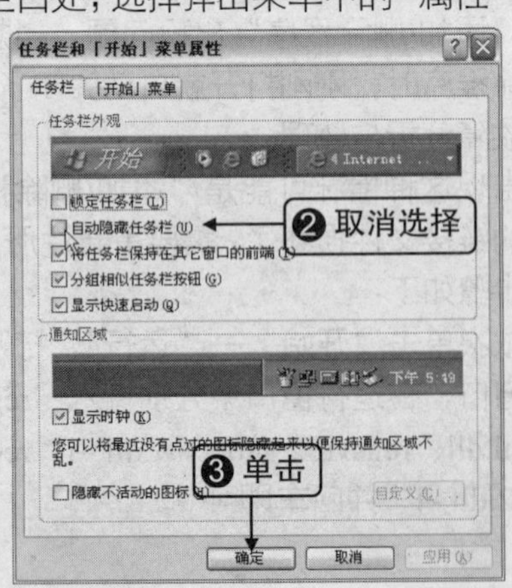

25 系统的快速启动工具栏不见了，怎么找回来

故障现象：

Windows提供了一个由“IE”、“Windows Media Player”和“显示桌面”等图标按钮组成的快速启动工具栏，有一天进入系统，发现该快速启动工具栏不见了。

故障分析与处理：

该故障是我们无意中关闭了Windows的快速启动工具栏造成的，只需要重新将其打开即可。

❶ 在系统任务栏上单击鼠标右键，从弹出的快捷菜单中选择“属性”项，打开“任务栏和『开始』菜单属性”窗口。

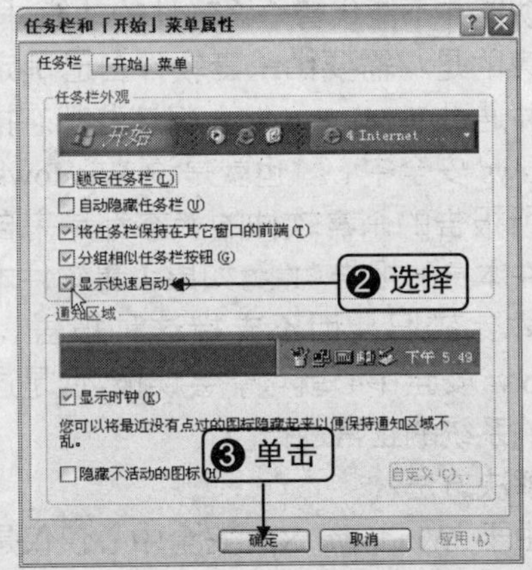

26 为何任务栏上的任务要重叠在一起

故障现象：

在Windows XP下打开了多个同一程序的窗口（比如打开了多个IE、多个Word窗口）后，系统会自动对同类的任务栏按钮进行分组，然后以“层叠”的形式呈现出来。

故障分析与处理：

❶ 关闭所有窗口，在任务栏上单击鼠标右键，选择“属性”选项，打开“任务栏和开

始菜单属性”窗口，选择“任务栏”选项卡。

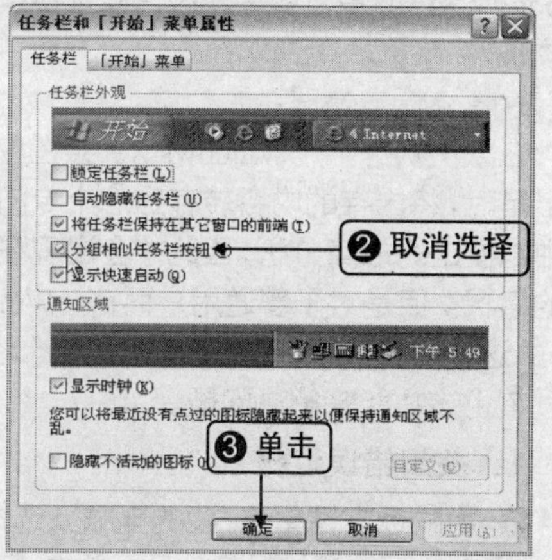

27 怎样防止 Windows XP 意外关机

故障现象：

在 Windows XP 系统中，不小心按了一下机箱上的电源开关，Windows XP 就自动关机，并且没有任务警告信息。

故障分析与处理：

为了预防这种情况的发生，我们可以通过更改计算机的电源选项来达到目的。

❶ 依次单击“开始”→“控制面板”→“电源选项”，进入“电源选项”属性窗口，选择“高级”选项卡。

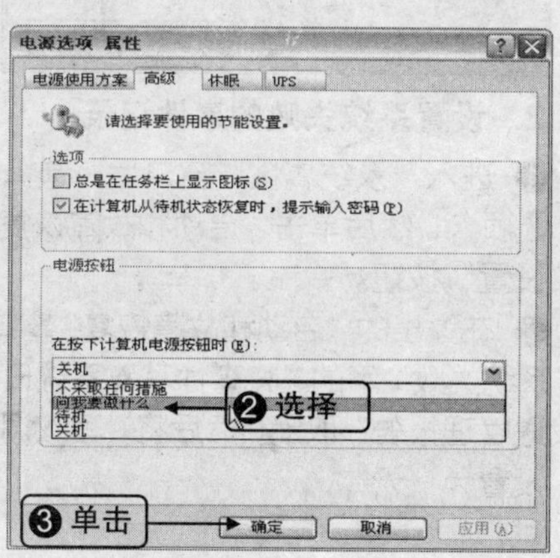

28 为什么在 Windows XP 中，不同文件夹查看方式不同

故障现象：

在 Windows XP 中，如果某个文件夹中的文件含有图片，则进入该文件夹之后，Windows XP 会自动启动“相册”(也就是进入该文件夹后，能直接在该文件夹中浏览图片并进行简单的编辑)查看模式查看该文件夹中的所有文件。

除了“相册”外，Windows XP 还提供了“图片”、“音乐”、“文档”、“视频”等多种查看模板，虽然这些智能化服务能够方便某些用户的使用，但大多数时候我们更喜欢 Windows 98/2000 中那种普通的“文档”模式，也就是直接显示每个文件的图标，这样便于管理文件。那么该怎样让 Windows XP 不这样“自作多情”呢?

故障分析与处理：

❶ 打开“资源管理器”，然后任意选择一个文件夹，右键单击该文件夹，选择右键菜单中的“属性”，选择“自定义”选项卡。

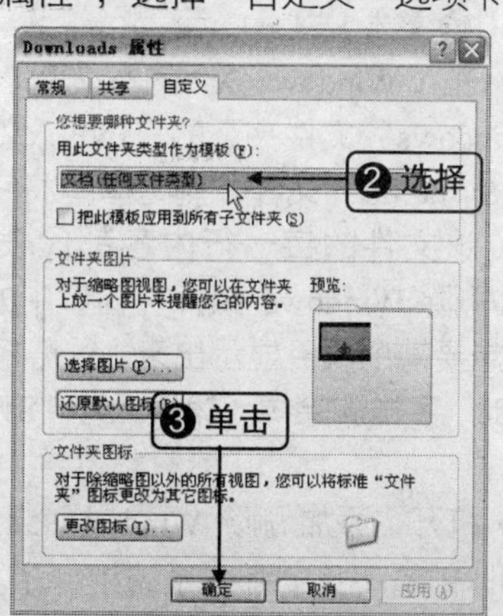

29 Windows XP 中有些系统组件不必要，却无法删除，怎么办

故障现象：

Windows XP 中自带了大量的软件，但是有很多软件根本就用不着，但是在控制面板的“添加删除程序”窗口中，根本就看不到这些软件，难道真的就无法删除了？

故障分析与处理：

在 Windows XP 中，“添加/删除 Windows 组件”窗口中的软件列表其实被保存在一个名为“SYSOC.INF”的信息文件中。我们只需把保存在其中的程序属性更改，便可删除一些隐蔽的系统组件。

❶ 进入 Windows 资源管理器，然后单击“查看”→“文件夹选项”，选择“查看”选项卡。

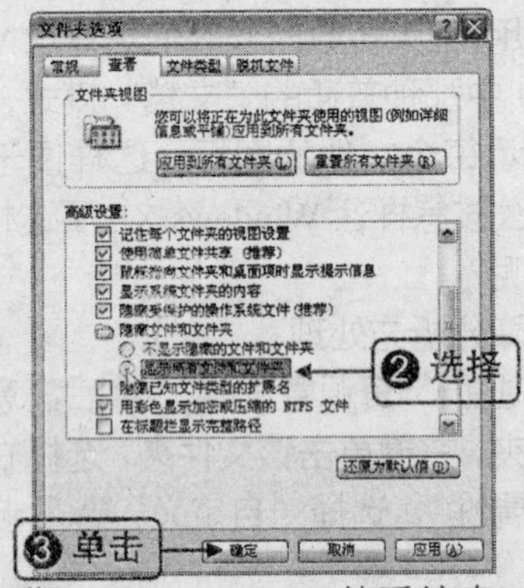

❹ 进入 Windows XP 的系统盘，然后打开“Windows”文件夹下的“INF”文件夹，找到“Sysoc.inf”文件，用记事本将它打开。

❺ 该文件的每一行内容都代表一个在“添加/删除 Windows 组件”窗口中的项目。因此，想要某个项目显示出来，只需将该项目的“hide”字样删除掉，然后保存“Sysoc.inf”即可。

❻ 打开“添加/删除 Windows 组件”，就能看到以前看不见的那些系统组件了。

30 程序出错时系统一直读硬盘，怎么处理

故障现象：

有时候软件出了问题被关闭之后，Windows XP 不停地读写硬盘，并且持续时间比较长。

故障分析与处理：

在默认状态下，Windows XP 会在应用程序出错时，将内存的内容转存在一个专门的文件中以便进行故障分析，因此才会出现狂读硬盘的情况。但是对于普通用户而言，Windows XP 的这种故障分析完全没有用处，因此可以通过禁止该功能来解决问题。

1. 关闭错误汇报

❶ 用鼠标右键单击“我的电脑”，选择“属性”，进入“系统属性”窗口后，单击“高级”选项卡。

❷ 单击“高级”选项卡中的“启动和故障恢复”下的“错误报告”按钮，弹出“错误汇报”窗口。

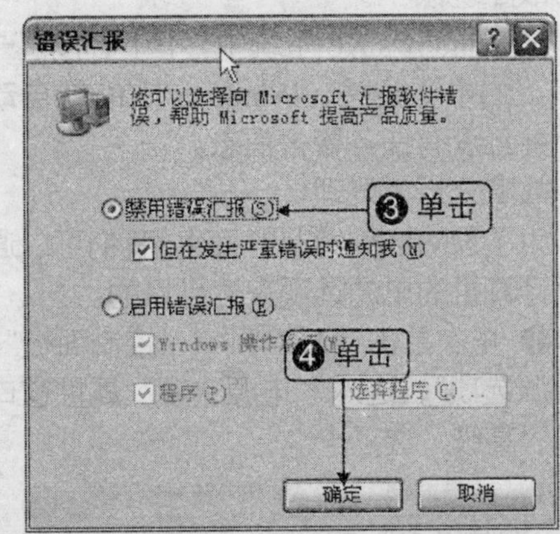

2. 设置系统失败的事件记录

❶ 进入“系统属性”窗口后，选择“高级”选项卡，然后单击“启动和故障恢复”下的“设置”按钮。

❷ 在弹出的“启动和故障恢复”窗口中，将“系统失败”下的“将事件写入系统日志”、“发送管理报告”取消，然后将“写入调试信息”设置为“无”。

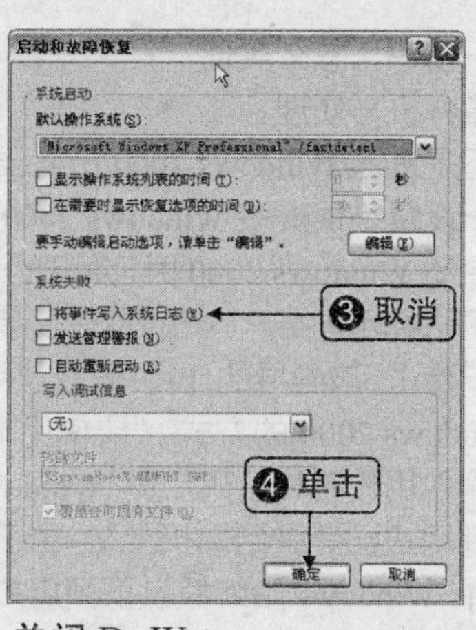

3. 关闭 Dr.Watson

❶ 依次单击“开始”→“运行”，在运行窗口中输入“Drwtsn32”并回车。

❷ 在弹出的“Dr watson For Windows”窗口中，将“选项”下的所有选项都取消。

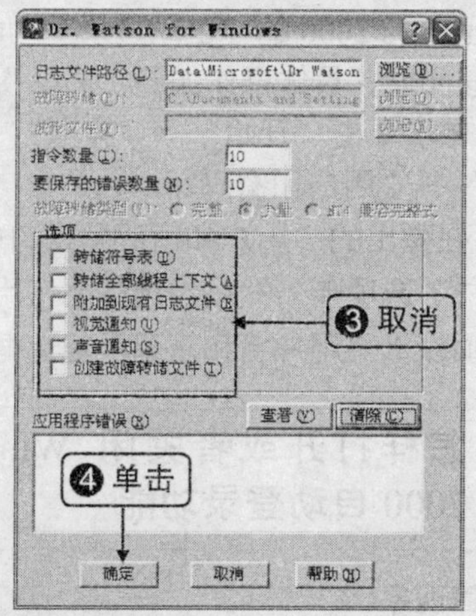

❺ 重新启动电脑。

31 为什么 Windows XP 中复制/粘贴时会出现乱码

故障现象：

在 Windows XP 中复制/粘贴文字时，总是出现乱码。即使是在记事本中也会出现这样的问题。

故障分析与处理：

问题是出在输入法里面，Windows XP 默认的输入法为英语，键盘模式为美式键盘，同时提供的还有中文键盘模式，由于 Windows 98 中只使用美式模式，所以就不会出现乱码问题，而 Windows XP 则有可能会出现以上问题。解决的办法是删除美式键盘模式，添加中文键盘模式并且设置为默认值，具体的操作步骤如下：

❶ 打开“控制面板”窗口，双击“区域和语言选项”，然后在弹出的“区域和语言选项”窗口中单击“语言”选项卡。

❷ 单击该窗口中的“详细信息”按钮，在弹出的“文字服务和输入语言”窗口中，单击“设置”选项卡。

❸ 在“设置”选项卡下面的“已安装的服务”中，选中“英语”的“美式键盘”，然后单击右边的“删除”按钮，将该服务删除。

❹ 单击“添加”按钮，在弹出的“添加输入语言”窗口中，将“输入语言”选为“中文(中国)”，“键盘布局/输入法”选为“简体中文—美式键盘”。

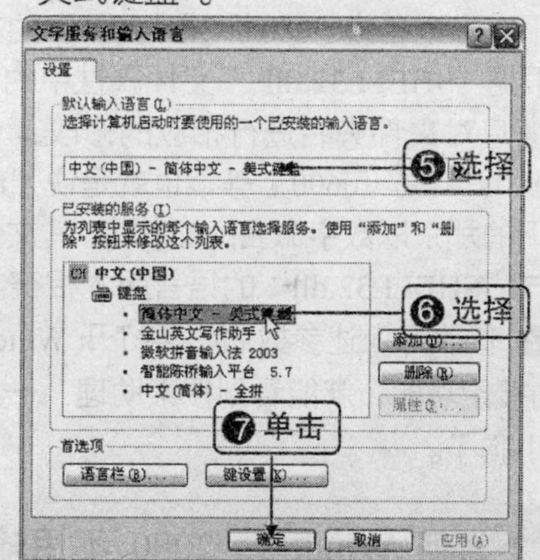

32 为什么 Windows XP 的搜索功能助理不能用了

故障现象：

Windows XP 的搜索功能助理不能用了。

故障分析与处理：

问题出在文件版本上，可以按以下方法解决：

❶ 依次单击“开始”→“运行”，在“运行”窗口中输入“regedit”并回车，打开注册表编辑器。

❷ 定位到 HKEY_CURRENT_USER\Software\Microsoft\Windows\CurrentVersion\Explorer\CabinetState 子键。

❸ 在右边框中新建一个“字符串值”。然后将该字符串值的名称设置为“Use Search Asst”，数值数据输入“NO”。

❹ 在“C:\Windows\system32”目录中找到一个名为“SHELL32.dll”的文件，用鼠标右键单击该文件，选择快捷菜单中的“属性”选项，然后在弹出的文件属性窗口中，单击“版本”选项卡。

❺ 在“项目名称”栏中，单击“语言”，查看右边“值”窗口栏中的信息，例如“中文（中国）(0804)”、“英文（0600）”等。

❻ 打开“C:\Windows\srchasst\mui”目录，目录下有一个名为“0804”或“0409”的文件夹，根据“SHELL32.dll ”文件属性中的“语言”信息对文件夹名进行相应的修改：中文（0804）、英文（0600）等，也就是说“mui”目录下的那个以数字命名的文件夹，其文件名必须与“SHELL32.dll”的语言版本相符。

❼ 修改好上述参数后，再打开 Windows XP 的搜索功能，就能看到搜索助理：一只可爱的小狗了。

33 为何 Windows 2000 不用输入密码就可以进入

故障现象：

为什么 Windows 2000 在启动过程中，直接跳过密码输入窗口就能进入操作界面，我想设置一下密码，怎么实现？

故障分析与处理：

并不是进入 Windows 2000 不需要密码，而是由于设置错误安装 Windows 2000 后，在第一次启动 Windows 2000 时，会出现一个“欢迎使用网络标示向导”（有的是在安装过程中出现这一步），该向导的作用就是让用户选择登录 Windows 2000 的方式：“要使用本机，用户必须输入用户名和密码”或“Windows 始终假设下列用户已登录到本机上”，由于系统默认是选择“Windows 始终假设下列用户登录到本机上”，也就是说用户以后在登录 Windows 2000 时不需要用户名和密码，如果我们选择了这一项，就会导致以后登录 Windows 2000 时不需要输入用户名和密码就能进入。

知道了故障的原因就好办了，现在只需要取消 Windows 2000 的“自动登录”功能就可以解决该问题，具体操作如下：

❶ 依次单击“开始”→“设置”→“控制面板”→“用户和密码”。

❷ 在弹出的“用户和密码”窗口中，单击“用户”选项卡，然后勾选“要使用本机，用户必须输入“用户名和密码”复选框即可。

34 怎样打开或者关闭 Windows 2000 自动登录功能

故障现象：

每次进入 Windows 2000 时都会出现一个对话框，询问用户用哪个用户名进入。由于我的机器只有我一个人用，请问怎样将其去除，当我的机器有几个人同时使用的时候，又怎样把它找回来呢？

故障分析与处理：

对于这个问题可以通过下面的操作来解决：

❶ 依次单击“开始”→“设置”→“控

制面板”→"用户名和密码"，进入“用户名和密码”窗口。

❷ 取消“要使用机，用户必须输入用户名和密码”前的“√”，然后单击“确定”按钮。

❸ 在弹出的“自动登录”对话框中输入自动登录的“用户名”和“密码”即可。这样下次启动电脑时，Windows 2000 将按照我们设定的用户名和密码自动登录。

❹ 当需要恢复该功能时，只需将“要使用机，用户必须输入用户名和密码”前的“√”恢复即可。

35 Windows 2003 中，声卡不工作或者声音严重滞后，是怎么回事

故障现象：

在 Windows 2003 中，多数声卡都能继续使用它们在 Windows 2000/XP 中的驱动程序，而较老的声卡驱动就只有手工安装了。安装好声卡驱动之后，在 Windows 2003 标准版中可以正常发声，但在企业版中，系统还是不能发声，或者在玩游戏时声音严重滞后。

故障分析与处理：

依次进入“控制面板→声音和音频控制设备”，勾选“音频服务”选项，然后单击“确定”按钮。再进入“DirectX 诊断工具”，切换到“声音”选项卡，在“加速级别”中，将游标向右拖至“完全加速”，最后单击“退出”按钮，重新启动电脑即可。

36 为什么在 Windows 2003 中，IE 总是提醒存在安全隐患

故障现象：

总觉得最新的版本最安全，没想到在 Windows 2003 下使用 IE 浏览网页时，每访问一个页面，IE 都会提醒存在安全隐患，询问是否继续访问，极其不方便。

故障分析与处理：

出现这个问题的原因是 Windows 2003 中的 IE 默认安全级别是“高”，这样虽然安全性得以提高，但却给我们日常上网带来诸多麻烦。

❶ 启动 IE 浏览器，在菜单栏中依次选择“工具”→“Internet 选项”项，然后切换到“安全”选项卡。

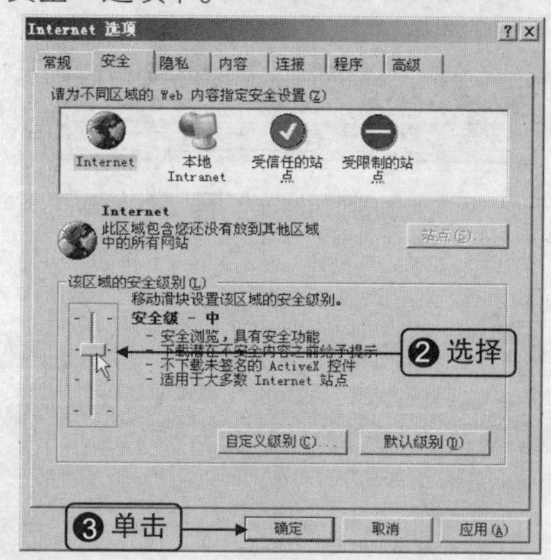

37 为什么在 Windows 2003 中，运行大型软件时系统反应很迟缓

故障现象：

在 Windows 2003 中，运行大型软件时系统反应迟缓。

故障分析与处理：

由于 Windows 2003 是针对服务器的需求而开发的。服务器和工作站对系统资源的要求是不相同的，如果我们平时要运行诸如 Photoshop、3DsMAX 等软件，则应当将系统资源重新分配，修改为类似 Windows XP 的状态。

❶ 在“我的电脑”图标上单击鼠标右键，从弹出的快捷菜单中选择“属性”项，打开“系统属性”窗口，然后切换到“高级”选项卡。

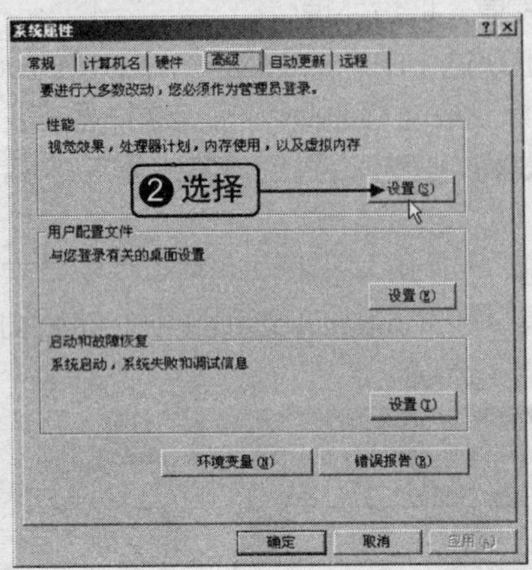

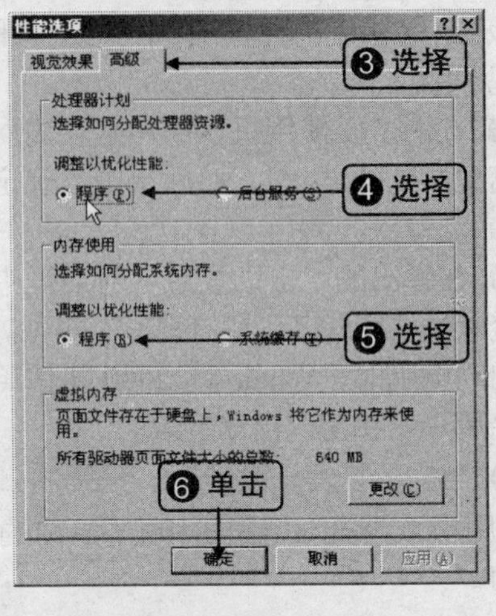

技巧点拨

在操作系统中删除程序有多种方法，在使用常规方法无效的情况下，可以尝试下面介绍的方法。

1. 通过第三方软件卸载

使用第三方软件来卸载，比如“Windows 优化大师”、“完美卸载 XP”等，可以比较干净地将软件卸载掉。

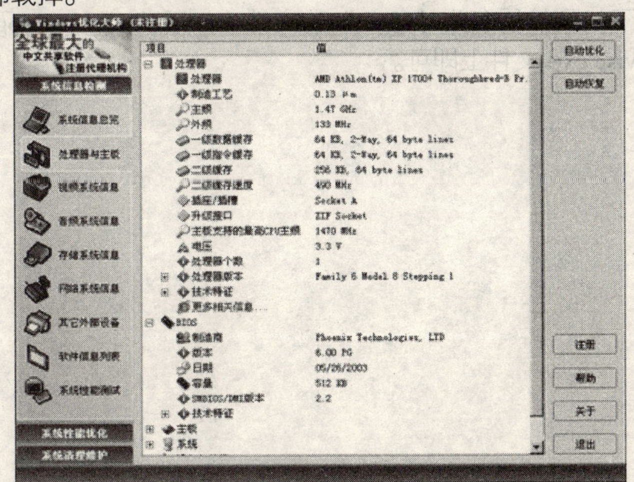

2. 先安装再删除

有时候会有这样的情况：重装了操作系统后，以前安装的软件即使还能用，它在“添加/删除程序”中均不会出现，如果它本身又没有附带反安装程序，那怎么办呢？这时只有把这个软件在原安装目录重新安装一遍，然后再进行删除。

3. 直接删除

能直接删除的，一般都是号称“绿色软件”的软件。由于它们不会向注册表中写入信息，因此直接删除即可。

4. 删除软件的遗留项

还有些情况，在删除软件时，不小心把软件目录删除了，软件本身已经不存在了，但在“添加/删除程序”中依然存在，时间长了，里面不用的项目就会越来越多，影响速度。对此的解决办法如下：打开注册表编辑器，依次展开“HKEY_LOCAL_MACHINE\

Software\Microsoft\Windows\CurrentVersion\Uninstall”，下面所有的键都是“添加/删除程序”中的项，删除掉以后，相应的“添加/删除程序”窗口中的遗留项也将消失。

5．借用卸载程序

如果某个软件无法卸载，同时其安装文件夹的 Uninstall.exe 或 Unwise.exe 文件丢失了，这时，可以尝试从其他安装软件的文件夹下拷贝 Uninstall.exe 或 Unwise.exe，然后双击执行，大多数情况下可以实现卸载。

6．手工拖动 LOG 文件

如果在安装文件夹双击 Uninstall.exe 或 Unwise.exe 文件提示没有找到安装记录，则可以在安装文件夹下找到扩展名为“LOG”的文件（一般为“install.log”），把它拖到 Uninstall.exe 或 Unwise.exe 文件上即可。

第 6 章　常用软件维护

- 怎样提高修复损坏压缩包的成功率
- 怎样才能知道压缩某个文件需要多长时间
- 怎样快速显示含有很多图片的网页
- 怎样才能让 IE 在安装控件前提醒我
- 邮件附件中的图片为什么不能自动显示呢
- 邮件太多了，找不到目标邮件，怎么办
- 怎样消除同时运行多个 QQ 产生的热键冲突
- 怎样将一个网站上的文件“一网打尽”

6.1 压缩软件 WinRAR

WinRAR 压缩软件产生 RAR 与 ZIP 格式的两种压缩文件，其中 ZIP 格式的压缩文件以其文件体积小成为网络上流行的文件格式。WinRAR 的另一些技巧可参看下面的介绍。

1 怎样修复压缩文件

有了恢复记录，又将怎样修复损坏的压缩文件呢？其操作如下：

❶ 选择“工具”→“修复压缩文件”菜单命令，打开“正在修复”对话框。

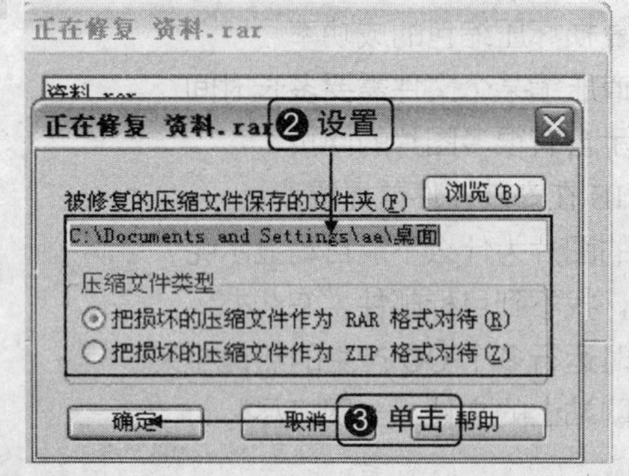

2 怎样快速查找压缩包内文件

WinRAR 提供了保存查找条件的功能。因此可以把经常使用的查找条件保存起来，下次用时就查找条件为默认条件，就不用一次次的重新输入查找的条件了。

❶ 单击“工具”→“查找”菜单命令（或按“F3”键），打开“查找文件”对话框。

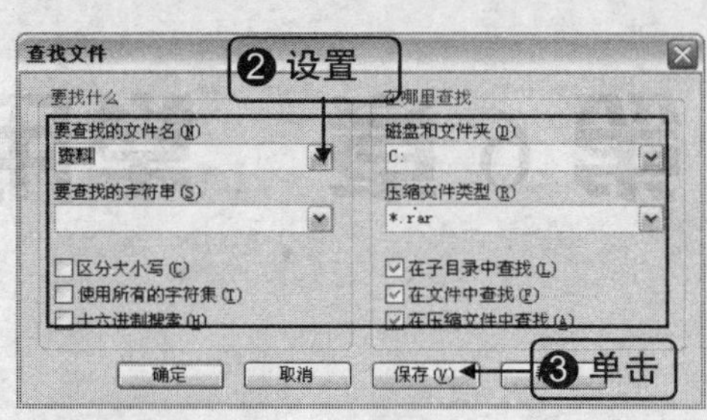

下次打开“查找文件”对话框时，保存的条件为默认设置。

3 怎样提高修复损坏压缩包的成功率

WinRAR 生成的 RAR 和 ZIP 格式压缩文件会发生损坏，也提供了修复压缩文件的功能。但此功能必须要有“恢复记录”才能完成。因此，为了保护压缩文件的安全，在压缩时就应为文件添加恢复记录。其操作如下：

❶ 在 WinRAR 窗口中，选择文件，单击“添加”按钮，弹出“压缩文件名和参数”对话框。

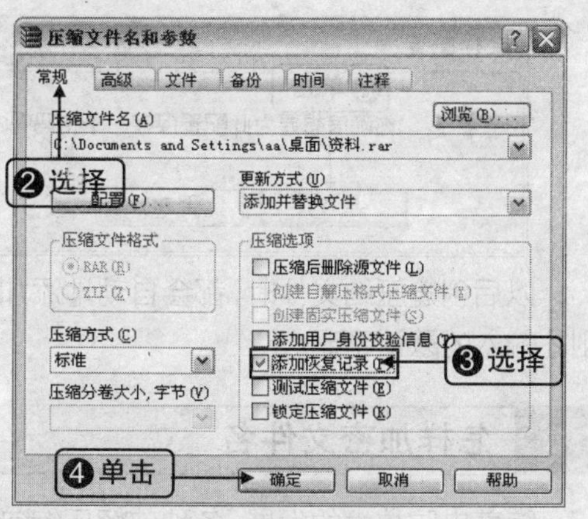

4 怎样为压缩文件加锁

由于 WinRAR 的自动更新功能，在其压缩包中修改或删除了的文件都无法恢复与找回。可以为压缩文件加一把锁，以后不论是修改还是误删除都不能进行操作，这就为压缩文件提供了有力的保障。

❶ 在 WinRAR 中，选中压缩包，单击“信息”按钮，打开对话框。

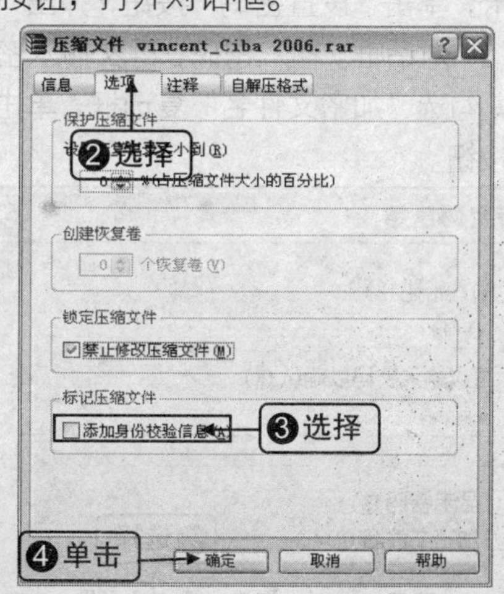

5 怎样才能知道压缩某个文件需要多长时间

文件太大，时间太紧，要不要先参考一下压缩文件的时间？WinRAR 在压缩文件信息中提供了此功能，其操作如下：

在 WinRAR 中，选择需要压缩的文件，单击“信息”按钮，打开对话框，选择“信息”选项卡，单击“估计”按钮，系统对文件对压缩率的估计计算。完成后，在“估计压缩时间”区域，可看到估计压缩时间。

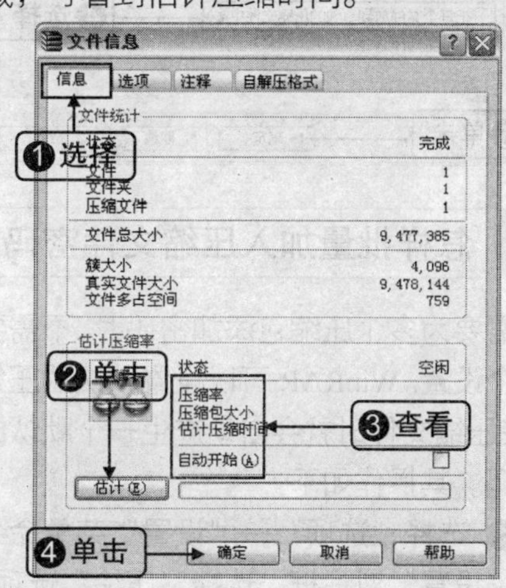

6 将多文件分别压缩，然后将它们统一压缩为一个文件，有无快速方法

若需压缩的文件夹较多，而且每个文件夹要以一个压缩包存在。一个一个地压缩操作，既费时也枯燥。WinRAR 提供了多文件压缩，多个文件夹一次性产生多个压缩包，其操作如下：

❶ 在 WinRAR 中，选择文件，单击“添加”按钮，打开“压缩文件名和参数”对话框。

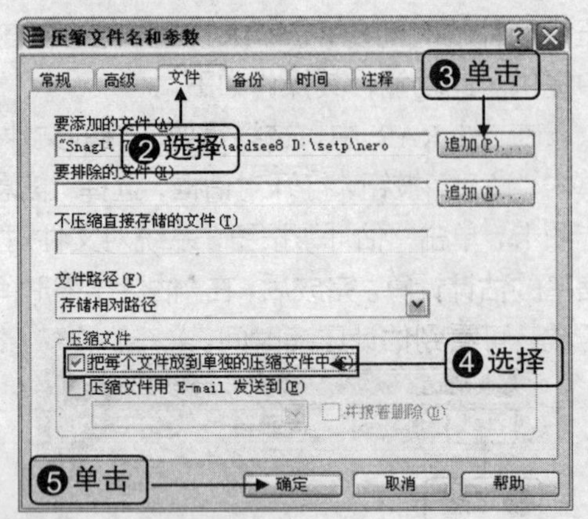

7 怎样批量加入压缩文件密码

需要为多个压缩包添加密码时，不需要一个一个设置。WinRAR 可以设置默认的压缩密码。在压缩文件时就会自动产生一个默认的压缩密码。其操作如下：

❶ 选择“选项”→“设置”菜单命令，弹出“设置”对话框，选择“压缩”选项卡。

❷ 单击“创建默认配置”按钮，打开“设置默认压缩选项”对话框。

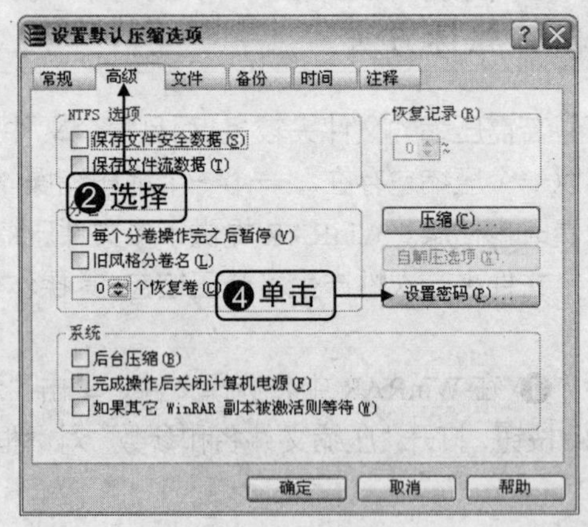

❺ 输入密码和确认密码，单击“确定”按钮。

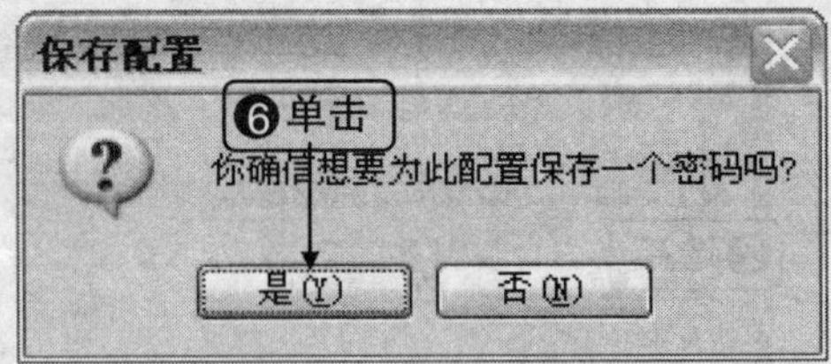

以后创建压缩文件时，都会自动地添加刚才输入的默认密码。

8 怎样加密文件名

随着电脑技术的发展，各种破解压缩包的工具应运而生，破解压缩包密码也越来越容易。以前只是对压缩文件加密，还可以看到文件名。有些人就会想办法来破解他感兴趣的文件。如果利用 WinRAR 把文件名也加密，这就为数据又加上了一件防盗衣。其操作如下：

❶ 在 WinRAR 中，选择需压缩的文件，单击“添加”按钮，建立一个新的压缩包，弹出“压缩文件名与参数”对话框，选择“高级”选项卡，单击“设置密码”按钮，弹出“带密码压缩”对话框。输入密码，再次输入密码以确认，勾选“加密文件名”复选框，单击“确定”按钮。

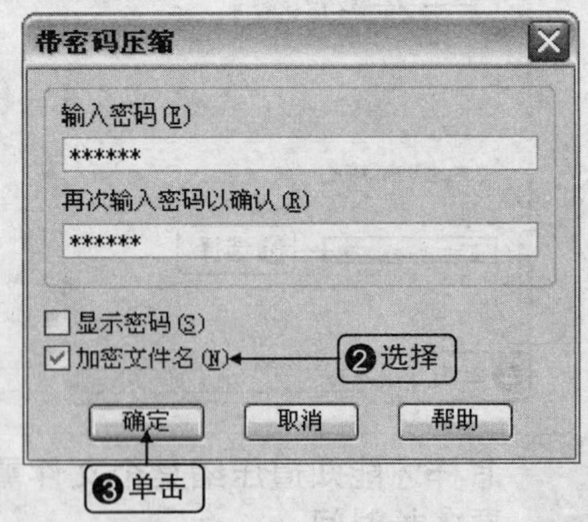

技巧点拨

WinRAR 快捷键：

- Ctrl+O：打开压缩文件。
- Ctrl+D：更改驱动器。
- Ctrl+T：浏览文件夹。
- Ctrl+P：设置默认密码。
- Ctrl+C：复制文件到剪贴板。
- Ctrl+V：从剪贴板粘贴文件。
- Ctrl+A：全选。
- +（MUM）：选择组。
- -（MUM）：取消选择组。
- *（MUM）：反选。
- Alt+F4：退出。
- Alt+A：添加文件到压缩文件中。
- Alt+E：解压到指定文件夹。
- Alt+T：测试已压缩文件。
- Alt+V：查看文件。
- Del, Shift+Del：删除文件。
- F2：重命名文件。
- Ctrl+I：打印文件。
- Alt+W：不确认直接解压。
- Alt+M：添加压缩文件注释。
- Alt+P：保护压缩文件防止损坏。
- Alt+L：锁定压缩文件。
- Alt+Q：转换压缩文件格式。
- Alt+R：修复压缩文件。
- Alt+X：转换为自解压格式。
- F3：查找文件。
- Alt+I：显示信息。
- Alt+G：生产报告。
- Alt+B：性能和硬件测试。

刻录软件 Nero

刻录光驱如今是很普遍的配置，相应的刻录软件也就进入了用户电脑。下面介绍专业的光盘刻录软件 Nero，它以其操作方便、简洁、功能齐全一直为许多用户选择。

1 音轨间的 2 秒钟间隔怎样消除

默认情况下，CD 音轨间会有 2 秒的间隔时间，若不需要，我们可以在刻录大师中直接设置。但第一条音轨前面的 2 秒间隔时间不能删除。删除其他间隔时间的操作如下：

❶ 选择“音频”→“制作音频光盘”，打开编辑对话框，添加完音乐文件。

❷ 选择“编辑”→“属性”菜单命令，打开“音频轨道属性”对话框。

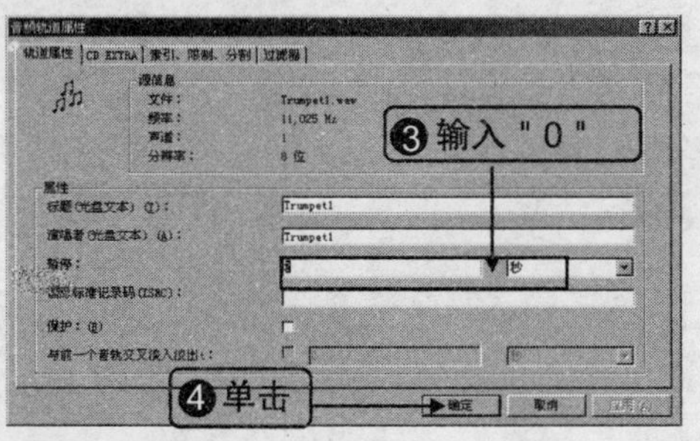

2 怎样刻录视频

刻录视频的方法与上述的音频相似，在刻录进行时，可以设置视频在显示器上的显示方式，其操作如下图所示。

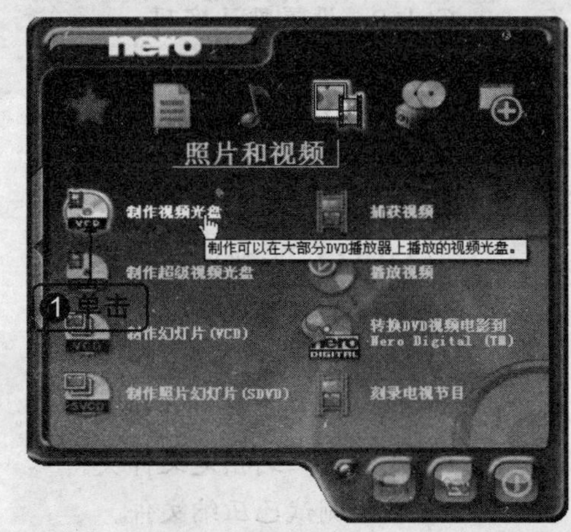

❷ 添加刻录的视频文件，操作与数据刻录相同。选择一个视频文件，单击“属性”按钮。

❸ 打开“MPEG 轨的数据”对话框。选择“属性”选项卡，在“缩放方法”下拉列表中选择视频文件与显示器的缩放方式。

❹ 在“抓轨后暂停”文本框可设置轨道的暂停时间。单击“确定”按钮。

3 怎样复制整张 CD

要进行复制整张光盘的功能，最好使用两部光驱，一部是普通光驱，一部则是刻录机。这样不但可以减小刻录机读盘的损失，也能提高速度。其操作如下：

❶ 选择“复制和备份”→“复制光盘”，

打开窗口，取消“新编辑”对话框，切换窗口到“Nero Express”窗口。

❷ 将复制的光盘放入光驱，单击“复制”即可。

4 怎样使用备份功能

Nero 提供了强大的备份功能，无论是光盘中的数据，还是硬盘中的数据，都可以很方便地进行备份。

❶ 选择“复制和备份”→“备份文件”，打开窗口，添加备份文件，单击“备份”按钮，打开“备份向导”对话框。

❷ 选择备份磁盘、备份类型、文件过滤器等设置，单击“下一步”按钮。

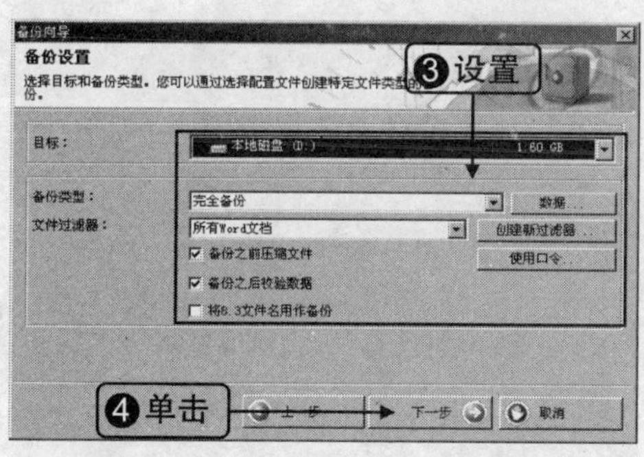

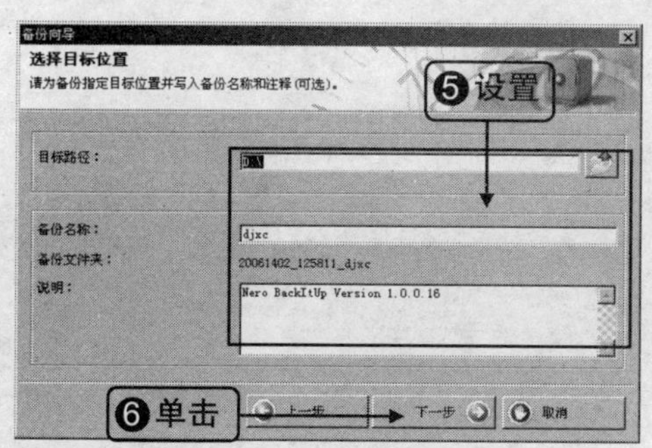

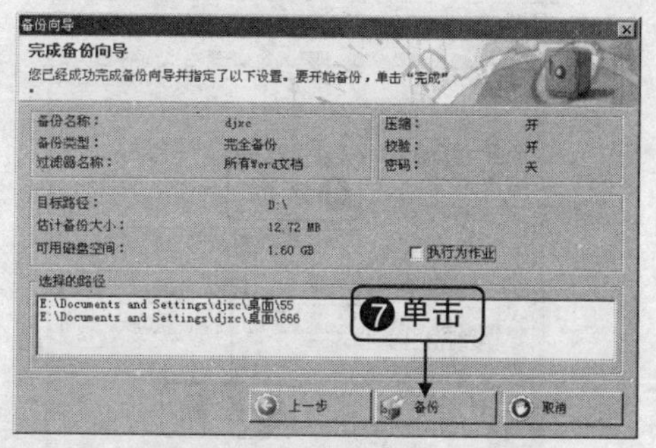

5 怎样设置刻录缓冲区大小

Nero 缓冲区若设置太小，在刻录时就会中断，造成损失。通常把缓冲区大小设为 20MB、40MB 即可。其方法如下：

❶ 选择“复制和备份”→“复制光盘”，弹出窗口，切换到“Nero Express”窗口。

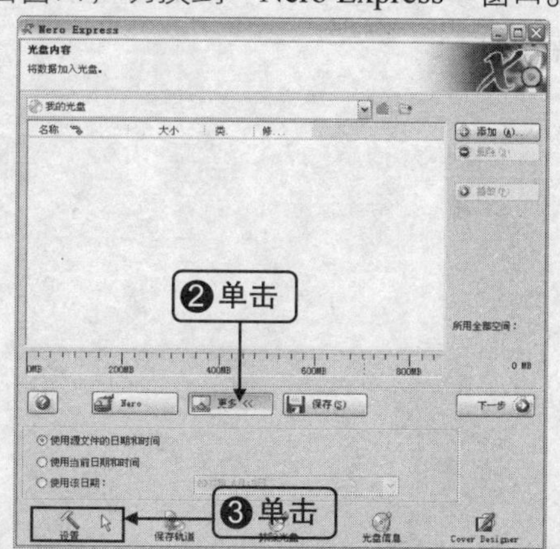

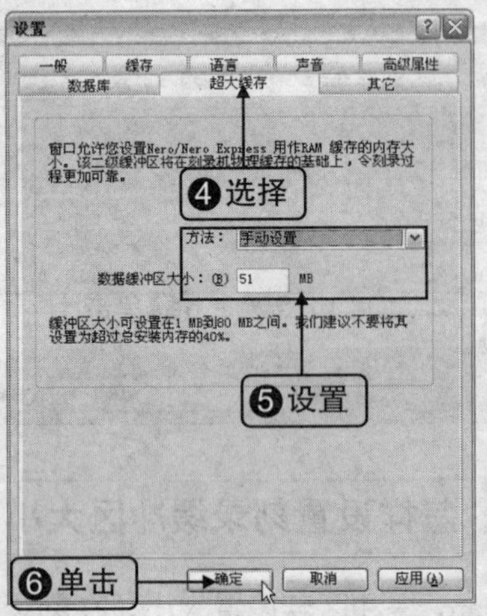

6 怎样自定义界面

单击 Nero 界面"颜色"按钮，可以改变界面背景颜色，还可以为界面添加图像背景。其操作如下：

❶ 单击"设置"按钮，单击"更改颜色"按钮，打开"更改颜色"对话框，勾选"自定义背景"复选框。

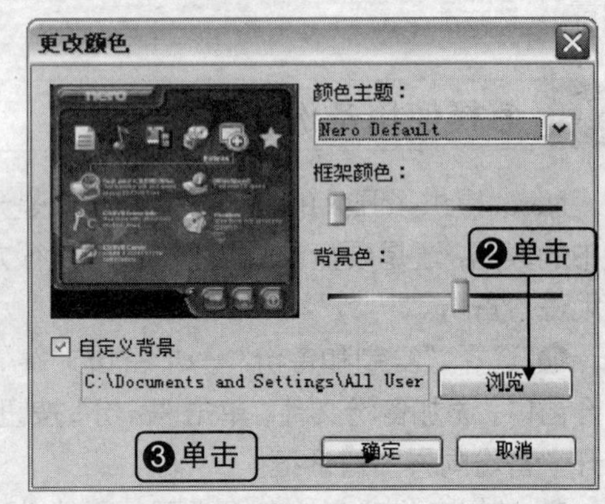

专业提升

在 Nero Burning 中附带有一个工具 “Cover Designer”，用它可以方便地为刻录的光盘设计盘面贴纸，并打印出来。

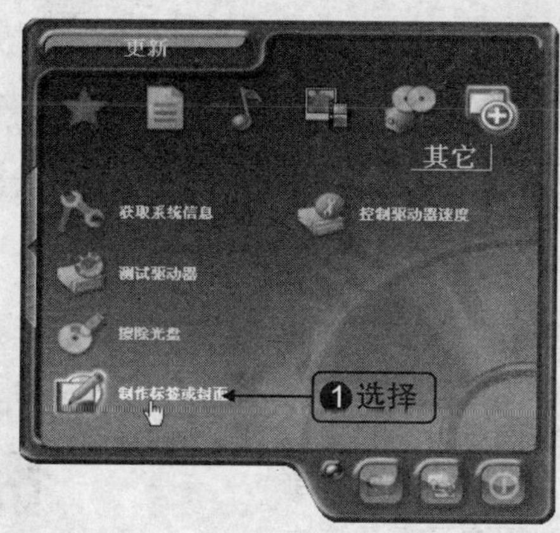

❷ 根据需要选择模板，并单击 “确定” 按钮。
❸ 选择 “文件” → “纸材” 命令。
❹ 根据需要选择纸材，并单击 “确定” 按钮。

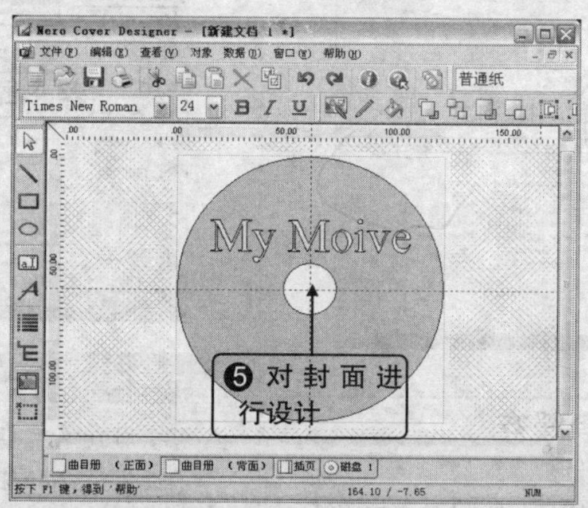

❻ 设计完毕选择 “文件” → “打印” 命令。
❼ 设置打印参数，并选择 “确定” 按钮。

需要注意的是盘贴必须使用专门的 “盘贴打印纸” 单面胶贴型的纸打印。打印完后直接揭下圆形图案贴到光盘上即可。

6.3 Windows 优化大师

Windows 优化大师可以优化内存、桌面、文件系统，让你的计算机操作更加快速。还可以清理注册表等临时文件。针对一些系统管理的初级用户，自动给出计算机的最优设置。对一些中级或高级用户也可以自行设置。

Windows 优化大师是一个专门针对 Windows 系统的优化工具，可运行于 Windows 98/Me/2000/XP/2003/Vista 操作系统，为系统提供全面、有效、简便的优化、维护和清理服务。

1 怎样检测系统信息

Windows 优化大师系统信息检测的主要功能为：提供系统的硬件、软件情况报告，同时提供的系统性能测试帮助用户了解系统的CPU、内存速度、显卡速度等。

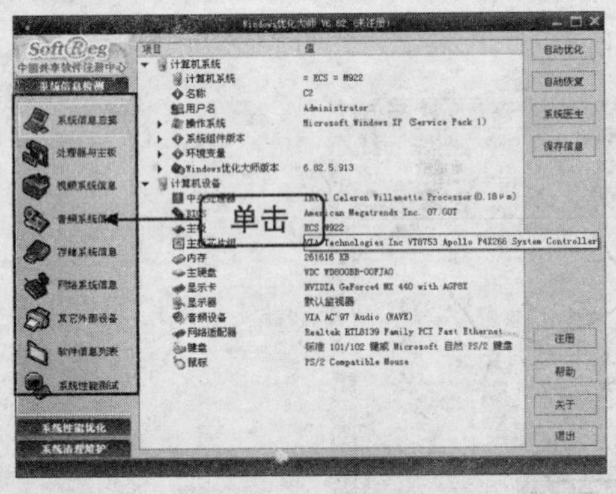

2 怎样优化磁盘缓存

磁盘缓存设置非常重要，它对系统的运行起着至关重要的作用。Windows 优化大师提供了一个“自动设置”的功能来方便初学者。这里就以自动设置磁盘缓存为例进行讲解。

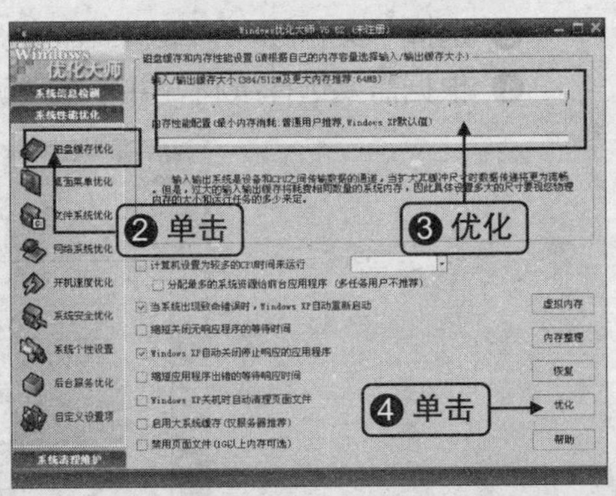

提 示

对于内存较大的电脑，可将输入/输出缓存大小设置为 64MB，内存性能配置设置为“最大网络吞吐量”。

此功能界面的下面还有一些复选框和按钮，用于管理虚拟内存、优化其他硬盘缓存设置。可以根据需要进行选择或者设置。

3 怎样优化桌面菜单

在 Windows 优化大师的“桌面菜单优化”窗口中，有许多适用的功能，如开始菜单速度、桌面图标缓存大小、菜单运行速度等。

❶ 单击“系统性能优化”按钮。

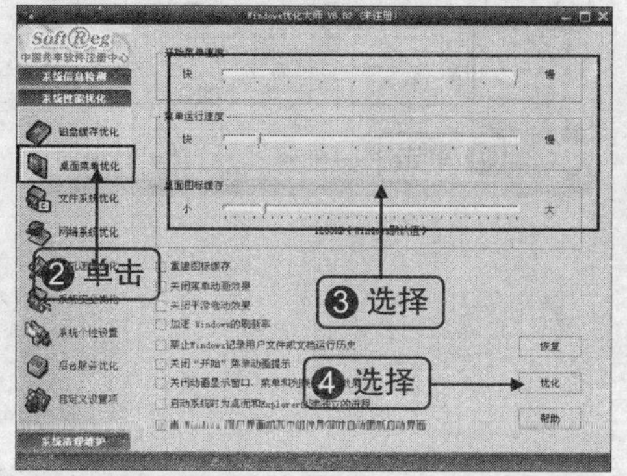

> **提 示**
>
> 有些电脑在选择了“重建图标缓存”一项以后，在每次开机时可能会自动打开一个文件夹，请注意这并不是病毒造成的。

4 怎样优化文件系统

优化文件系统是对数据缓存、光驱和硬盘的性能进行优化的功能。

❶ 单击“系统性能优化”按钮。

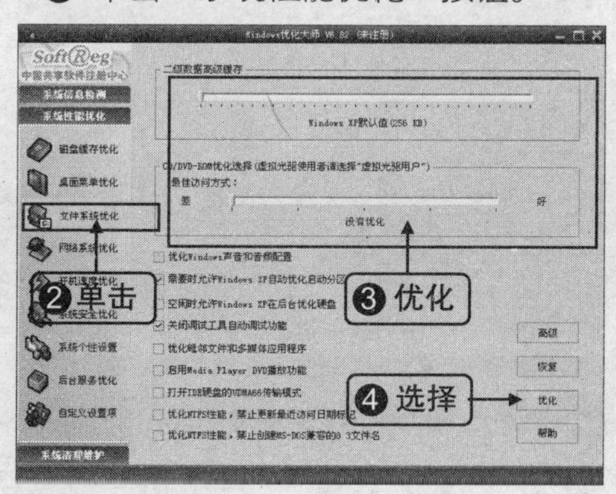

> **提 示**
>
> “二级数据高速缓存”可以调节到“适合当前系统推荐值”；CD/DVD-ROM 优化选择里，可将“最佳访问方式”滑动条调到“Windows 优化大师推荐值”。

5 怎样优化系统安全

为了弥补 Windows 系统安全性的不足，Windows 优化大师为用户提供了系统安全的一些增强措施。

❶ 单击“系统性能优化”按钮。

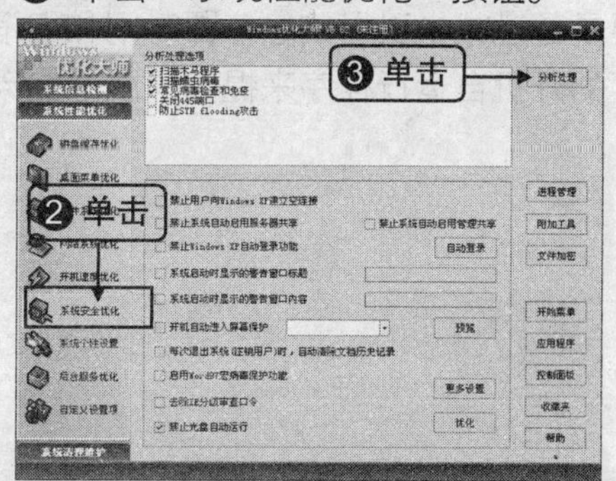

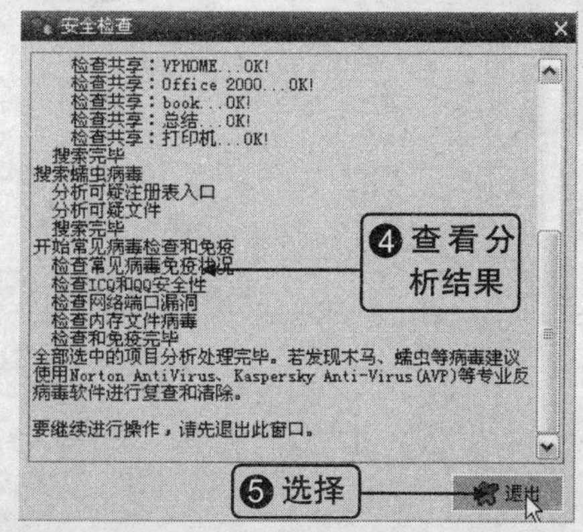

❻ 单击“更多设置”按钮，弹出“更多的系统安全设置”对话框。在此为有一定使用经验的 Windows 读者提供了一些高级选项。

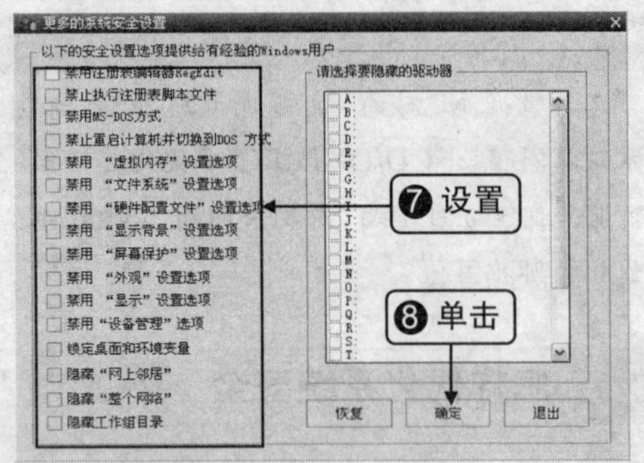

6 怎样优化开机速度

Windows 优化大师对于开机速度的优化主要是通过减少引导信息停留时间和取消不必要的开机自运行程序来提高电脑的启动速度。

❶ 启动 Windows 优化大师，单击“系统性能优化按钮”。

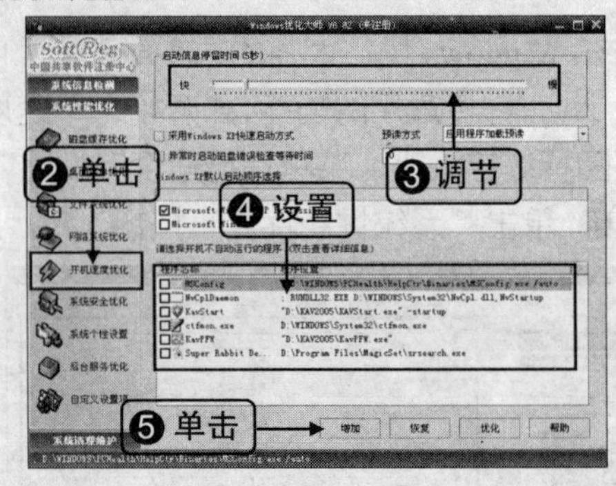

专业提升

当系统内安装了多个输入法时，这些输入法会自动按照安装的先后顺序来排列，按下“Ctrl+空格”组合键后，出现的输入法往往不是所需要的输入法。但 Windows 又没有提供调节输入法顺序的功能，怎么办呢？

Windows 优化大师不愧是大师，它连输入法顺序的调节功能都包含在内了。使用以下步骤，即可对输入法的顺序进行调整。

❶ 单击“系统性能优化”按钮，再单击“系统个性设置”按钮。

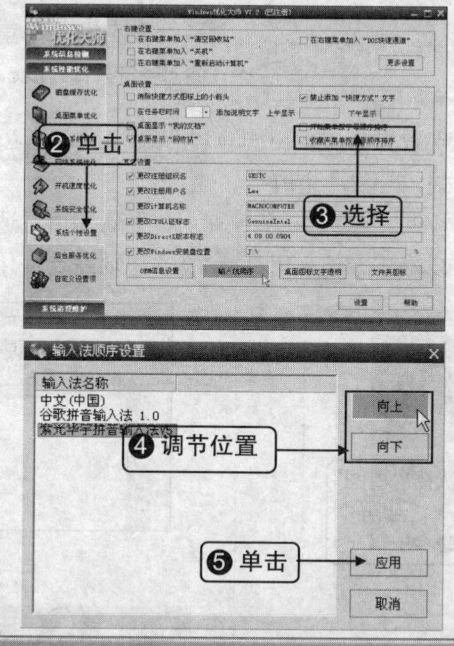

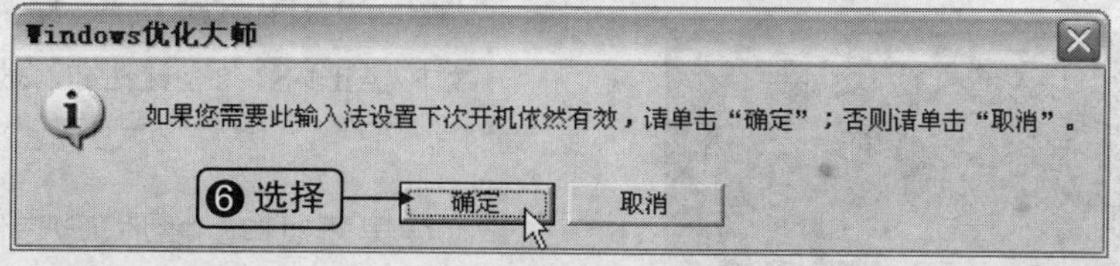

如果在第 6 步单击“确定”按钮，则此输入法顺序永久有效，如果单击“取消”按钮，则此输入法顺序当前有效，关机后即恢复到未改变时的输入法顺序。

看图软件 ACDSee

ACDSee 是老牌的图片浏览软件，它能广泛应用于图片的获取、管理、浏览、优化和编辑，还可以从数码相机和扫描仪中高效获取图片，并进行便捷的查找、组织和预览超过 100 种常用多媒体格式。此外 ACDSee 还能轻松处理数码影像，可批量去除红眼、剪切图像、锐化、浮雕特效、曝光调整、旋转、镜像图像等等，功能非常强大。

1 怎样进行全屏浏览

在浏览图片时，如果不喜欢看见 ACDSee 的窗口，可以使用全屏浏览方式，让图片全屏显示。

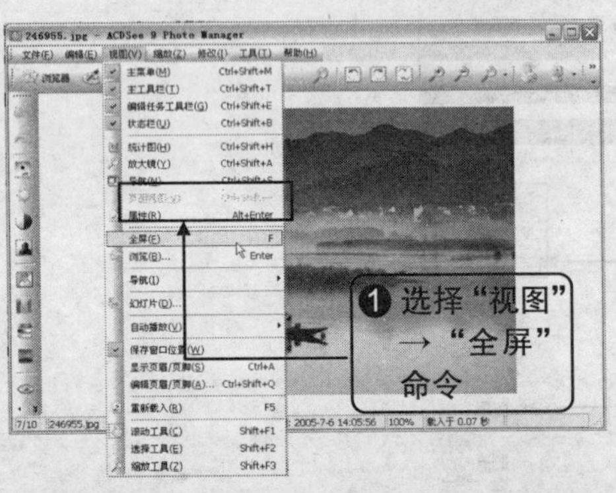

在右键菜单重选择"查看"→"全屏"命令或者按下"Esc"键均可以退出全屏浏览。

2 怎样自动播放浏览

手动翻页只适合于图片较少时，如果图片很多，则需要使用自动播放功能进行操作。

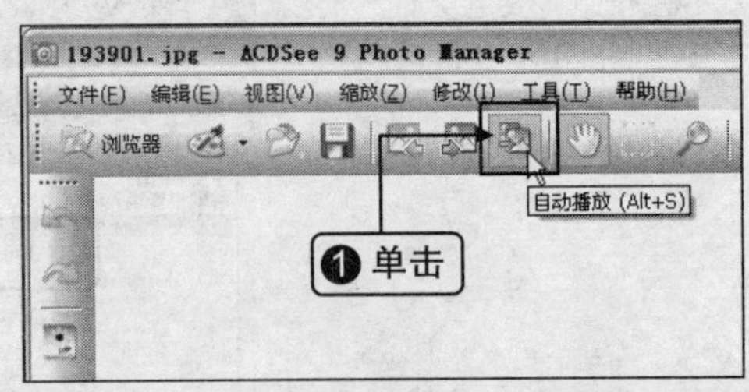

提 示

按下"Alt + S"组合键也可以进如自动播放。

如果要对自动播放延迟时间、播放方向等功能进行调整，可按照以下步骤操作：

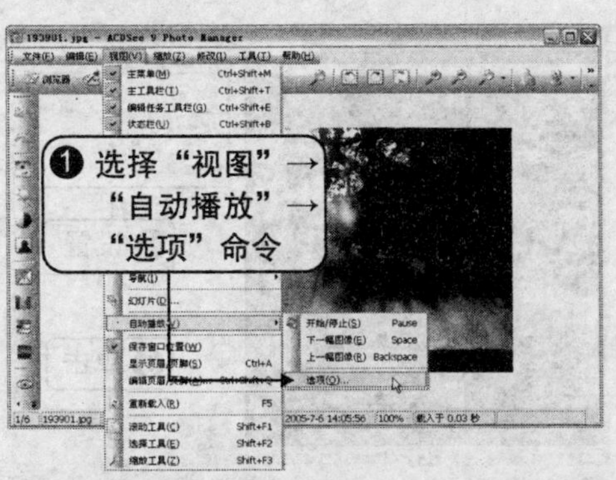

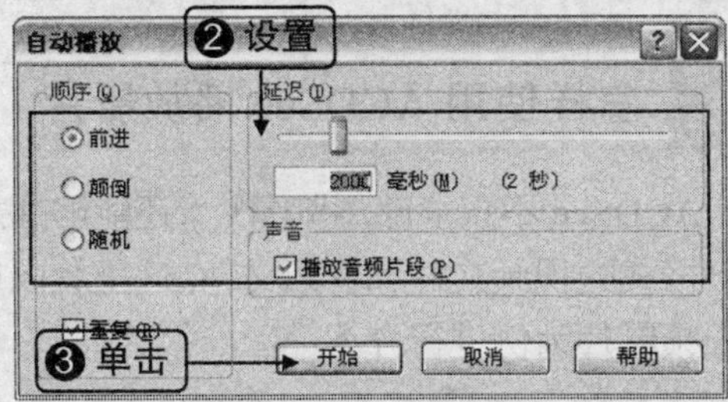

3 怎样将图片设置为桌面墙纸

使用 ACDSee 可方便地将喜爱的图片设置为 Windows 桌面墙纸，具体操作步骤如下：

❶ 启动 ACDSee，浏览包含图片的文件夹，选中要设置为桌面墙纸的图片。

4 怎样批量转换图像方向

在 ACDSee 中可以对批量图片进行操作。这里就以批量转换图像方向为例进行讲解，具体操作步骤如下：

❶ 进入 ACDSee 的浏览方式，找到图片所在文件夹，选取所有需要转换方向的图片文件。

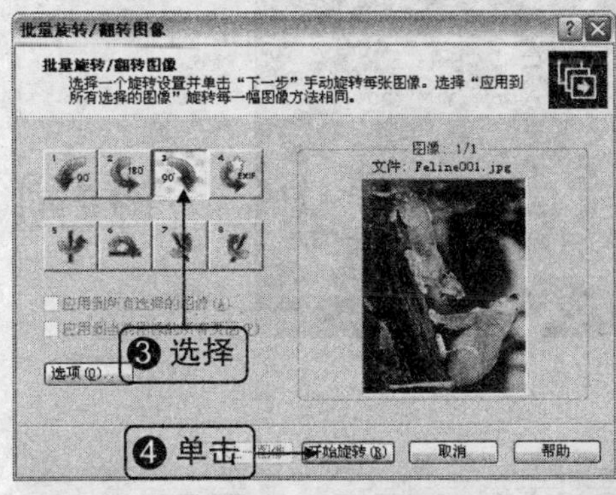

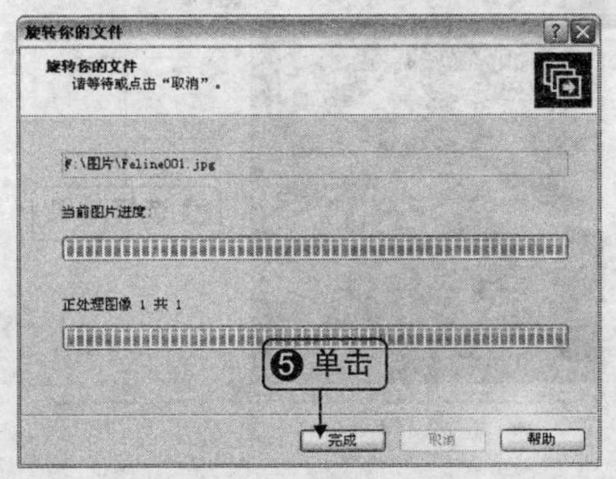

5 怎样添加图片效果

在 ACDSee 中添加图片效果，可使图片

看起来更具特色、更具个性。

其具体操作步骤如下图所示。

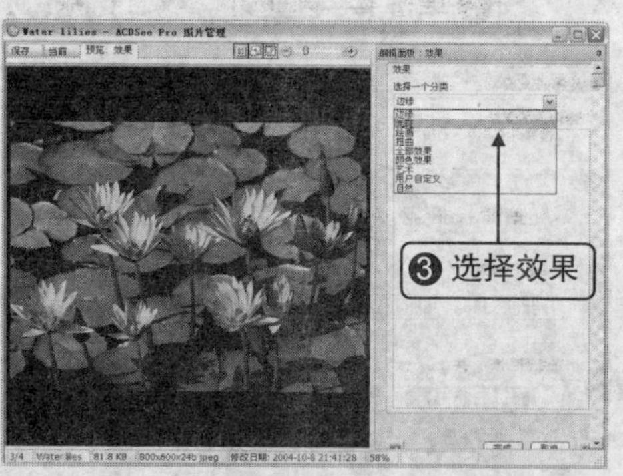

6 怎样使用 ACDSee 播放影片

ACDSee 不仅能够浏览图片，还能够播放部分格式的视频文件和音频文件。这里就以播放视频影片为例进行介绍：

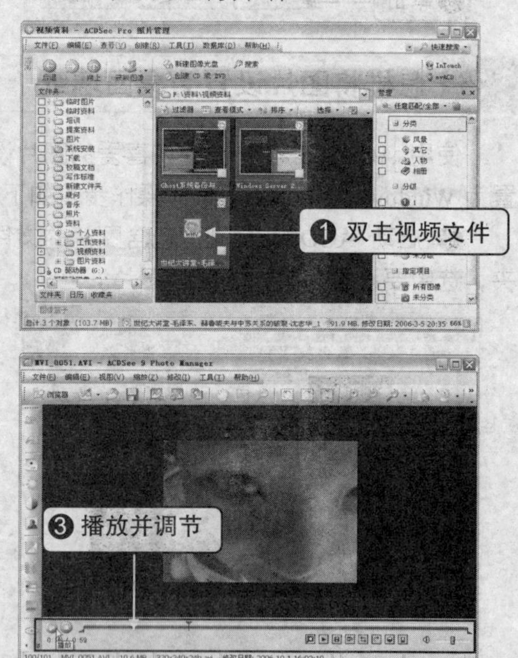

专业提升

怎样使用 ACDSee 来为 JPG 图片"减肥"？

相信很多用户都收集有不少图片或者是照片，在发送给他人观赏的时候，往往一张照片要发送半天，这是因为不少图片体积太大，动辄上兆字节，这里介绍一种方法，将图片减肥，而视觉效果基本不变。

❶ 打开一张图片，选择"文件"→"另存为"命令。

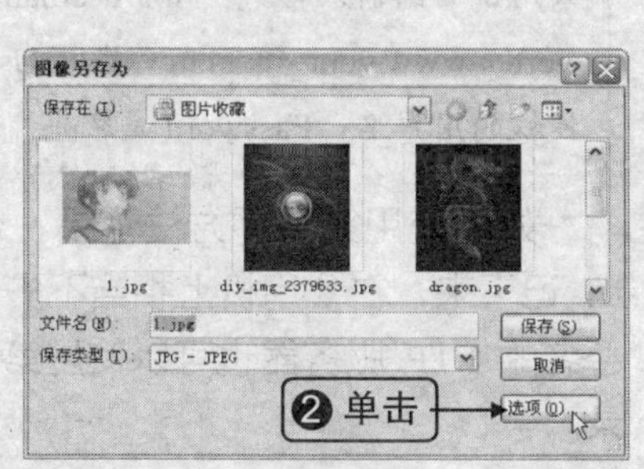

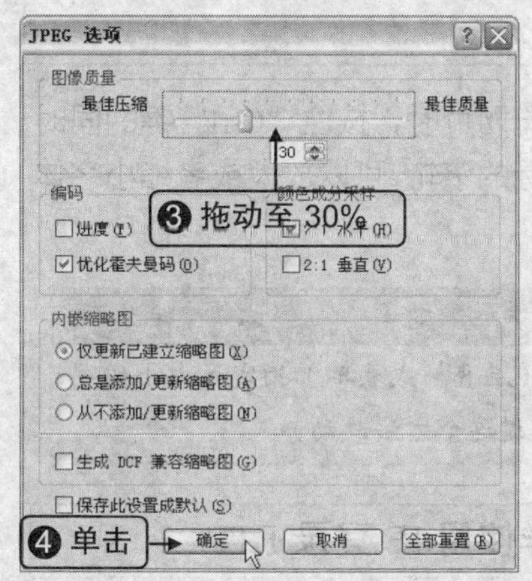

❺ 单击"保存"按钮，将图片保存下来。

经过实测，"减肥"后的文件体积是原来文件的一半还少，而画质没有明显的降低。下面就是一张图"减肥"前后的对比效果：

"减肥"前

"减肥"后

6.5 IE 浏览器

网络浏览已成为最基础的网络操作。使用 IE 可以浏览网页、看新闻、查信息、聊天、收发邮件等。下面将介绍 IE 的维护技巧。

1 字体大小不适合阅读，怎样调整

当在浏览网页时，按住“Ctrl”键的同时上下滚动鼠标的滚轮，可以放大或者缩小字体大小。

提 示

通过 CSS（层叠样式表单）指定了大小的字体，不能通过这个方法改动。

2 怎样使用 IE 登录 FTP

IE 除了可以浏览网站之外，也可以浏览 FTP 服务器上的内容。只要在地址栏输入 FTP 协议即可。如果是匿名 FTP，那么可直接在地址栏输入 FTP 服务器地址即可，比如：ftp://www.ftptest.com。

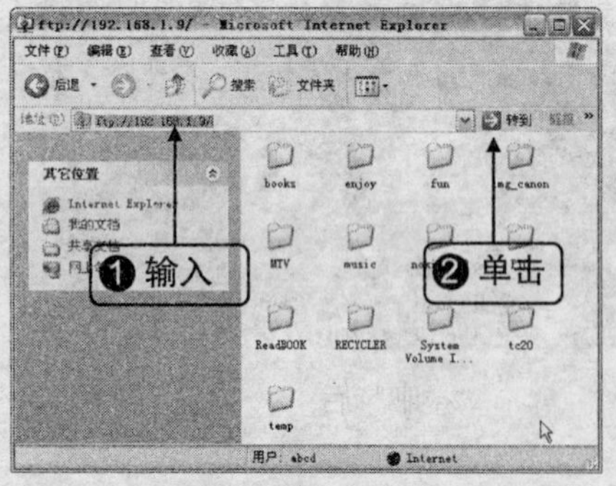

提 示

如果 FTP 服务器需要用户名和密码，那么可采用下面的输入格式：ftp://username:password@www.your_ftp.com，其中 Username 是授权的用户名，Password 是密码。

如果使用第二种方法登录，密码将会被 IE 记下来，在公用机上相当不安全。其实非匿名的 FTP 服务器也可以使用第一种方法登录。

❶ 在浏览器地址栏输入 FTP 服务器地址，并单击“转到”按钮。

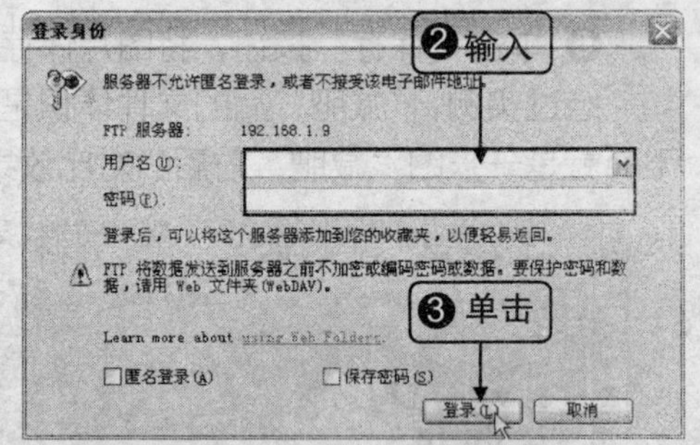

3 怎样防止他人改动 IE 设置

在 IE 菜单中的工具栏内有一个“Internet 选项”，可以更改 IE 的基本设置，比如默认主页地址、安全级别、个人信息等，如果不想让别人更改这些选项，可以用本技巧禁止显示

"Internet 选项"。

只要将系统分区下"\Windows\System"目录里的"inetcpl.cpl"文件换个名字就可以了，如果想恢复显示，只需要把名字改回来即可。但需要注意的是在 Windows 中无法更改系统文件的名字，所以需要在纯 DOS 模式下更改。重启计算机，按住"F8"键进入 DOS 模式，然后在系统分区的"\Windows\system"目录下输入"ren inetcpl.cpl backup.bak"即可改名。

4 网页图片不能"另存为"，怎么办

有些网站不允许用户使用"另存为"的方法来保存图片。但如果将这个网页整个保存下来，图片也就自然在其中了。在 IE 中单击"文件"菜单下的"保存"命令，把当前网页保存下来。然后再到相应的图片文件夹下即可查找到该图片。

5 怎样快速显示含有很多图片的网页

如果浏览的网页图片很多，尺寸很大，浏览起来就比较困难。在 IE 中单击"工具"→"Internet 选项"，在"高级"选项卡列表中选择"使用平滑滚动"即可解决此问题。

> **提 示**
>
> 做了本操作后，图像有时会和文字重叠在一起，取消这一设置即可解决。

6 怎样卸载 ActiveX 控件

有的 ActiveX 控件并非按照用户本意安装上去的，而且还占用磁盘空间、内存和 CPU，有些控件还无法正常卸载，怎么办呢？可以在 Windows 目录下的 Downloaded\ProgramFiles 直接删除它们。

7 怎样才能让 IE 在安装控件前提醒我

要获得提醒，需要在 Internet 选项中做一些安全相关的设置。

❶ 在 IE 中单击"工具"→"Internet 选项"。

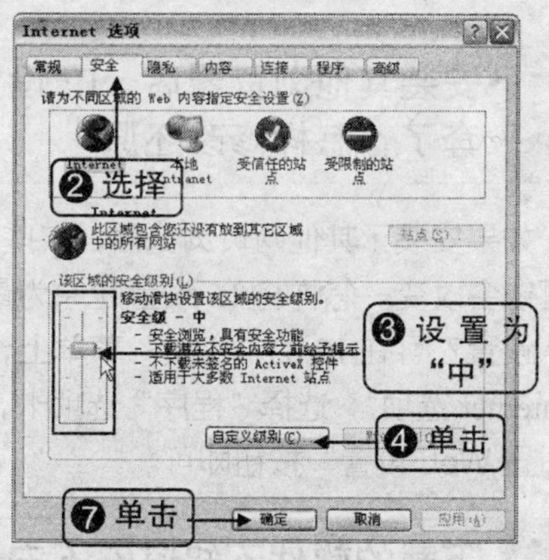

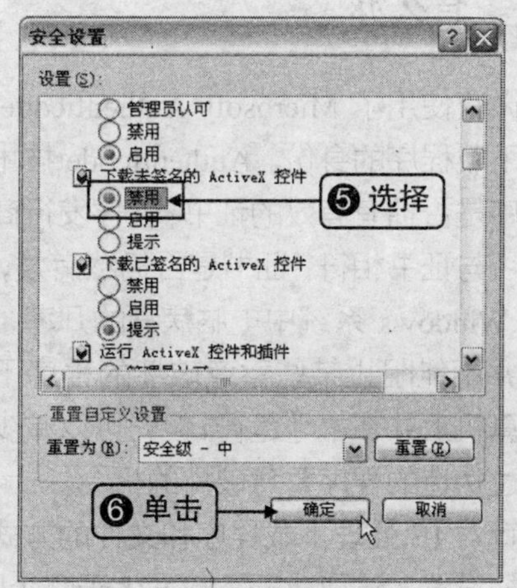

8 看一些外语网站时出现乱码，怎样解决

在 IE 的“查看”菜单上，选择“编码”下的正确语言可以查看相应编码的网页。

如果系统提示下载语言支持组件，单击“下载”即可。如果在计算机上未安装“自动选择”功能或特定的语言套件，IE 会提示下载所需的文件。如果希望在添加字体时给出提示，依次单击“工具”→“Internet 选项”→“高级”选项卡，然后选中“启用即需即装”选项。

9 安装其他浏览器后，IE 设置乱套了，怎样修改还原

如果安装了其他网页浏览器，某些 IE 设置可能会改变。怎样将 IE 设置还原为最初的默认设置？可在 IE 的“工具”菜单上，单击“Internet 选项”，选择“程序”选项卡，单击“重置 Web 设置”按钮即可。

10 下载的软件不知道安不安全，怎么办

微软使用了 Microsoft Authenticode 技术核实下载程序的身份。Authenticode 技术可检查程序是否拥有有效的证书；软件发行商的身份是否与证书相符；证书是否仍然有效，从而减少 Windows 系统中电脑病毒的几率，虽然这样并不能阻止某些蓄意破坏的程序下载到的计算机上并在本地运行，但它可以减少某些人通过伪造的程序蓄意破坏的机会。

针对 IE 处理下载程序和文件的方式指定不同的设置，这取决于下载发生于哪个区域。例如，在企业的 Intranet 中下载的所有内容都是安全的，所以可将“本地 Intranet”区域的安全设置调整到较低的级别，以便下载时尽量少出或不出提示。

如果下载的源位置属于“Internet”区域或“受限站点”区域，可将安全级设置为“中”或“高”。这样，在程序下载之前，系统会提示提供有关程序证书的信息，否则，将无法下载全部程序。

11 老是出现“脚本错误”的提示，怎么办

有时 IE 解释一些 JavaScirpt 程序时会出现崩溃的情况，如果常常出现这种情况，可将脚本功能关闭，方法为：

打开 IE 的“工具”→“Internet 选项”，然后选择“安全”选项卡，进入自定义级别，找到“脚本”，把“活动脚本”设置为禁用。还是在 Internet 选项中选择“高级”选项卡，并将 JavaVM 中的三个选项都去掉，然后同时也取消对“禁止脚本调试”的选择即可。

12 不小心关闭了 IE 窗口，怎样找到正在阅读的网页地址

如果在浏览时不小心关闭了一个窗口，可打开一个新窗口找回刚才的链接。

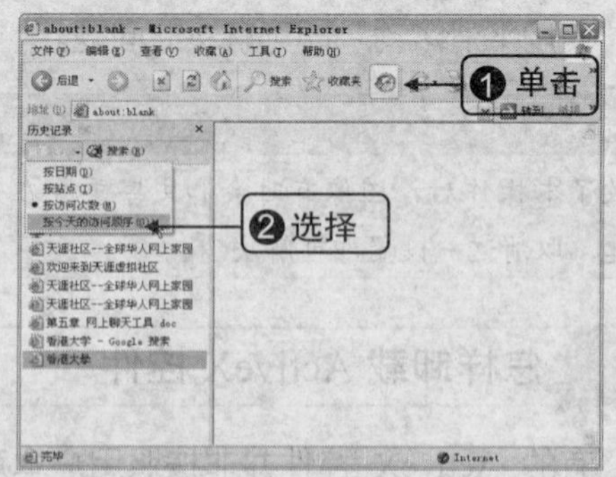

❸ 今天的访问记录就会列在眼前，最近

一次访问的网站为第一条记录。

13 怎样禁止从 IE 访问本地文件

一般情况下，可以通过 IE 地址栏访问本地的文件或文件夹，如果想限制这一功能，可打开注册表编辑器，定位到HKEY_CURRENT_USER\Software\Microsoft\Windows\CurrentVersion\Policies\Explorer 子键，在右侧窗口新建或修改名为 NofileUrl 的双字节值，将其值设置为“1”即可限制，修改为“0”或者删除之则取消限制。

14 IE 的 Logo 被修改了，怎样修改回去

如果使用了某些公司定制过的 IE，那么它很可能会被打上该公司的烙印，比如公司名和 Logo。如想将 IE 恢复到原状，那么最简单的方法是：单击“开始”→“运行”，输入“rundll32.exeiedkcs32.dll,Clear”后回车即可。这个技巧同样适用于 IE 界面发生问题，以及对付被恶意修改 IE 设置等。

15 怎样修改 IE 标题栏

IE 默认的标题栏会显示 Microsoft Internet Explorer，如果想把它换成其他文字，可以打开注册表编辑器，定位到“HKEY_CURRENT_USER\Software\Microsoft\InternetExplorer\Main”子键，修改名为“WindowTitle”的字符串值项，将内容修改后，单击确定即可。这样个性的标题栏就为你打造好了。

16 链接的文字不清楚，怎么办

当打印某些网页时发现一些链接文字不清楚，将它们改为另外一种颜色，问题就得到解决了。

方法是：找到“工具”下的“Internet 选项”，单击“常规”选项卡下的“颜色”按钮，选择适合打印机的颜色，按“确定”。

17 IE 要自动调整图像大小，影响浏览，怎么办

IE 可根据浏览器窗口大小自动对图片进行缩放，以便用户能够看到图片的全貌。不过，有时这样会影响图片的效果，要取消这个功能该怎么办呢？如果想禁用对于单一图片尺寸的重排，可把鼠标移到该图片上并停留两秒钟左右，在该图片左上角会出现一个工具条，用来储存图片或寄送、打印图片；右下角则会有一个按钮，单击它，图片即会恢复正常尺寸。

如果想全面禁止 IE 的图片自动缩放功能，可按照以下步骤进行操作：

❶ 打开 IE，选择“工具”→“Internet 选项”命令。

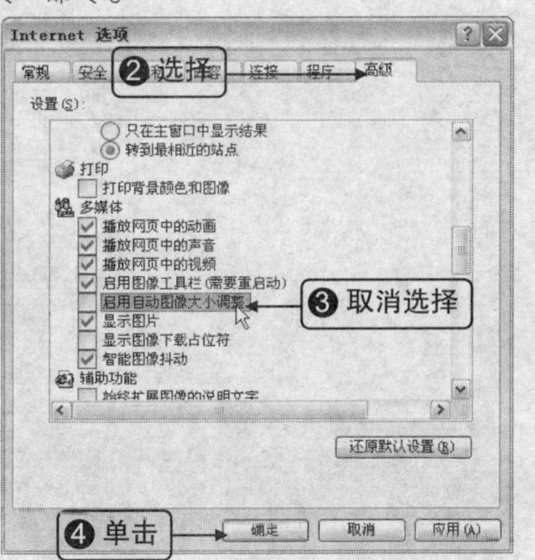

18 访问的页面不存在了，怎么办

如果一个前几天还看过的页面，再次访问时却出现了“页面没有找到”的错误，可以打开 IE 中的“历史”，查找到这个页面的完全地址，然后在“文件”菜单中选择“脱机工作”，就可以看到这个页面了。

提示

如果这期间有清理过 IE 缓存或者“历史”中的地址，本技巧失效。

19 为什么下载的 MP3 会自动播放

单击网页中的媒体文件链接时，往往会发现 Windows 已经开始播放它了，而用户只是想保存这个文件而已。要禁止这个功能，可在“资源管理器”窗口中选择“工具”菜单下的“文件夹选项”命令，再单击“文件类型”选项卡，找到相应类型媒体文件，如 MP3，然后选中“下载后确认打开”选项即可。

20 弹出的广告窗口太烦人了，怎么办

很多的网站总会弹出小广告窗口，单击“关闭”按钮却不能关闭。可以先用鼠标单击一下那个窗口，然后按下“Esc”键使其停止从服务器上读取资料，就可以顺利关闭了。

技巧点拨

IE 的快捷键可以减少无谓的鼠标操作，常用的快捷键列表如下：

- Alt + ←：上一页。
- Alt + →：下一页。
- Ctrl + D：添加当前网页到“我的收藏夹”。
- Ctrl + H：开启历史纪录文件夹。
- Ctrl + B：整理收藏夹。
- Ctrl + L：输入网址，开启新网页。
- Ctrl + N：开新窗口。
- Ctrl + R：刷新（F5 键也可）。
- Ctrl + W：关闭目前的窗口（或按“Alt+F4”组合键）。
- Ctrl + Home：跳转至主页。
- Ctrl + E：打开" 搜索" 窗口。
- Alt + D：快速选取地址栏中的网址。
- F5：刷新当前网页。
- F4：展开地址栏。

Outlook Express

Outlook Express 是随 Windows 系统一起销售的一个功能强大、使用方便的电子邮件客户端软件，它可以帮助用户收发电子邮件和查看网络新闻。Outlook Express 由两个部分组成：一是 Outlook Express Mail，即电子邮件；二是 Outlook Express News，即新闻组。

1 想发送匿名的邮件，该怎么做

有时候想发送匿名邮件怎么办？有人会在设置 E-mail 地址时输入一个错误的地址或干脆不填，这样并不能做到真正的匿名，因为别人可以从邮件信头部分看到发信者的一切信息，包括时间、IP 地址等。如果要实现保护重要 E-mail 不被人截获以及避免自己的 E-mail 地址被人当作袭击目标，可以使用匿名邮件转发器。

现在使用比较多的几个匿名邮件转发器有：rE-mailer@replay.com，rE-mailer@anon.efga.org，mixmaster@rE-mail. obscura. com。

匿名邮件转发器的命令格式为：在邮件的“收信人”中输入匿名转发器的 E-mail 地址 rE-mailer@replay.com。信体的格式为：

（空行）

::（两个冒号）

Anon－To：abc@abc.com

(空行)

(正文)

写好以后，邮件会被转发器处理过，所有有关发信人的信息都被处理掉了。

不要把自己的签名也写进去，否则还是会让人看出端倪。因此在发送匿名邮件前，必须把发信邮件提供的签名功能关闭掉。

2 邮件附件中的图片为什么不能自动显示呢

在 Outlook Express 中作为附件的图片往往并不显示出来，通过以下方式就可直接在 Outlook Express 中显示图片类附件。依次单击“工具”→“选项”→“阅读”，将其中的“自动显示邮件附件”打上钩即可。

3 邮件太多了，找不到目标邮件，怎么办

邮件多了查找起来非常麻烦，而使用“查找邮件”工具可以帮助用户快速找到所需邮件。可以确定搜索范围，单击工具栏里的“查找”按钮，弹出查找对话框，在这里用户可以指定查找范围，如整个“本地文件夹”，也可以指定某个文件夹，也可以输入查找条件，如“发件人”、“收信人”、“主题”、“收到时间”等，输入后单击“开始查找”，窗口下方出现找到的邮件，直接单击邮件即可查看，十分方便。

4 有时候附件无法保存，为什么

某些用户发现 Outlook Express 不能随意地保存附件，提示说“不允许保存或打开可能有病毒的附件”。这是因为 Outlook Express 中多了一项新功能，能防止不小心打开载有病毒的邮件。

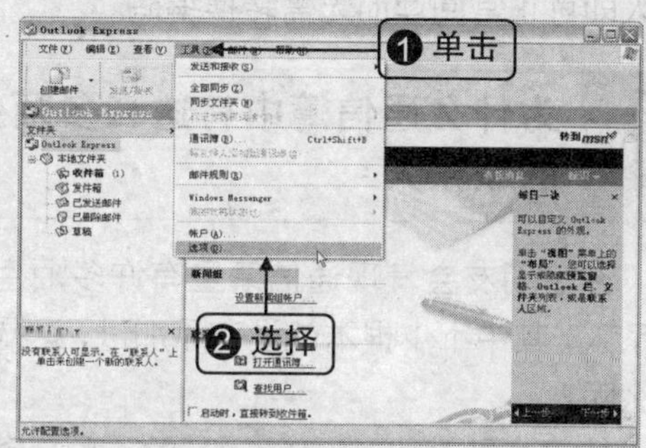

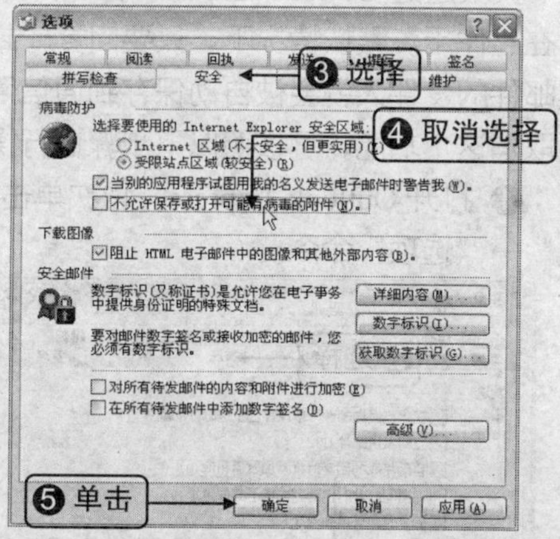

提 示

其实 Outlook Express 6 本身没有加入防毒机制，并不能检测信件所夹带的附件是否含有病毒，它只根据附件的文件类型来判断，不允许保存已经默认设置的可疑文件类型（比如 exe 文件），但这样却造成了某些正常附件无法保存的问题，因此，用户可取消这个功能，当然前提是用户电脑上必须装有具有 E-mail 检测功能的杀毒软件。

5 怎样解决邮件里的乱码

有时打开一些英文信件时，会发现在英文中有一些奇怪的乱码，严重情况下整篇信件都是乱码，只要选择“查看”→“编码”→“西欧字符”命令即可让乱码正常显示了。

6 手工解决邮件乱码太麻烦，可以自动解决吗

在收到一些乱码邮件后，单击“查看”→“编码”，可发现邮件编码是西欧字符，虽然当时可以将其转换为简体中文，但下一次再看时又变成了乱码邮件，又得重新转换一次。

使用这个方法可以一劳永逸地解决这个问题。依次单击“工具”→“选项”，选择“阅读”选项卡，单击“国际设置”按钮，在弹出的对话框中选中“为接收的所有邮件使用默认编码”，单击“确定”，以后再阅读西欧字符时，邮件就能正常显示了。

7 怎样检查收信人地址写对没有

如果要检查收信人地址正确与否，可以单击写邮件工具栏上的“检查”按钮，如果出错，Outlook Express 会弹出出错窗口提示用户。如果没有错，则不会出现任何窗口。

提 示

一个电子邮件地址通常由三部分组成：信箱 + @ + 收取 E-mail 的服务器。如 laa@163.com。在 @ 前面的是用户的邮箱名称，用来标明用户。在 @ 后面的内容是收发邮件的服务器名，也是表示电子邮箱所在的地方。这就好比是邮箱“laa”放在“邮局”163.com 里面，当用户要收取邮件时，需要利用自己的电脑登录到

"邮局"163.com 去查看或取走邮件。

8 写英文信的时候，不知道拼错单词没有，怎么办

如果经常写英文信件，那么最好在发送邮件前单击一下新邮件窗口工具栏上的"拼写检查"按钮，Outlook Express 校对整篇信件。如果出现了语法或拼写错误，会弹出窗口提示用户。

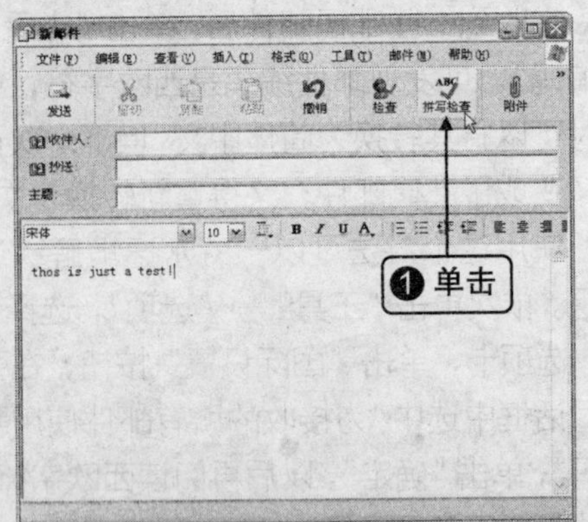

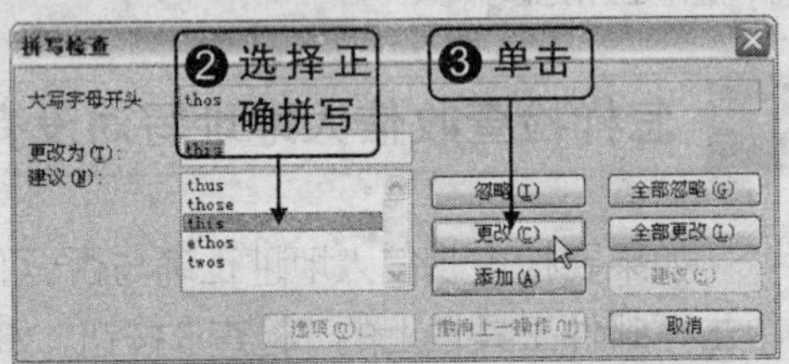

提 示

拼写检查的设置位置为 Outlook Express 主窗口中的"工具"→"选项"→"拼写检查"。

9 对方回信说邮件是乱码，该怎么解决

不同的国家和地区使用不同的文字编码。如果写信时不注意编码，则收信人可能会收到乱码信件。在写完邮件后，可选择"格式"→"编码"命令，再选择一个正确的编码，即可防止这种情况出现。

一般情况下，向繁体用户发送邮件时可选择"繁体中文（Big5）"。不过，在按下"发送"按钮后，Outlook Express 会弹出提示窗口，这是由于默认使用的是简体中文编码的原因。直接单击"按 Unicode 发送"按钮发送邮件，收信人即可正常阅读而无需转换编码。

10 为什么通信簿中有这么多陌生的联系人

许多朋友会发现通信簿里有许多陌生的联系人，其中不少根本就没有添加过，这是为什么呢？

其实这是 Outlook Express 的一项自动功能在起作用。默认情况下，只要回复一封信，该邮件的发件人就会被自动保存到通信簿中。要取消这个功能，可按照以下步骤进行操作：

❶ 打开 Outlook Express，依次单击"工具"→"选项"命令。

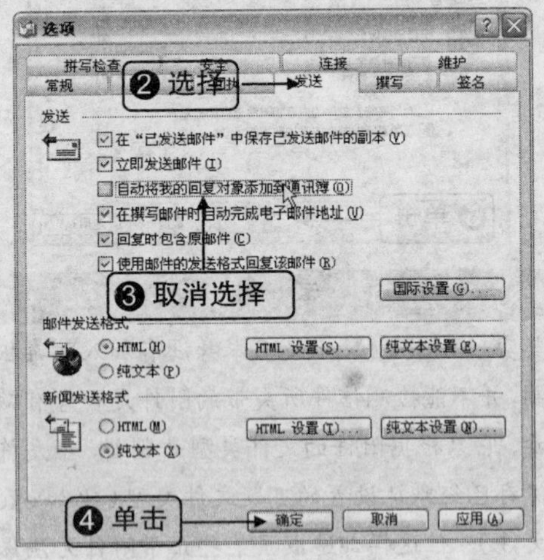

11 不小心把联系人删除了，该怎么找回来呢

在通信簿中不小心删除了某一个联系人怎么恢复呢？

不用着急，Windows 在每次对“通信簿”进行改动后，都会在“通信簿”的保存文件夹中创建一个备份文件，名为“用户名.wa~”，只需把它的扩展名改为“wab”即可恢复。

12 邮件列表窗口标题不符合自己习惯，怎么办

默认情况下，在邮件列表窗口的标题列中会显示出邮件的优先级、发件人、主题、附件、时间等信息，如果觉得这些信息过多或过少，可以自己定制标题列。在标题列上单击鼠标右键，从弹出的快捷菜单中选择“列”，打开“列”对话框，选中或取消某些项目前的钩，并按“上移”或“下移”按钮调整好顺序，按“确定”即可。

13 怎样将 Outlook Express 设置为默认电子邮件

启动 Outlook Express，依次单击“工具”→“选项”命令，在弹出窗口中单击“常规”选项卡，并单击窗口中“默认邮件程序”下“该程序不是默认邮件处理程序”旁边的“设为默认”按钮即可。

提 示

在设置 Outlook Express 为默认电子邮件程序后，Outlook Express 将会显示“该程序是默认邮件处理程序”，旁边的“设为默认”按钮不可用。

另外一种方法是：启动 Outlook Express，依次单击“开始”→“运行”，在弹出的窗口文本框中输入："C:\Program Files\Outlook Express\msimn.exe" /reg，回车后即可快速将 Outlook Express 设置为默认 E-mail 客户端程序。

14 怎样让特定邮件更加容易寻找

如果想在许多信件中快速找到某个人发来的邮件，或者想使来自不同地址的邮件用不同颜色突出显示，以便快速找到它们，那么可以用下面方法来实现。

在 Outlook Express 的邮件列表窗格中查找一封特定的邮件，并选中它。单击“邮件”→“从邮件创建规则”。在“选择规则条件”窗口中选择“若‘发件人’行中包含用户”；在“选择规则操作”窗口中选择“用指定的颜色突出显示”；在“规则描述”窗口单击颜色链接并从列表中选择一种颜色，最后为这个规则命名即可。

设置后所有来自这个地址的邮件都将会使用制定颜色来显示，非常便于跟踪和查找。

15 收到很多垃圾邮件，怎么办

对于垃圾邮件，只需选中该邮件后依次单击“邮件”→“阻止发件人”即可，以后来自该地址的邮件将会被直接从服务器上删除掉，而不会下载到本地。

如想进一步管理不受欢迎的邮件，可以依次执行“工具”→“邮件规则”→“阻止发件人名单”命令，在弹出的“邮件规则”窗口里选中“阻止发件人”选项卡，对发件人名单阻止进行设置即可。

16 邮箱突然被大体积邮件占满而瘫痪了，怎样防止这种情况再度发生

大体积邮件通常就是所谓“邮件炸弹”，是指恶意发信人短时间内连续不断地向同一个邮箱发送大量的大体积电子邮件，以期让目标邮箱满载而瘫痪。通过规则设置可防止大体积的邮件炸弹。

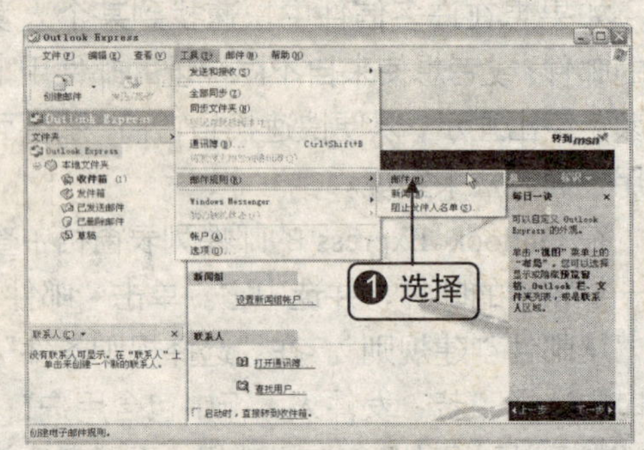

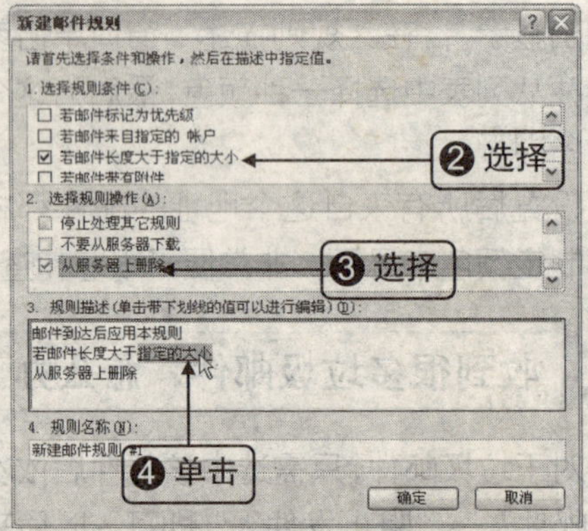

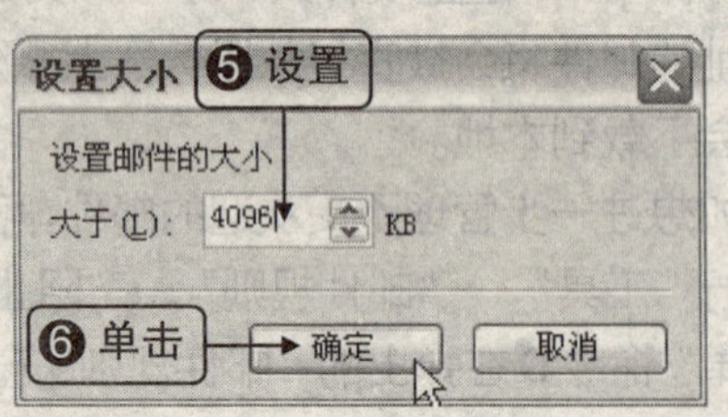

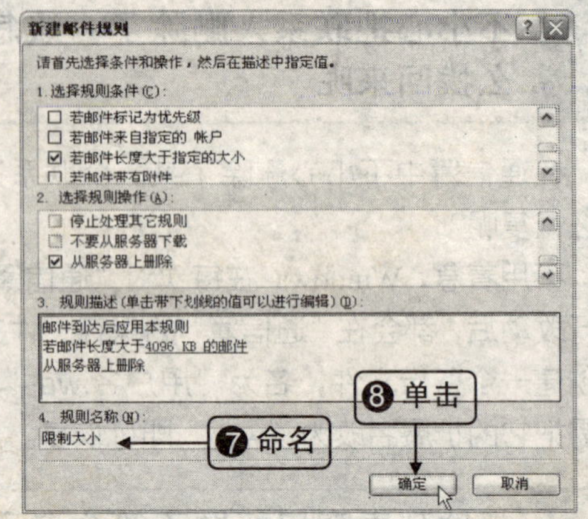

这里的设置是：在“选择规则操作”窗口中选择“从服务器上删除”，然后在“规则说明”框中单击“指定的大小”，在打开的“设置大小”对话框中输入一个大小值，以“KB”为单位，凡是体积大于这个数字的邮件都会被自动删除，这样就可阻止邮件炸弹的攻击，保证邮箱安全。

提 示

和他人进行大容量体积的信件来往前，要把这个设置取消掉。

17 有很多来自一个域名的广告邮件，该怎么阻止

如果不断收到同一个域名发来的垃圾邮件（如 tea@abcd.com 和 haha@abcd.com 就是来自同一个域名 abcd.com 的不同邮件），可以直接阻止所有来自这个邮箱域名的邮件。

依次单击“工具”→“邮件规则”→“邮件”，打开“新建邮件规则”窗口，单击“添加”按钮，在打开的窗口的“地址”文本框中输入其域名，比如：abcd.com 即可摆脱它们的骚扰。

小贴士

1．E-mail 防毒技巧——防止病毒入侵

很多病毒通过通信簿里的地址广泛传播，这些病毒感染电脑后，会从“通信簿”里按照字母顺序分别向联系人发送带毒邮件。因此可以设置 Outlook Express，依次单击“工具”→“选项”，在弹出的窗口中选择“发送”选项卡，取消“自动将我的回复对象添加到通信簿”前面的钩，即可减少通信簿内容，也可防止病毒通过通信簿大规模传播。

2．E-mail 防毒技巧——禁止立即发送

在 Outlook Express 中依次单击“工具”→“选项”，在弹出的窗口中选择“发送”选项卡，将其中的“立即发送邮件”前面的钩取消，单击“确定”退出。

设置后，即使 Outlook Express 不幸中毒，病毒也不会立即通过通信簿中的地址发出，而只能将带毒邮件放在“收件箱”中，直到用户单击工具栏上的“发送”→“接收”按钮后，邮件才会发送出去。进行了上述设置以后，可以遏制病毒的快速传播，也不用再担心朋友的电脑中毒了。

3．E-mail 防毒技巧——禁止自动收发邮件

在 Outlook Express 中单击“工具”→“选项”，在弹出的窗口中选择“常规”选项卡，取消“启动时发送和接收邮件”选项和“每×××分钟检查一次新邮件”选项前的钩。这样只有按下工具栏上的“接收”→“传送”按钮时，Outlook Express 才开始接收或者发送邮件，这就避免了邮件的自动发送。此项设置对部分 E-mail 病毒特别有效。

4．E-mail 防毒技巧——启动内置限制功能

在 Outlook Express 中依次单击“工具”→“选项”，在弹出的窗口中选择“安全”选项卡，选中“受限站点区域（较安全）”单选按钮，并勾选“当别的应用程序试图用我的名义发送电子邮件时警告我”复选框即可。

6.7 QQ

"QQ"是腾讯公司开发的即时通信软件，如今占领了中国的绝大部分即时聊天市场，是众多网友不可或缺的联络工具。

1 QQ 密码已经被盗几次了，怎样预防盗号木马呢

有一种通过监视来获得密码的黑客软件，它一般在本地计算机中隐藏运行，会自动记录那些号码位数不超过 9 位的 QQ 登录密码，甚至还可以自动把这些密码发送到指定的邮箱。基于它的原理，就可以采取对应的防黑措施了。具体做法是：登录时，在号码前加入一串的"0"（比如 10 个），并不影响正常的登录，但是在本地计算机上的号码却变成了一大串的"0"。这样一来，盗号工具会认为这是非法号码，不会对密码进行拦截，当然也就不必担心 QQ 密码泄露了。

2 怎样向隐身好友传送文件

如果想给隐身的朋友传文件，系统一般会提示只能传给在线的朋友，其实只要拥有带 IP 补丁的 QQ，先和朋友说话的时候（对方隐身），他的名字就会以在线的方式显示出来，而且会保留一段时间。但这个时候却看不到他的 IP。不过不要紧，可以对他进行"两人世界"和传文件，这是利用了 QQ 的一个 BUG。

有一点要说明的是，自己必须是在在线状态。带 IP 补丁版本的 QQ 可以在网上搜索到。

3 怎样在好友的 QQ 中消失

有些高手可以让自己在好友的 QQ 中彻底蒸发。不要以为用空格代替就可以不再显示自己的昵称，其实在对方的资料中显示的是"-"，而不是空；而且空格做的名字在进入聊天室的时候都是被视为非法的，那高手们是怎么实现的呢？其实 DOS 下的 ASCII 空格就很好用，其代码是 255 。首先打开 DOS 窗口，按住"Alt"键输入 255，接着松开"Alt "键就可以在 DOS 窗口得到一个 ASCII 的空格，把它复制下来放到 QQ 的昵称一栏中即可。

怎样复制？首先在 Windows 下打开 DOS 窗口，用鼠标选择刚才做好的空格，然后点窗口的左上角（如果是全屏方式的 MS-DOS 可按"Alt+Enter"键切换到窗口状态），在弹出的菜单中选择"编辑"→"复制"即可。

4 QQ 密码被盗了，怎样找回来

可在启动 QQ 的注册向导时填写自己的 QQ 号码发送出去，或者到腾讯公司的主页 http://www.tencent.com 填写自己的 QQ 号码，点"发送"按钮，那么会有一封信发到在申请 QQ 时所填写的 E-mail 邮箱，信里面是你的 QQ 密码。如果能够打开注册的邮箱，那么就

可以保证准确无误。

5 怎样使用ＱＱ传送语音

传送语音的前提是必须有声卡及话筒，而且对方的 QQ 版本得支持语音传送，网络设置允许全功能使用 QQ。打开话筒，左键点击好友头像，选择“传送语音”，按照提示先录好音，也可以打开已录好的文件，点击发送。停止发送按“中止”即可，附言栏里可加入附言文字。

6 怎样快速登录 QQ

如果登录 QQ 非常慢的话，那么就不要选择从登录框直接登录，而是点击“注册向导”按钮重新注册登录，这样会使登录的速度快一些。

7 怎样在好友名单中排第一

QQ 中好友名称的顺序是按照 ASCII 码排列的，而“空格”这个字符又在 ASCII 码中排名比较前，这样只要在“个人设定”的“用户名称”中，在自己的名字前面加上一个空格字符就可以了。

8 怎样用汉字来做 QQ 密码

在记事本中输入几个汉字，然后复制到“新口令”和“确认新密码”项中，按下“修改”按钮，如果弹出“更新成功”窗口，则说明密码修改成功，这样的密码会更安全，不那么容易被盗用。不过，每次输入密码时，要先打出来再粘贴。

9 不希望消息窗口自动弹出，怎么办

如果不想让消息窗口自动弹出，那么可以在“参数设置”选项卡下面的“设置提取消息热键”勾选“使用热键”，接着如果保留了“默认热键”的选择，那么当有新消息过来时，只要按下“Ctrl+Alt+Z”组合键就能弹出消息窗口。或者也可以选择“自定义热键”，然后将光标放到后面的输入框中，接着再按下所选择的快捷键，比如“Ctrl+Q”组合键等。

10 怎样手工添加自动回复

设置自动回复后，在 QQ 安装文件夹中有一个以用户号码命名的文件夹，其中会有一个 autoreply.txt 文件，里面记录了所有自动回复信息，也可以直接在这里添加回复留言。

11 怎样在某好友上线后自动隐身

如果上线后一直是现身状态，突然看见某个不想见的人上线了，想马上变成隐身状态，除直接点击在系统托盘处的 QQ 图标，选择“隐身”外，还可事先在该好友头像上点左键，在弹出菜单中选择“查看资料”，在打开的“查看用户信息”窗口中点击“好友个人设置”选项卡，然后再选中“如果该好友上线，则自动切换到隐身状态”，再点击“修改”按钮即可。

12 怎样才知道好友上线

首先到“QQ 参数设置”中找到“声音设置”，在“声音开关”栏中选择“打开声音”，即可把 QQ 的声音打开；然后再找到“参数设置”，选取“好友上站通

知”，这样当有人新上线时 QQ 就会发出声音提醒。

13 怎样消除同时运行多个 QQ 产生的热键冲突

如果在打开一个 QQ 的情况下再打开一个 QQ 会出现什么情况呢？对，系统会弹出一个窗口提示“热键冲突，注册系统热键失败，请选择另外的热键”。这是为什么呢？在 QQ 中默认“Ctrl+Alt+Z”组合键为提取信息的热键，打开的第一个 QQ 就占用了这个热键，那么打开了第二个 QQ 时，自然不能再使用这个热键，也就会出现那个错误窗口了。只要在“QQ 参数设置”的“参数设置”选项卡的“设置提取消息热键”中选择“自定义热键”，然后按下要设置的热键就可以了。为了不与系统的其他热键冲突，建议将第一个 QQ 的提取消息热键设为“Alt+1”，第二个 QQ 的提取消息热键设为“Alt+2”，以此类推即可。

14 怎样删除登录列表里的某些 QQ 号

如果只想删除列表中的某一个号码，可以用一个十六进制编辑器来打开 QQ.cfg 文件，然后在右边的号码列表中选中要删除号码的第一个数字，然后将与之所对应的左面代码区的数字改为 00，邮编号码列表中的数字会变成“■”，当光标在左面代码区内移动时，与之相对应号码区的光标也在移动，只要将要删除号码的几个数字全部变成“■”后保存文件，重新启动 QQ 后就会发现这个号码已经没有了。

15 怎样彻底隐藏 QQ

首先启动 QQ，点击 QQ 窗口左下角的主菜单，在弹出的快捷菜单中选“系统参数”，弹出“QQ 参数设置”对话框，在“参数设置”选项卡中，取消“在任务栏显示图标”、“自动弹出信息”选择，然后选择“使用热键”复选项，还可以选择“自定义热键”定义自己的热键。最后在“声音设置”选项卡中，选择“声音开关”中的“关闭声音”即可。看看系统托盘中的 QQ 图标不见了吧？现在就把 QQ 最小化，这样整个桌面就再也找不到 QQ 的痕迹了。

怎样调出 QQ 面板呢？最简单的方式就是在没有消息的情况下按下热键，即可呼出面板。也可以按下“Ctrl+Alt+Del”组合键启动“任务管理器”，然后在“应用程序”栏里选择 QQ 应用程序，点右键，选择“最大化”就能调出 QQ 了。

16 怎样在多台计算机上使用 QQ 而保持聊天记录不中断

很多人在公司和家里都要登录 QQ，用来联系客户、朋友。但如果使用不同计算机上的 QQ，那就会存在一个聊天记录同步的问题。通过本例，可以让你在家里和 QQ 好友的聊天记录在公司可以查看，同样在公司里的聊天记录在家里也可以欣赏！

只要把 QQ 安装文件夹拷贝到移动硬盘或闪存上，如拷贝到 I:\QQ 文件夹下。然后在家里计算机和公司计算机的桌面上建立一个指向 I:\QQ\QQ.exe 的一个快捷方式，并双击执行它与 QQ 好友聊天。不过前提是要求几台计算机之间磁盘分区数量一致。

多学两招：可以从网上下载不用安装的绿色 QQ 软件，比如珊瑚虫等，直接解压缩到移动硬盘或闪存上，无论插到哪台计算机上均可直接运行。

17 怎样彻底删除某个好友

如果要彻底删除某好友，可以在操作面板上右键点击该好友头像，从快捷菜单中将之移动到黑名单即可，如果用删除 QQ 安装目录下该好友文件夹，并不能从服务器真正删除该好友的名字，以后重新安装 QQ 或换一台计算机登录仍然会出现他的名字。

18 怎样批量删除好友

进入 QQ 的“好友管理器”，按住“Ctrl”或“Shift” 键，选中要删除的好友，用鼠标右键点击任意被选中的用户，点击“删除好友”即可。

19 怎样使用 QQ 来监视新邮件

启动 QQ，点击面板的 QQ 图标，然后选择“参数设置”命令，在打开的“QQ 参数设置”对话框中选择“EMAIL 设置”选项卡，在下面输入用户名、口令、POP3 服务器及检查的间隔时间。这样，如果设置的邮箱里有了新邮件，QQ 会弹出窗口来通知，非常方便。

20 怎样向好友快速发邮件

只要在 QQ 的好友列表中点击好友，再选择“发送邮件”命令即可打开一个写邮件窗口，自动向好友注册的邮箱发送邮件。

21 网络没有问题，但老是登录不上，怎么办

有时登录 QQ，弹出来的却是服务器太忙无法登录或者超时的提示框，接连试几次都是这样。此时可以改用“注册向导”，一般情况下都能成功。还不管用的话，就得使用第二种方法了——打开多个 QQ 窗口来同时登录同一个号码。同时打开三个窗口，肯定会有一个能登录上去的，屡试不爽。不过也有一种情况是例外的，那就是网络断线的时候。

22 不希望其他人看到聊天记录，怎么办

点击 QQ 面板上的“菜单”按钮，在弹出的菜单中选择“系统参数”，接着进入“安全设置”选项卡，在这里首先勾选“启用本地消息加密”，接着在“口令”和“确认口令”文本框中输入密码。如果担心自己以后会忘记密码，可勾选“启用本地消息加密口令指示”，然后在“提示问题”中选择一个问题，接着在“问题答案”中输入答案。完成后，点击“应用”按钮，QQ 会弹出窗口提示成功。

在进行这样的设置后，硬盘中保存的消息文件（.MSG 文件)就被进行了加密处理，保证不会被他人破译，尽管这些文件可以在相应目录下能够看到和拷贝，但却无法打开。

23 怎样备份聊天记录

先到 http://www.tencent.com 下载最新的 QQ 版本，然后注意备份好自己的聊天记录、自己的 QQ 号码和密码。在 QQ 的安装目录里有一个以数字命名的子目录（如果多人使用同一个 QQ 软件，那么会出现多个这样的子目

录），其中保存有的聊天记录等重要信息，所以建议在重装或升级前将该子目录备份，之后拷贝到重新安装的相应目录里面。

如果重装 QQ 时出现了问题，比如显示异常，可以将注册表有关 QQ 的键值删除干净再安装 QQ，安装好以后使用注册向导用原有 QQ 号码和密码登录，好友名单不变，因为原来的好友名单在的服务器上保存了一份。

知识加油站

如今 QQ 加入了等级计算，16 级即可创建自己的群，这无疑非常吸引人。那么，QQ 等级是怎么计算的呢？

QQ 计算等级的基本单位是“活跃天数”。“活跃天数”指的是如果用户当天使用 QQ 超过一定的时间，就认为用户这一天是活跃的，会为其活跃天数加上一天。

当天（0:00～23:59）使用 QQ 在 2 小时（及 2 小时以上），算用户当天为活跃天，为其活跃天数累积 1 天。

当天（0:00～23:59）使用 QQ 在 0.5 小时至 2 小时，为其活跃天数累积 0.5 天。

当天（0:00～23:59）使用 QQ 在 0.5 小时以下的，不为其累积活跃天数。

活跃天数与等级的关系：

等级	等级图标	原来需要的小时数	现需要天数
1	☆	20	5
2	☆☆	50	12
3	☆☆☆	90	21
4	☾	140	32
5	☾☆	200	45
6	☾☆☆	270	60
7	☾☆☆☆	350	77
8	☾☾	440	96
12	☾☾☾	900	192
16	☺	1520	320
32	☺☺	5600	1152
48	☺☺☺	12240	2496

6.8 FlashGet

FlashGet 前身叫做 JetCar，是一款多线程下载工具，不仅下载速度快，而且支持断点续传，对于下载后文件的管理也是非常拿手，是众多电脑用户的首选下载利器。

1 怎样动态调整下载速度

如果在进行浏览网页或其他网络操作时，发现速度非常慢，那么可随时调整 FlashGet 的下载速度，双击系统托盘处的 FlashGet 图标打开其主窗口，接着点击“工具”→“速度限制模式”→“手动模式”，这样在 FlashGet 窗口右下方会显示速度调整栏，可以向左拖动滑块降低其速度。如果其他需要网络带宽的网络操作完成后，可以再次点击选择“工具”→“速度限制模式”→“无限制”，让 FlashGet 开足马力下载。

2 怎样将一个网站上的文件“一网打尽”

假设要下载文件的路径为 http://www.123.com/pic1.jpg 到 http://www.123.com/pic100.jpg 中的 100 张图片，首先点击“任务”→“添加成批任务”，然后在弹出对话框中的地址栏中填入：http://www.123.com/pic*.jpg，选择：从 1 ~ 100，通配符的长度为：3。

如果下载的文件都是 ZIP 文件，而主文件名均为英文，但不相同，那么下载条件可以写为*.zip，并且选择“从...”到“...”，根据实际情况改写要填入的字母。

提 示

通配符有两个，一个是“*”，表示一个或多个字符，内容不论，而另外一个是“?”，只表示一个字符，内容不论。例如，a.* 就代表了文件基本名是 a，扩展名是任意的所有文件。比如“a*.*”可代表“abcd.txt”或“abc.exe”，而“a??.*”可代表“abc.exe”或“acd.txt”等等。

3 怎样使用多代理

对于经常下载 FTP 服务器上文件的朋友来说，最大的麻烦就是经常不能多线程下载，这主要是因为提供 FTP 服务的朋友出于流量和速度的考虑，常常会禁止同一 IP 地址使用多线程工具下载，以减轻服务器负担。现在，利用 FlashGet 的多代理功能，就能解除这个限制。

在 FlashGet 的“工具”→“选项”→“代理服务器”，点击“添加”按钮，在打开的窗口中输入代理服务器相关信息。

在 FTP 站点上建立下载任务时，在“文件分成 X 同时下载”中输入使用线程数目；点击“站点属性”，先取消“没有限制”选项，再勾选“每一个连接使用不同的代理服务器”，并按下“确定”按钮即可。

4 镜像功能是什么

Internet 上的文件一般都在多个站点上有镜像，从每个站点下载的速度是不同的，如果从较近的地方下载通常就很快，FlashGet 可以从不同服务器下载同一个文件并且会从较快的一个或几个站点下载，如果一个服务器有了问题会自动切换到其他镜像站点下载，以便以最快速度下载。这就是 FlashGet 的镜像功能。首先选择“工具”→“选项”→“镜像”中勾选“打开镜像”(选项)，然后在其下的“地域位置”的“国家代码”中输入用户所在国家的 Internet 的代码，如 CN 代表中国，US 代表美国，JP 代表日本等。在这里，输入 CN。这样 FlashGet 在下载软件或资料时，会首先从中国的服务器寻找这些镜像站，并选择最近的服务器来下载资料。再在“国家列表”中输入一系列连接较快国家的代码，如 JP，KR，RU 等。网际快车在计算替代 URL 的时候会给予“国家代码”次一级的优先权。

在“国家列表”下“国家代码”中输入 JP，KR，RU 分别表示日本、韩国和俄罗斯。多个国家代码用半角的逗号分隔，它表示当 FlashGet 在中国的服务器上找不到镜像服务器时，会自动从日本、韩国和俄罗斯等国的镜像服务器上下载软件，当然这里要填写最近的国家代码。

5 怎样让 FlashGet 存储更多镜像站点的地址

默认情况下，在 FlashGet 的目录下有 mirrow.lst 和 mymirrow.lst 两个文本文件，它们都可以通过“记事本”打开。其中 mirrow.lst 内记录的是 FlashGet 的默认的下载站点的镜像列表，mymirrow.lst 则是用户定义的下载站点的镜像列表(在初始状态下，该文件中只会有说明)。

因此，可以在这个文件上动动心思，在其中手工添加镜像站点，让 FlashGet 下载速度更快。

举个例子：如经常从某个下载程序，只要打开 mymirrow.lst 文件，再把该网站的镜像站点添加到这个文件中，这时只要勾选“自动计算和添加镜像 URL”选项，FlashGet 就会自动识别添加的镜像站点，这样就可以从较快的站点进行下载了。

> **提 示**
>
> 重新安装 FlashGet 前，不要忘记把 FlashGet 安装文件夹下的 mymirrow.lst 文件做一个备份，以便重新安装 FlashGet 后再拷贝回去。

6 怎样加快文件下载速度

通过 FTP 搜索服务器找到的文件一般都位于国外，对于国内的用户有时没有太大意义。为此，FlashGet 特别推出了对国内用户非常有利的 FlashGet 专用的文件镜像服务。只要勾选“自动通过 FlashGet 的文件镜像服务查找镜像站点”，然后勾选“共享 URLs ”选项，即可享受 FlashGet 专用的文件镜像服务来提高下载速度。共享地址（URL）是在 FlashGet 中是一个可选项，越多的用户共享地址（URL），FlashGet 的文件镜像服务数据库就越好，查找到的镜像服务站点也就越多，就越可能从最快的站点下载。

7 什么是下载优先级

FlashGet 在设置优先级的时候跟其他下

载软件有些区别，它是按照排列的顺序来进行下载的。可以直接点击工具栏上的上移、下移按钮就可以进行优先级的设置。如果在“工具”→“选项”→“连接”中设置了“最多同时进行的任务数”为“1”，那么下载时就会按照顺序一个一个地下载，不会是同时下载。

8 下载的文件名相同时怎样处理

由于平时会经常下载软件，很多时候某些软件的名称会相同，比如：不少软件都使用 setup.exe 、setup.zip 等来为它们的安装文件命名，因此，最好让 FlashGet 在遇到这样的问题后，自动对文件名改名，点击“工具”→“选项”→“文件管理”，在“目标文件存在”项下选择“自动重命名”。

9 怎样创建下载数据库

不少喜欢下载的朋友每个月都会下载上百个软件，这样查找起来非常不方便，因此建议充分利用 FlashGet 提供的下载数据库功能，为每个月的下载创建下载数据库。

第一次使用时，建议首先在非系统分区创建一个专门的文件，命名为：“我的下载历史”。接着点击“文件”→“新建数据库”，这样即会创建一个新的数据库，按照上面的方法进行分类，然后点击“文件”→“保存数据库”，为它起个好记的名字，比如：2002-11 等。到 12 月 1 日时，再次按照这样的方法创建 2002-12 数据库。

如果想查找以前的下载数据信息，那么可以点击“文件”→“打开旧数据库”，找到以前保存的数据文件打开即可。

提 示

如果电脑有多个人使用，那么最好利用这个方法为每人创建自己的下载数据库，这样才不会造成混乱。另外，建议点击“工具”→“选项”→“常规”，勾选“自动保存列表文件在每隔 10 分钟”，或者也可以设置更短的时间，接着再勾选“每天自动备份下载数据库”。

10 怎样下载无规律的多个链接

当要下载的连接没有规律时，可以使用 FlashGet 中的“下载全部连接”来下载文件。比如：要下载网页中所有的“HTML”网页时，使用右键选择“FlashGet 下载全部连接”，然后选择“选择特定”，再点击“确定”按钮就可以了，如果没有选择“选择特定”而是先点击了“确定”按钮，那么可以在接下来的对话框中“选择连接”，这才是想要的 HTML 文件。

11 为何不能直接关闭 FlashGet

很多朋友发现，点击主窗口右上角的关闭按钮图标并不能直接关闭 FlashGet，只有在悬浮框或是右下角的图标上点击右键，选择关闭才可以完全关闭它，实在很麻烦。其实，可以在“工具”→“选项”→“其他”中取消“按 × 最小化窗口”选项前的钩即可。

12 怎样探测网站上有哪些软件

大部分网站并不会把它们服务器上的文件都列在网页上，因此完全可以利用 FlashGet 的“站点资源搜索器”把该网站中存在的所有文件列出，这样可以向资源管理器一样来管理文件。右击悬浮窗口，选择“站点资源搜索器”，在弹出的菜单中输入网址，然后回车，就会看到整个站点的文件目录，双击相应的文件或文件夹就可以进行下载。没准通过它可以找到许多神秘、诱人的好软件。

13 怎样动态调整下载块数

在正在下载的任务的下方"图表"→"日志"窗格中右击 Jet1（或其他 Jet 项），在弹出菜单中可选择"增加下载的块数"或"减少下载的块数"来加大或减少下载块数以便根据情况提高 FlashGet 的下载速度。

14 怎样为 FlashGet 添加替代地址

在"添加新的下载任务"窗口中有一个"设置替代网址"选项卡，它其实很有用处，不少网站会为一个软件提供多个下载地址，如果不能肯定一个地址就可以顺利下载，或者在下载过程中选择了暂停下载，当重新恢复下载时，却发现这个地址已经无法使用，那么可在此选项卡中点击"添加"按钮，再把提供的其他下载地址也添加进去，这样当 FlashGet 无法连通第一个默认的下载地址后，就会使用这里提供的下载地址继续下载。

另外还可以在添加下载任务后，将软件的其他下载地址也拖放到悬浮窗口中，FlashGet 会弹出窗口询问是否添加为镜像 URL，点击"是"按钮后，该地址便自动添加到"设置替代网址"的列表中。

15 怎样把网页中的某类文件一次下完

有时会遇到某个网页中有许多希望下载的软件、MP3 、图片等，如果一一手动添加会非常麻烦，那么为什么不用 FlashGet 将它们一网打尽呢？只需要一次点击，然后进行相应的文件类型筛选，FlashGet 就能为全部下载回来。在用 IE 览网站时，如果想下载某个网页中的多个文件，那么只要在此网页中右击，在弹出菜单中选择"使用网际快车下载所有链接"命令，FlashGet 会打开"选择要下载的 URL"窗口，如果确认所有内容都要下载，只要按下"确定"按钮即可。当然，如果要下载特定类型文件，则可以点击"选项"按钮，在打开的"缺省标记的文件类型"对话框中点击下拉列表框，从中选择一文件类型，如.ZIP、.EXE、.BIN、.GZ、.Z、.TAR、.ARJ、.LZH、.A[0-9]? 、.RAR 等即可选中所有 ZIP、RAR、EXE、BIN 等类型的文件了。另外，也可以直接在下拉列表框中键入文件类型通配符，如*.bmp、*.txt 等，这样 FlashGet 就只下载所有扩展名为 BMP 和 TXT 的文件了。

16 怎样为下载提速

当遇到连接速度不佳时，FlashGet 的下载速度会大打折扣。有时也可以通过对 IE 的设置来提高 FlashGet 的下载速度。打开"控制面板"，选择"Internet 选项"→"属性"→"高级"，将"设置"→"多媒体"下面的选项全部不选，这样就不会见到 FlashGet 下载时菜单栏中不停运动的广告条，下载速度也会有一定的提升。

17 有的网页不支持拖放，怎么办

有许多网页不支持鼠标拖放，此时可采用下列方法：用鼠标选中需下载的软件，点击右键，打开"属性"窗口，可以看见该软件的下载链接，选中该链接，复制，此时便弹出 FlashGet 下载对话框，适当编辑一下就可以下载了。

18 FlashGet 能修复损坏的 ZIP 文件

如果发现某个文件在下载后出现损坏，那么可以在右侧的下载列表窗格中右击该文件，然后选择“修复损坏的 zip 文件”命令尝试修复。

19 怎样快速登录下载网站

FlashGet 的站点资源探索器不但能列出站点上的文件目录，同时还具有如同 IE 一样的 bookmark 功能，利用这个功能，就可以不必为忘记长长的 URL 地址而头痛了，而且还免去了输入登录账号和密码的麻烦。使用方法是：在地址栏输入探测的网站地址，如果需要登录账号和密码的，点击“登录”按钮后一并输入，然后在“收藏”菜单中选择“添加收藏夹”就可以了。需要使用时，直接点击相应的名称就能实现快速登录。

20 线程是不是越多越好

FlashGet 最大支持将一个文件分为 10 份来进行下载，但不能认为线程数越大下载速度就越快，“越多越快”这仅仅适应于和那些速度较慢的服务器连接，但随着网络的发展，服务器的速度已经很快了，所以在利用线程数时还要好好看看是不是很合适。

专业提升

FlashGet 对于下载任务和现在线程做了严格的限制，默认的最大下载线程数是 10，最多同时进行的任务数是 8 。可以通过这样修改注册表的方法来改变其默认线程数和最多同时进行的任务数：

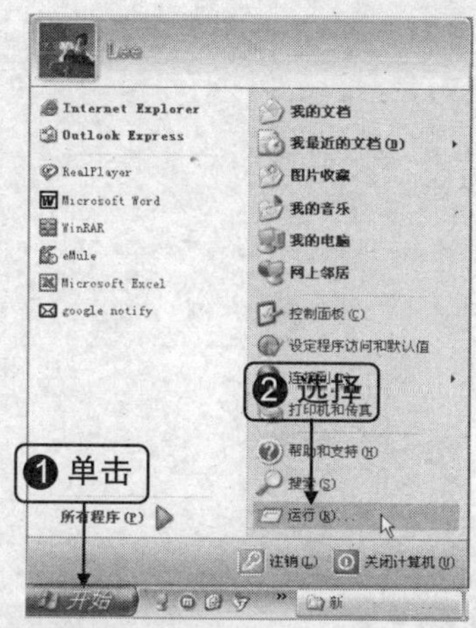

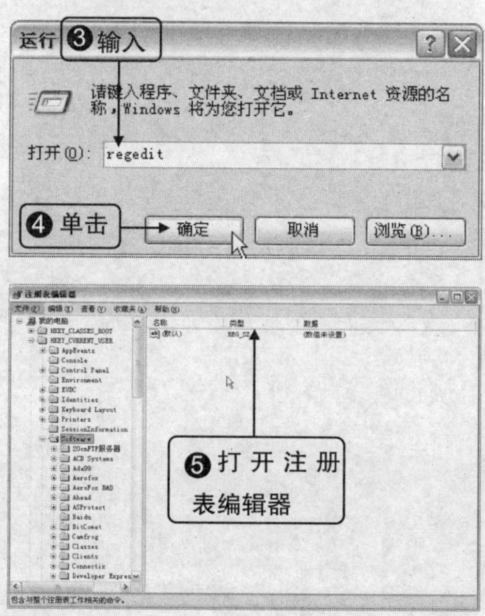

❻ 打开“注册表编辑器”后，找到[HKEY_CURRENT_USER\Software\JetCar\JetCar\General] 下新建双字节值：MaxParallelNum 、MaxsimJobs，然后分别将它们的值

设置为“1～30 ”、“132767”之中的任意值，就会突破 FlashGet 默认的线程数和任务数。

不过，设置的值也不要太大，用多了会对自己的机器产生很大的负载，对对方的服务器冲击也很大，而且许多 FTP 站都限制线程。

第7章　主机维护

- 主板常见故障的排查方法有哪些
- 为什么开启了主板的二级缓存后电脑经常死机
- 主板为什么不能识别硬盘和光驱
- 主板电源故障会导致电脑重新启动
- 电脑性能大幅度下降是什么原因
- 运行某些软件时经常出现内存不足，怎样处理
- 安装操作系统时提示内存不足，怎么办
- 电脑为什么不能识别 128MB 以上内存

7.1 主板维护

主板在使用过程中，会产生各种故障，如 BIOS 故障、电容故障等，均会影响到电脑的工作。

1 怎样进行主板的日常维护

电脑的主板在电脑中的重要作用是不容忽视的，主板的性能好坏在一定程度上决定了电脑的性能，有很多的电脑硬件故障都是因为电脑的主板与其他部件接触不良或主板损坏所产生的，做好主板的日常维护，一方面可以延长电脑的使用寿命，更主要的是可以保证电脑的正常运行，完成日常的工作。

电脑主板的日常维护主要应该做到的是防尘和防潮。

CPU、内存条、显示卡等重要部件都是插在主机板上，如果灰尘过多，就有可能使主板与各部件之间接触不良，产生这样那样的未知故障，给你的工作和娱乐带来很大麻烦。

如果环境太潮湿的话，主板很容易变形而产生接触不良等故障，影响你的正常使用。

另外，在组装电脑时，固定主板的螺丝不要拧得太紧，各个螺丝都应该用同样的力度，如果拧得太紧也容易使主板产生形变。

2 引起主板故障有哪些原因

主板作为把电脑各个部件连接在一起的“母体”，几乎所有的部件都要通过主板的连接才能形成一个完整的计算机系统。一般来说，主板故障分为软故障和硬故障，所谓软故障是指各个部件因接触不良或外界其他因素引起的故障，这类故障我们只要注意维修的技巧就可以解决。硬故障是指因部件本身质量问题而引起的，这类故障要借用专用的仪器才能够解决。本节只针对一般性的软故障进行分析解决。

主板产生故障的原因，一般有三个方面：

1．人为故障

有些朋友在电脑操作方面的知识懂得较少，在操作时不注意操作规范及安全，这样对电脑的有些部件将会造成损伤。如带电插拔设备及板卡，安装设备及板卡时用力过度，造成设备接口、芯片和板卡等损伤或变形，从而引发故障。

2．环境引发的故障

因外界环境引起的故障，一般是指我们在未知的情况下或不可预测、不可抗拒的情况下引起的。如雷击、市电供电不稳定，它可能会直接损坏主板，这种情况下一般都没有办法预防；外界环境引起的另外一种情况，就是因温度、湿度和灰尘等引起的故障。这种情况表现出来的症状有：经常死机、重启或有时能开机有时又不能开机等，从而造成机器的性能不稳定。

3．元器件质量引起的故障

这种情况是指主板的某个元器件因本身质量问题而损坏。这种故障一般会导致主板的某部分功能无法正常使用，系统无法正常启动，自检过程中报错等现象。

3 主板常见故障的排查方法有哪些

主板故障往往表现为系统启动失败、屏幕无显示、有时能启动有时又启动不了等难以直观判断的故障现象。在对主板的故障进行检查维修时，一般采用“一看、二听、三闻、四摸”的维修原则。就是观察故障现象、听报警声、闻是否有异味、用手摸某些部件是否发烫等。下面列举几种常见主板的维修方法，每种方法都有自己的优势和局限性，一般要几种方法结合使用。

1．清洁法

这种方法一般用来解决因主板上灰尘太多，灰尘带静电造成主板无法正常工作的故障，可用毛刷清除主板上的灰尘。另外，主板上一般接有很多的外接板卡，这些板卡的金手指部分可能被氧化，造成与主板接触不良，这种问题可用橡皮擦擦去表面的氧化层。

2．观察法

观察法主要用到“看、摸”的技巧。在关闭电源的情况下，看各部件是否接插正确，电容、电阻引脚是否接触良好，各部件表面是否有烧焦、开裂的现象，各个电路板上的铜箔是否有烧坏的痕迹。同时，可以用手去触摸一些芯片的表面，看是否有非常发烫的现象。

3．替换法

当对一些故障现象不能确定究竟是由哪个部件引起的时候，可以对怀疑有故障的部件通过替换法来排除故障。可以把怀疑有故障的部件拿到没有故障的电脑上去试，同时也可以把没有故障的部件接到出故障的电脑上去试。

4．软件诊断法

这里我们一般指通过随机附带的诊断程序或系统测试软件去测试。一般用于检查各种接口电路故障。

通过上面的学习，我们知道了引起主板故障的原因和基本的维修方法，下面介绍主板故障维修的具体操作步骤和流程。

4 开机无显示该怎样排查

一般认为，开机无显示故障是由硬件所引起的，这种看法有一定的片面性。在检修这类故障的时候，我们一般还是应该先从软故障的角度入手解决问题。开机时，若电源指示灯没有亮，一般应该怀疑外接电源没有接好或电源有问题。

若开机电源指示灯亮但无显示，这种情况一般应按以下的顺序排查故障：

❶ 先用工具清除主板上的灰尘再开机。

❷ 通过主板的跳线（一般在 CMOS 的电池旁边，具体位置可以参看主板说明书）清除主板上 CMOS 原有的设置再开机。

❸ 重新安装 CPU 后再开机。

❹ 将电脑硬件组成最小系统后再开机。

❺ 在经过以上四个步骤后，若开机还是没有显示，这时可以在最小系统中拔掉内存。若开机报警，则说明主板应该没有太大的问题。故障的怀疑重点应该放在其他设备上，可以参考启动类故障的检修方法确定故障点。若在拔掉内存后开机不报警，一般来说，故障可能出在主板上，这时只有把主板送到专业的维修点去维修。

5 开机有显示但自检无法通过，应该怎样排查

开机有显示但自检无法通过，这类故障一般都会有错误提示信息。我们在排除这类故障时，主要是根据该提示信息，找出故障点。但这类故障一般是因为主板的某个部件损坏而引起的，多数应该属于硬故障，但也不排除软故障的可能。针对软故障的排查，我们可以依照以下的顺序进行：

1．部件的检查

部件的检查主要是针对连接在主板上的所有板卡、连接线和其他连接设备的检查。检查是否有短路、接插方法是否正确、接触是否良好，可以通过重新插拔来解决一些故障。同时应检查部件的后挡板尺寸是否合适，这可通过去掉后挡板检查。还有对有些部件可以换个插槽和连接头使用。

2．BIOS 设置检查

BIOS 设置检查主要是检查因 BIOS 设置不正确引起的故障。首先可以尝试清除 CMOS，看故障是否消失。主板上一般都有清除 CMOS 的跳线，具体的位置可以参看主板说明书。同时也应该检查 BIOS 中的设置是否与实际的配置不相符（如：磁盘参数、内存类型、CPU 参数、显示类型、温度设置、启动顺序等）。最后可以根据需要更新 BIOS 来检查故障是否消失。

6 安装主板驱动后产生故障，怎么办

故障现象：

在 Windows 环境下安装主板驱动程序后，电脑出现死机或光驱读盘速度变慢的现象。

故障分析与处理：

在一些杂牌主板上有时会出现此类现象，将主板驱动程序装完后，重新启动电脑不能以正常模式进入 Windows 98，而且该驱动程序在 Windows 98 下不能被卸载。如果出现这种情况，建议找到最新的驱动程序重新安装，问题一般都能够解决，如果实在不行，就只能重新安装系统。

7 电脑频繁死机，在进行 CMOS 设置时也会死机，是怎么回事

故障现象：

电脑频繁死机，在进行 CMOS 设置时也会出现死机现象。

故障分析与处理：

在 CMOS 里发生死机现象，一般为主板或 CPU 有问题，如果按照下面提供的方法不能够解决故障，那就只有更换主板或 CPU 了。

出现此类故障一般是由于主板 Cache 有问题或主板设计散热不良引起，笔者在 815EP 主板上就曾发现因主板散热不够好而导致该故障的出现。在死机后触摸 CPU 周围主板元件，发现其温度非常烫手。在更换大功率风扇之后，死机故障得以解决。对于 Cache 有问题的故障，我们可以进入 CMOS 设置，将 Cache 禁止后即可顺利解决问题，当然，Cache 禁止后电脑运行速度肯定会受到影响。

8 主板的 COM 接口、并行接口和 IDE 接口失灵，怎样处理

故障现象：

主板的 COM 接口、并行接口和 IDE 接口失灵。

故障分析与处理：

出现此类故障一般是由于我们带电插拔相关硬件而造成的，此时可以用多功能卡代替，但在代替之前必须先禁止主板上自带的COM接口与并行接口（有些主板的IDE接口禁止后才能正常使用）。

9 为什么系统时间变慢

故障现象：

一台电脑的系统时间变慢，调好时间后几天下来又变慢了。

故障分析与处理：

如果电脑时钟变慢而并非是内存故障时，可能是主板上电路元器件变质或者失效造成的，而电容和石英晶体通常是引起时间不准的主要原因。

用无水酒精棉清洁计时电路附近的电路板，重点是电容附近，因为灰尘也会使时钟变慢。如故障仍未解决可更换电容和石英晶体。

10 为什么开启了主板的二级缓存后电脑经常死机

故障现象：

在COMS设置中，允许主板上的二级高速缓存（L2 Cache或External Cache）工作，那么在Windows系统下运行软件时，发现电脑系统经常出现死机现象，一旦禁止二级高速缓存系统，电脑又可以正常运行了，但速度比以前正常运行时要慢一些。

故障分析与处理：

由于在整个故障现象中，只对二级高速缓存参数进行了修改，并且修改前后，电脑表现出两种截然不同的现象，因此初步可以判断是二级高速缓存芯片工作不稳定。用手逐个感觉主板上的二级高速缓存芯片，明显地觉察到有一个芯片比其他的热。

解决方法：因为缓存芯片是焊在主板上的，而且管脚比较细，无法取下，只得作废，将该板拿回厂家更换。

11 为什么在使用电脑时，会出现突然掉电的现象

故障现象：

电脑在正常使用时，会突然出现掉电的现象。即主机上各指示灯均不亮，显示器的电源指示灯也不亮，经重新开机后又可恢复正常工作。

故障分析与处理：

主板和其他插卡上的芯片元器件损坏的可能性不大，估计是由虚焊、碰线、接触不良、存在异物等原因引起。用手拍打电脑机箱的不同部位，发现当用手在机箱上面拍打时，偶尔会产生上述故障现象。当故障出现时，电源风扇也停止工作。显然故障现象是由主机电源过载保护产生。经了解，这种现象是自电脑升级后才出现的。升级时，更换了主板、CPU和内存条，增加了网卡和声卡。打开机箱，发现显卡固定在机箱上的螺钉未拧紧，怀疑故障与此有关，将螺钉拧紧后开机，电脑不能工作，松开螺钉后，重启又正常。估计故障可能是由升级后更换的主板或增添的网卡和声卡引起。

去掉网卡和声卡，并松脱各紧固板卡的螺钉，此时电脑可正常启动工作，但用手轻按主板时，故障再一次出现。断开电源，拆下与主板连接的各部件，取出主板仔细观察，未见可疑异物和明显的脱焊部位。小心将主板放回机箱，单独接上电源，接通电源，电源风扇工作正常。用手轻按主板与机箱固定处的四只脚附近，当按住靠近机箱后部及电源侧时，电源风扇立即停止工作。再次取出主板，仔细观察按住部位附近的印刷线路板，发现板上两根平行布线的印刷线路间隙狭小，其中一根线曾受硬物蹭碰，产生了一个很不起眼的细小毛刺与另一根线近似碰触，怀疑故障由此引起。

将毛刺除去后，重新插好各板卡，并拧紧各紧固螺钉，合上机箱盖板。开机，电脑正常工作。

12 VIA 芯片组主板的电脑常常出现各种故障，怎么解决

故障现象：

此类故障经常在 Windows 98/2000 中出现，主要有下列 4 种表现：

- 电脑经常无缘无故的黑屏，不能热启动，必须冷启动才行。
- 电脑在运行的过程中，硬盘发出一声异响，然后死机。
- 电脑经常出现故障，如死机、玩游戏时跳出程序等。
- 在 Windows 98 下 USB 设备使用正常，但是在 Windows 2000 下无法使用 USB 设备。

故障分析与处理：

在完成了系统安装之后，首先安装 VIA 4in1 补丁，然后再安装其他驱动程序，故障即可排除。

13 电脑经常蓝屏和死机，会是什么原因

故障现象：

电脑经常蓝屏和死机，蓝屏时屏幕上的出错信息为“Vxd、Vmm（01）文件出错”。

故障分析与处理：

根据出错提示可知是内存中某种虚拟文件出现了错误，可能是内存的问题，也可能是接触不良。于是拆开机箱将内存拔掉重新插了一遍，然后开机测试，但是电脑在使用一段时间后还是死机。将内存拔下，换另外的插槽重新插上，开机测试，电脑使用正常，由此可以判定是内存与主板插槽接触不良。

14 增加了一根内存后，不能开机，是怎么回事

故障现象：

电脑使用正常，但是在增加了一根内存后，就不能开机了。

故障分析与处理：

由于故障出现在新加了内存之后，所以首先将新增加的内存拔下，发现内存很烫，但是开机测试，电脑仍然不能启动。

由于拔下的内存温度较高，所以有可能是内存插槽有问题，供电不足。于是仔细观察内存插槽，果然发现插槽中有两个针脚碰在了一起。小心地将两个针脚分开，然后插上内存，开机后故障排除。

15 主板为什么不能识别硬盘和光驱

故障现象：

一台电脑在一次双硬盘对拷后，重新连接主硬盘并开机，机器提示找不到任何 IDE 设备，找不到硬盘也无法进入 Windows XP。重启进入 CMOS 设置程序后，发现检测不到任何 IDE 设备。换另外硬盘也检测不到，怀疑是主板 IDE 接口出现故障，但也不至于全部的 IDE 口都损坏了。继续检查，发现 ATA/100 硬盘线是 Slave 口接在硬盘上，于是更换为 Master 接口，开机恢复正常。

故障分析与处理：

此故障看似复杂，没有经验的朋友会误认为是硬件损坏，但这仅仅是因为 IDE 接线错误造成的，此类现象还经常发生在我们身边。有的朋友再挂硬盘时，因为没有及时更改跳

线，也会出现类似情况。还有的朋友出现找不到硬盘故障，除去硬盘本身出现故障的可能外，还可能是由于主板的 IDE 线或者 IDE 接口损坏造成。只要仔细检查，一般都可以排除此类故障。

主板电源故障会导致电脑重新启动

故障现象：

当打开电脑的外接电源时，有时还未按机箱的启动开关，电脑就启动（偶尔发生）。此外电脑在使用过程中，在没有发出任何警告的情况下，也会突然重新启动，并且音箱发出的声音中夹杂着明显的杂音。

故障分析与处理：

通过现象来看，初步判断故障是由某个硬件接触不良造成的。本着先易后难的原则，先看机箱内部，发现机箱内部的清洁非常好，基本上没有灰尘。接着断开光驱、软驱，取下声卡、显卡，观察金手指和主板上相对应的插槽，未发现接触不良或金属杂物引起插口内部短路的现象。这时音箱的电流杂音引起了注意。断开音箱，换上耳机，电流杂音还是很大，看来不是声卡的原因。

既然喇叭里有电流杂音，那么就先从电源下手，拆开电源，使用万用表测量，电流、电压输出正常，再拔下主板上电源输入插头，这时发现插在主板上的电源插头第二排右数第 1、2 号金属插线柱有明显被电弧烧过的痕迹，并使两根金属插线有轻微黏结的现象。

由于电源到主板上的接头被烧过，虽未形成断路，但造成接口处内阻增大，实际输入到计算机主板上的电压、电流不足，特别是计算机 CPU 部件在进行大量数据运算时，所需电压、电流就更大。主板得不到足够而稳定的电压和电流，于是系统发生了重启动现象。主板内的电压和电流不稳定，干扰了声卡的正常运行，使声音输出中夹杂有电流杂音。又由于电源输入插头的金属插线柱有轻微的黏结现象，当两个插线柱未接通时，计算机启动正常，当两个插线柱接通并形成短路时，打开外部电源，计算机错误认为启动钮已接通，于是计算机发生了自行启动的现象。

由于该机基本上能使用，估计计算机的电源没有大的问题，故使用工具将金属插线柱上的氧化层细细清除干净，确保接触良好，并使用一张纸片卡在两个插头之间，防止插线柱再次接触，插上插口，启动计算机，通过长时间运行，计算机运行稳定，故障排除。

17 电脑突然黑屏并且不能重新启动，该怎么处理

故障现象：

持续开机 7 个小时，突然屏幕一黑便没了反应，再次开机还是没有动静。

故障分析与处理：

根据以上现象，初步判定是计算机主板有问题。

打开机箱检查，发现按下电源开关后电源风扇、CPU 风扇都转动，说明电源供电没有问题。

接下来把机箱内所有插件都重新整理了一下，按下电源开关可还是没有动静。一般电脑出现一些故障时主板上的喇叭会根据相应的问题发出不同的鸣叫声，可是这一次却一点声响也没有，整个机器像瘫痪一样。借来一块好的主板把原机器上的所有部件插上去一试，没有问题，说明是主板出现了故障。取下坏了的主板，拿在手中翻看，发现三个引脚的附近看上去有一些发黄。把主板反过来一看，此三个引脚对应着的是一个装着小散热片三个引

脚的元件。根据元件型号查出它应该是一个降压管，拿出万用表一测，发现有两个引脚短路了，立刻跑到电脑市场上买了一个新的，小心焊上去，插上其他组件，打开电源，一切恢复正常。

18 主板无法正常启动，同时发出警报声，该怎样处理

故障现象：

主板无法正常启动，同时发出“嘀嘀”警报声。

故障分析与处理：

出现这种现象的可能原因是：主板内存插槽性能较差，内存条上的金手指与插槽簧片接触不良；也有可能是内存条上的金手指表面的镀金效果不好，在长时间工作中，镀金表面出现了很厚的氧化层，从而导致内存条接触不好；还有一种可能，内存条生产工艺不标准，看上去有点儿薄，这样内存条与插槽始终有一些缝隙，稍微有点震动，就可能导致内存接触不良，从而引发报警现象。

解决这种现象，只要将计算机机箱打开，并在断电条件下取出内存条，将出现在内存条上的灰尘或氧化层，用橡皮把它们擦干净，然后重新插入到内存插槽中就可以了。要是内存太薄的话，可以用热熔胶，将插槽两侧的微小缝隙填平，以确保内存条不左右晃动，这样也能有效避免金手指被氧化。要是上面的方法，无法解决故障的话，可以更换新的内存条试试；在更换新内存的条件下，报警声继续出现的话，此时只能重新更换主板来试试了。

19 电脑无法正确识别出键盘和鼠标，怎么办

故障现象：

主板不能正确识别出键盘和鼠标。

故障分析与处理：

出现这种现象的可能原因是：主板不支持鼠标、键盘，这样系统无法找到鼠标、键盘，即使可以找到鼠标，鼠标操作也不听控制；或者键盘、鼠标与计算机连接时，出现接口连接松动现象，这样就会很容易造成键盘、鼠标与主板接触不良的现象；还有一种原因，就是鼠标、键盘本身有故障，导致系统无法有效识别。

首先查看一下说明书，看看主板到底支持什么样的键盘、鼠标，要是当前使用的与主板不兼容的话，可以重新更换主板可以兼容的键盘、鼠标，就能解决问题；要是鼠标、键盘的连接端口出现松动的话，可以重新更换一下键盘、鼠标接口，确保连接稳定、可靠；要是上面的方法无法解决问题的话，必须检查键盘、鼠标本身的问题，例如查看它们的供电电压是否为+5V，要是不正常的话，就应该检查供电保险电阻有没有出现熔断现象，要是保险电阻数值很大的话，可以使用较细的导线直接连通。

20 电脑经常出现蓝屏、非法操作或死机，怎么办

故障现象：

组装电脑后，平时没有注意电脑的清洁，后来有一段时间电脑经常出现蓝屏、非法操作或死机的故障。当时这些问题出现的时间没有规律，而且随着时间的推移，死机越来越频繁。

故障分析与处理：

先是怀疑有病毒，用各种杀毒软件反复检查都没有发现病毒。接着怀疑启动时加载的程序有冲突，又把所有启动时运行的程序关闭，但故障依然存在。随后又怀疑内存有问题，借了一条 KingMax 内存，用它换下自己的 HY 内存后，还是死机。最后只好重装系统，但安

装过程中却又死机。马上想起可能是 CPU 引起的问题，打开机箱，发现主板上积满了灰尘，这才知道是灰尘导致引脚之间短路而频繁死机。

于是用旧牙刷刷去灰尘，但这还不够干净。由于没有无水酒精，接着就用光盘清洁喷剂擦拭，再用电吹风吹干。这下安装系统非常顺利，装好后的系统也很少死机。

21 按下电源开关不能关机，是什么原因

故障现象：

电脑在按下机箱上的电源开关时不能关机，而是进入休眠状态，软关机正常。

故障分析与处理：

对于 ATX 架构的电脑，在主板 BIOS 电源管理设置中，有一项对机箱电源开关的设置，按下机箱上的“Power”键可以设定为关机，也可以设置为进入休眠状态，如果此时需要用“Power”键来关机的话，需要按住“Power”键 4 秒钟以上不放才能关闭计算机。

22 怎样保护 BIOS 不被破坏

我们可以采用以下方法对 BIOS 进行保护：

❖ 采用具备 BIOS 防护功能的主板。目前，这类主板比较多，例如，联想主板的无敌锁功能、技嘉主板的双 BIOS 功能，Intel810\815 主板 BIOS 的 Boot block 块技术、博登主板的 AIR BUS 技术等，都可以有效地保护 BIOS。

❖ 有条件的话，可以把备份的 BIOS 文件写入一个新的芯片，做一个硬备份（ROM 类型必须一样），以确保万一。这样当主板的 BIOS 完全被破坏时，可用备份的 BIOS 替换。市场上已有部分主板品牌的厂家，随主板送一块后备 BIOS 芯片。

❖ 对于采用 EEPROM 芯片作为 BIOS 的主板，在平常状态下，要把其高级跳线（+12V 电压端）设为 OFF，使主板上的+12V 电压端与芯片相对应的管脚脱离，以防病毒破坏或无意中改写 BIOS。对于 Flash ROM，将芯片的 WE#管脚和主板电路脱离，使 BIOS 芯片只处于读的状态，这也是一个好方法。

❖ 平时勤于杀毒，保持一个安全、洁净的工作环境。

23 为何刷新 BIOS 后启动死机

故障现象：

刷新 BIOS 后机器可以启动，但还没有启动完就死机了，或者启动完之后运行一些程序就死机，而刷新之前一切正常。

故障分析与处理：

可能是刷错了主板的 BIOS 程序。因为主板厂商往往在推出一款主板后，会陆续推出升级和改良的版本。这样可以加入一些新的功能（例如，支持软跳线），或增加一些芯片（例如，支持 DMA100）等。对于这些升级和改良的版本，在功能上并没有大的改变，所以硬件设计的变化也不大。正因为如此，设计越相近的主板，硬件设计的变化也越小，BIOS 程序也就越相近。所以，即使是刷错了 BIOS 程序的版本，电脑也可能会启动。

要解决此类问题，只要把原来的 BIOS 程序刷回去即可。

24 为什么在 BIOS 中检测不到硬盘

故障现象：

进入 BIOS 设置程序，不能检测到电脑上连接的硬盘。

故障分析与处理：

发生这种问题，主要原因有如下几种：

❖ IDE 接口与硬盘间的电缆未连接好。

❖ IDE 电缆连接口处接触不良或出现断裂。

❖ 硬盘未接上电源或电源转接头未插牢。

如果检测时硬盘灯亮了几下，但 BIOS 仍然报告没有发现硬盘，则可能是：

❖ 硬盘电路板上某个部件损坏。

❖ 主板 IDE 接口及 IDE 控制器出现故障。

❖ 接在同一个 IDE 接口上的两个 IDE 设备都设成主设备或从设备了。

确认各种连接线是否有问题后，应用替换法就可以确定问题之所在了。

25 为什么重设 BIOS 后，开机无显示

故障现象：

一台电脑，因 CMOS 遭病毒破坏，对 CMOS 放电后，重新设置了 CMOS 参数。但是开机之后屏幕没有显示，只看到硬盘指示灯亮并且听到几声硬盘的"哒哒"声，然后就没有动静了。打开机箱，没有发现短路或其他故障现象。

故障分析与处理：

出现上述故障时，可按以下方法进行检查：

❖ 对 CMOS 放电之后，检查跳线是否还原，如果跳线没有还原，还处于 CMOS 的短路状态，有可能会在开机自检时造成死机，屏幕则没有显示。

❖ 检查 CMOS 参数的设置是否正确，可以采用 CMOS 的安全设置（默认设置）试一试。

❖ 如果不能解决问题，再反复检查一下显示器与显卡之间的连接有无接触不良的现象。因为开机有硬盘读盘的声音，很有可能就是由于接触不良而造成的无显示故障。

❖ 检查显示子系统，用交换法检查显示器和显卡，将显卡插入另一个 I/O 插槽试试。

❖ 如果以上检查都没有解决问题，那只能更换主板了。

26 安装 Windows 或启动 Windows 时鼠标不可用，是怎么回事

故障现象：

在安装 Windows 操作系统或电脑启动进入操作系统之后，鼠标不可用。

故障分析与处理：

出现此类故障的原因一般是由于 CMOS 设置错误引起的。在 CMOS 设置的电源管理栏的"modem use IRQ"项目，它的选项分别为"3、4、5…、NA"，一般它的默认选项为 3，将其设置为 3 以外的中断项即可。

实战备忘录

在电脑发生故障时，BIOS 自检通不过，就会使用 PC 喇叭进行报警。根据报警声音的长短组合，用户可以判断具体故障所在。

1．Award BIOS

1 短：系统正常启动。

2 短：常规错误，请进入 CMOS Setup，重新设置不正确的选项。

1 长 1 短：RAM 或主板出错。可更换内存或者主板来确定。

1 长 2 短：显示器或显示卡错误。

1 长 3 短：键盘控制器错误。检查主板。

1 长 9 短：主板 Flash RAM 或 EPROM 错误，BIOS 损坏。换块 Flash RAM 试试。

不断地长声报警：内存条未插紧或损坏。重插内存条，若还是不行，只有更换一条内存。

不停地报警：电源、显示器未和显示卡连接好。检查一下所有的插头。

重复短声报警：电源有问题。

无报警无显示：电源有问题。

2．AMI BIOS

1 短：内存刷新失败。更换内存条。

2 短：内存 ECC 校验错误。在 CMOS Setup 中将内存关于 ECC 校验的选项设为 Disabled 就可以解决，不过最根本的解决办法还是更换一条内存。

3 短：系统基本内存（第 1 个 64kB）检查失败。换内存。

4 短：系统时钟出错。

5 短：中央处理器（CPU）错误。

6 短：键盘控制器错误。

7 短：系统模式错误，不能切换到保护模式。

8 短：显示内存错误。显示内存有问题，更换显卡试试。

9 短：ROM BIOS 检验和错误。

1 长 3 短：内存错误。内存损坏，更换即可。

1 长 8 短：显示测试错误。显示器数据线没插好或显示卡没插牢。

7.2 CPU 维护

CPU（Central Processing Unit）是中央处理器的简称，相当于人体的大脑，承担着系统大部分的运算处理任务，指挥、协调着整个电脑系统的正常运行。其他硬件都以 CPU 为中心展开工作。一台电脑性能的好坏跟 CPU 自身的性能有着直接的关系，而且 CPU 的选择也同时关系到主板和内存的搭配问题。

1 怎样确认 CPU 故障

由 CPU 造成的故障表现虽然是多种多样，但归纳起来也无外乎频繁死机、开机自检显示的工作频率反复变化、因超频而无法开机，以及系统加电后没有任何反应等几种方式。当然，应对的办法也都不尽相同，下面我们将分别加以介绍：

1．频繁死机

这种故障现象比较常见，主要原因一般是由散热系统工作不良、CPU 与插座接触不良、BIOS 中有关 CPU 高温报警设置错误等造成的。采取的对策主要也是围绕 CPU 散热、插拔件是否可靠和检查 BIOS 设置来进行。例如：检查风扇是否正常运转（必要时甚至可以更换大排风量的风扇）、检查散热片与 CPU 接触是否良好、导热硅脂涂敷得是否均匀、取下 CPU 检查插脚与插座的接触是否可靠、进入 BIOS 设置调整温度保护点等。

2．开机自检显示的工作频率不正常

具体表现为开机后 CPU 工作频率降低，屏幕上出现"Defaults CMOS Setup Loaded"的提示，在重新设置 CMOS 中的 CPU 参数之后，系统可恢复正常显示，但故障会再次出现。产生这种情况与 CMOS 电池或主板的相应电路有关。遇此故障可遵循先易后难的检修原则，首先测量主板电池的电压，如果电压值低于 3V，应考虑更换 CMOS 电池。假如更换电池没多久，故障又出现，则是主板 CMOS 供电回路的元器件存在漏电，此时需将主板送修。

3．超频造成的无法开机

过度超频之后，电脑启动时可能出现散热风扇转动正常，而硬盘灯只亮了一下便没了反应，显示器也维持待机状态的故障。由于此时已不能进入 BIOS 设置选项，因此，也就无法给 CPU 降频了。遇到这种情况的处理方法有两种：

❖ 打开机箱并在主板上找到给 CMOS 放电的跳线（一般都安排在纽扣电池的附近），将其设置在"CMOS 放电"位置或者把电池去掉，稍微等待几分钟之后，再将跳线或电池复位并重启电脑即可。

❖ 现在较新的主板大多具有超频失败的专用恢复性措施。比如：可以在开机时按住"Insert"键不放，此时系统启动后便会自动进入 BIOS 设置选项，随后即可进行降频操作。而在一些更为先进的主板中，还可在超频失败后主动“自行恢复”CPU 的默认运行频率。因此，对于热衷超频而又缺乏实际操作经验的人来说，选择带有“逐兆超频”、“超频失败自动恢复”等人性化功能的主板，会使超频 CPU 的工作变得异常的简单轻松。

4. 系统加电没有反应

一般在遇到这种故障时可采用“替换法”来确定故障的具体部位。假如消除了主板、电源引发故障的可能性，则可确定是 CPU 的问题并多为内部电路损坏。倘若如此的话，就只能通过更换 CPU 来解决了。

> **提 示**
>
> 有些人认为 CPU 散热风扇的转速越高，散热的效果越好，其实这种认识是比较片面的。事实上风扇的散热能力与扇叶的多少、角度、有效排风面积、排风量都有着直接的联系，而提高转速虽然可以提高排风量，但会带来噪音增大、寿命缩短等问题。因此，在选择散热风扇时应该综合考虑。

2 是否 CPU 的频率越快，其性能就越好

可能很多朋友都有这样的误区：频率越高，CPU 性能当然越好。其实这个观点是很片面的。决定处理器性能的唯一标准应该是其运算能力，比如说每秒钟可以执行多少条指令、可以做多少次浮点运算等，而这些指标与处理器的内部设计和频率高低都有关系，但绝对不是高频率就必然高性能。在不同体系的 CPU 之间，简单以频率来比较是没说服力的。比如，在实际应用当中，不少频率比较低的 Athlon XP 处理器的性能却比较高频率的 Pentium 4 处理器要好。而在同一体系的处理器当中，频率越高，CPU 性能越好这个观点还是正确的，比如同是 Pentium 4 C 系列的 CPU，当然频率越高，性能就越好了。

3 CPU 频率自动降低是怎么回事

故障现象：

电脑一直使用正常，某天开机后发现 CPU 的频率降低了，显示的信息是“Defaults CMOS Setup Loaded”，在重新设置 CMOS Setup 中的 CPU 参数后，CPU 频率显示正常，且使用正常，但此后这种情况时有发生。

故障分析与处理：

这是主板电池问题，多半是电池电压已经低于 3V 了，需要更换 CMOS 电池。

关机，在主板上找到纽扣形的锂电池，更换电池，开机，重新设置 CPU 等参数。

4 CPU 超频后显示器黑屏怎么办

故障现象：

CPU 超频后正常使用了几天，一次开机，显示器黑屏，复位后无效。

故障分析与处理：

先检查显示器的电源是否接好，电源开关是否开启，显卡与显示器的数据线是否连接好。确认无误后，关闭电源，打开机箱，检查显卡和内存条是否接好，或重新安装显卡和内存条。再启动电脑，屏幕仍无显示，说明故障不在此。因为 CPU 是超频使用，且是硬超，怀疑是超频不稳定引起的故障。开机后，用手摸了一下 CPU 发现非常烫，于是找到 CPU 的外频与倍频跳线，逐步降频后，启动电脑，系统恢复正常，显示器也有了显示。

将 CPU 的外频与倍频调到合适的情况后，应检测一段时间看是否很稳定，如果系统

运行基本正常，但偶尔会出点小毛病（如非法操作、程序要单击几次才打开），此时如果不想降频，为了系统的稳定，可适当调高 CPU 核心电压。

5 加装半导体制冷片和硅胶后引起黑屏，是什么原因

故障现象：

为了改善散热效果，在散热片与 CPU 之间安装了半导体制冷片。同时，为了保证半导体制冷片导热良好，在其两面都涂上硅胶，在使用了近两个月后，某天开机后机器黑屏。

故障分析与处理：

因为是突然死机，怀疑是硬件有松动而引起接触不良。打开机箱把硬件重新插了一遍后开机，故障依旧。怀疑是显卡有问题，因为从显示器的指示灯来判断无信号输出，使用替换法检查，显卡没问题。又怀疑是显示器有故障，使用替换法同样发现没问题，接着检查 CPU，发现 CPU 的针脚有点发黑和绿斑，这是生锈的迹象。看来故障找到了。

原来，制冷片有结露的现象，一定是制冷片的表面温度过低而结露，导致 CPU 长期工作在潮湿的环境中，日积月累，终于产生太多锈斑，造成接触不良，从而引发这次故障。

找来一块橡皮，仔仔细细地把针脚擦一遍，然后把散热片上的制冷片取下，再装好机器，然后开机，故障排除。

6 突然无法开机，屏幕无显示信号输出，该怎样处理

故障现象：

一台 Athlon XP CPU 的电脑，平日使用一直正常，有一天突然无法开机，屏幕无显示信号输出。

故障分析与处理：

开始认定显卡出现故障。用替换法检查后，发现显卡无问题，后来又推测是显示器故障，检查后，显示器也一切正常。纳闷之余，拔下插在主板上的 CPU，仔细观察并无烧毁痕迹，但就是无法点亮机器。后来发现 CPU 的针脚均发黑、发绿，有氧化的痕迹和锈迹（CPU 的针脚为铜材料制造，外层镀金），便用牙刷对 CPU 针脚做了清洁工作，电脑又可以加电工作了。

7 电脑性能大幅度下降是什么原因

故障现象：

一台 Pentium 4 处理器的电脑在使用初期表现很稳定，但后来似乎感染了病毒，性能大幅度下降，偶尔伴随死机现象。

故障分析与处理：

首先使用杀毒软件查杀毫无发现。接着怀疑磁盘碎片过多所致，用 Windows 的磁盘碎片整理程序进行整理，问题依旧。又认为是 Windows 有问题，格式化重装系统，仍然没有效果。打开机箱发现 CPU 散热器的风扇出现问题，通电后根本不转。更换新散热器，故障解决。

8 电脑不断重启是什么原因

故障现象：

一次误将 CPU 散热片的扣具弄掉了。后来又照原样把扣具安装回散热片。重新安装好风扇加电评测，刚开机，电脑就自动重启。检查其他部件都没问题，按照常规经验应该是散热部分的问题。有可能是主板侦测到 CPU 过

热，自动保护。但反复检查导热硅脂和散热片都没有问题，重新安装回去还是反复重启。更换了散热风扇后，一切 OK。

故障分析与处理：

难道散热片有问题？经反复对比终于发现，原来是扣具方向装反了。结果造成散热片与 CPU 核心部分接触有空隙，CPU 过热，主板侦测 CPU 过热，重启保护。原来 CPU 散热风扇安装不当，也会造成 Windows 自动重启或无法开机。

9 电脑频繁死机是什么原因

故障现象：

在使用时，电脑频繁出现一个蓝色 Windows 警告窗口，接着便出现死机故障。

故障分析与处理：

由于警告内容为乱码，出现故障前又刚安装了一个从网上下载的应用软件，故怀疑是该软件带有病毒，随即，将所安装的软件删除并使用杀毒软件进行查、杀毒操作，均未发现病毒存在。关机并重新启动，约 4 分钟后，再次出现上述现象，反复多次仍然如此。为了彻底排除存在病毒的可能，格式化硬盘，重新安装系统。当使用 Windows 安装盘进行安装时，在安装即将完成时，上述现象重新出现，使安装无法正常完成。

该故障系 CPU 散热器的排风扇润滑不好，使扇叶转动阻力增大，导致扇叶转速低下而失去散热功能，从而使 CPU 在开机几分钟后因温度过高而进入自保护状态，出现死机的现象。

打开机箱盖，启动电脑，发现 CPU 芯片上散热器的排风扇转速十分缓慢，已失去正常散热功能。关机，将该排风扇拆下，用手拨动扇叶时，感觉扇叶的转动很不灵活，故用平头起子插入扇叶根部底下的缝隙内向上翘，将整个扇叶与扇座分离，翻过扇叶时，看到在扇叶的中心部位有一个用数条小弧形磁铁围成的圆罩形，显然，这就是该风扇电机的转子，而定子是与扇座固定在一起的一个微型绕组，若将扇叶与扇座组合在一起，则该微型绕组正好能插在转子的内部。进一步观察发现，在定子轴的顶部和与转子相接的轴承部位都粘有一些干涸的黑色油泥，用纱布分别将其擦除干净，再在该处点入若干滴润滑油，然后将扇叶与扇座重新组合在一起，此时，用手指轻轻拨动扇叶，扇叶即可轻松地转动。待重新将排风扇安装到 CPU 的散热器上，加电试验，可以看到扇叶转动正常，通电 10 分钟，触摸 CPU 芯片，感觉温度仅在微温状态，说明风扇的散热功能已完全恢复。盖好主机机箱后，重新开机并安装系统，一切正常，长时间连续运行工作，上述故障也再未出现。

10 CPU 与风扇接触不良也会造成问题

故障现象：

一台计算机，换了 CPU 后工作几十分钟后突然黑屏，重启后工作几十分钟又黑屏。

故障分析与处理：

分析故障是换了 CPU 后引起的，那就应该从这方面找原因，仔细查看 CPU 的有关设置：电压 1.7V 正常，外频和倍频也正常。风扇转动也正常，用主板自带的 CPU 温度侦测程序发现 CPU 温度相当高，看来原因就在这里。但是风扇又正常，问题就应该是风扇和 CPU 的接触不良了。在 CPU 的散热片上涂一些导热硅脂，装好 CPU，重新开机，运行几个小时一直正常，故障排除。

11 CPU 风扇转速正常，在 BIOS 中却报告为零，怎么回事

故障现象：

一台新配置的兼容机，平时使用一切正常。只是在主板 BIOS 中，CPU 风扇转速报告为 0 转/分，而风扇实际运转情况却是良好的。

故障分析与处理：

目前，ATX 架构的主板基本上都支持风扇转速监测功能。这使我们可以在不打开机箱的情况下及时了解 CPU 风扇的运转情况。本例中的故障现象明显是因为 BIOS 监测不到 CPU 的运转信息而进行了误报告。导致误报现象的原因通常有以下几种：

❖ CPU 风扇的电源线没有插到主板的 CPUFan（CPU 风扇）接口上，而插在了其他风扇接口。这样插接虽然不影响计算机正常运转，但 BIOS 却无法监测到 CPU 风扇的运转情况。

❖ CPU 风扇的电源线与主板上相应的接口接触不良，这种情况比较常见。

❖ 所采用的 CPU 风扇为不合格产品。其电机只有两根电源线，而没有中间的测速导线，从而无法向 BIOS 反馈风扇的转速信息。

❖ 该机的主板与 CPU 风扇在测速导线的电气性能指标上存在差异。从而使 BIOS 不能得到正确的电气信息。但这种情况常常导致 BIOS 所报的风扇转速与实际转速有较大差距。在确定第一、二两种情况不存在的前提下，一般不会出现报告转速为零的情况。

经过分析，对误报原因有了一个大致的了解，这样解决起问题来也就有的放矢了。经过检查，发现该 CPU 风扇的电源线插在了 BAKFan（备用风扇）接口上。将其正确插到 CPUFan 接口上，然后到 BIOS 中进行监测，一切正常。

12 为什么超频设置无法保存

故障现象：

新装机器，主要配置为承启 7NJL1 主板，Althon XP1700+ BO CPU、Kingstone DDR400 256MB×2 内存，世纪之星大风车电源。由于 BO 版本的 XP1700+超频性能良好，因此回家之后开机进入 BIOS 后很容易地就调节倍频超频至 2000+，保存后重启进入系统，用 Windows 优化大师检测时 CPU 频率也显示为 2000+，然而冷启动后屏幕显示却为 Althon 1700+。反复尝试多次，每次开机如果想超频，都得进入 BIOS 中重新设置一下才能成功。

故障分析与处理：

可以肯定的是 BIOS 保存设置方面存在 BUG。于是准备上网到驱动之家下载此款主板最新的 BIOS 文件，但是发现驱动之家主板最新 BIOS 文件为 6.25 版本，与主板现在使用的版本相同。为了验证究竟是不是 BIOS 方面存在着 BUG，于是将 BIOS 刷回低版本，当 BIOS 版本变为 4.25 时，超频后 BIOS 中的设置起了作用，再次冷启动时，屏幕显示超频后的 CPU 为 Althon XP 2000+。

虽然故障得到解决了，但是用着落后的 BIOS 版本心里总感觉不舒服，又去下载了最新的 9.15 版本的 BIOS，更新后，毛病终于消失了，超频完全成功。

提 示

优于 BIOS 版本存在 BUG 而引发的超频不成功故障应该说是少之又少，然而硬件故障无奇不有，当我们用常规思路无法准确找出故障原因时，就得考虑一下与之相关的其他因素了。

13 电脑不断地重启，该怎样排除故障

故障现象：

最近电脑不断重启，其表现为有时刚刚出现启动画面即重启，或者进入系统后不久就重启。

故障分析与处理：

因为本机已通过 ADSL 连入宽带网，而且近期网上病毒肆虐，所以先查杀病毒，问题依旧。重新格式化硬盘安装系统，在安装过程中出现蓝屏和死机的现象，跳过错误提示后，总算装完了系统。

可是，系统不断重启的问题依然没有解决。打开机箱，对重要的部件如电源、CPU 风扇、内存进行了清洁和擦拭。完工后重新开机，电脑依然不断重启。怀疑是电源的问题，直接更换了某名牌 300W 的电源，故障依旧。

只得采用“最小系统法”。保留系统启动必备的硬件进行故障排查，结果电脑依然不断重启。于是更换 CPU 并安装良好后，故障消失。

提 示

对于一般的电脑故障，如果不是系统彻底瘫痪，我们很少怀疑到 CPU 损坏的可能。但什么事都不是绝对的，在发生故障时，我们要谨慎、小心地按顺序认真排查，不放过一丝可疑，就能找到故障的真正所在。

14 CPU 频率有时自动降低，正常吗

故障现象：

电脑一直使用正常，某天开机后发现本来是 1100MHz 的 CPU 变成了 550MHz 了，屏幕上的提示信息是“Defaults CMOS Setup Loaded”，在进入 BIOS 重新设置 CPU 的参数后，CPU 频率显示正常，且使用正常，但下次开机时又会出现这种情况。

故障分析与处理：

这是主板电池的问题，多是使电池电压已经低于 3V 了，需要更换 CMOS 电池。解决方法：

关闭计算机，拆开机箱，在主板上找到纽扣形的锂电池，更换电池，然后启动电脑进入 BIOS 设置程序，重新设置 CPU 的参数即可。

15 机箱内出现很大的噪声，怎么办

故障现象：

电脑在使用一段时间后，机箱内出现很大的噪声。

故障分析与处理：

CPU 的风扇使用时间长了，会因为灰尘的长期积累而降低转速，出现噪音，致使散热性能也随之降低。应当除去风扇上的灰尘，并在风扇的中轴处滴上几滴润滑油，故障即可排除，也可避免电脑产生与 CPU 温度相关的故障。

16 超频会导致声卡不正常

故障现象：

超频后能够正常进入 Windows ，但是发现主板集成的声卡不发声了。

故障分析与处理：

从故障现象来看，是主板上集成的声卡不能够工作在非标准的外频下面。

查看设备管理器，发现声卡没有设备冲突，但是有一个黄色的惊叹号，将主板外频设为 75MHz，故障依旧，把外频设为 100MHz，声卡就正常了。这是因为在 100MHz 以下的外频时，PCI 设备工作在外频的 1/2，当系统外

频为 75MHz、83 MHz 时，PCI 设备分别工作在 37.5MHz 和 41.5MHz 下面。此时会有一些设备无法工作，而在 100MHz 外频时，PCI 设备工作在外频的 1/3 即 33.3MHz，所以声卡又可以工作正常了。

17 内存自检后死机，是怎么回事

故障现象：

一台电脑开机后屏幕上显示内存自检通过后便死机，按“Del”键可进入 CMOS 设置。

故障分析与处理：

首先进入 CMOS 设置，仔细检查各项设置均无问题。然后用替换法检测硬盘和各种板卡，结果所有硬件都正常。估计问题可能出在主板和 CPU 上，按照主板说明书，试着降低 CPU 的工作频率后再次启动电脑，一切正常。

18 CPU 与显卡也会不兼容

故障现象：

一台电脑开机后不能登入 Windows，即使有时能登入 Windows，用显示卡自带的驱动程序将颜色从 256 色调至 16 位色，重新启动 Windows 后，双击该驱动程序图标便黑屏，只能重新启动。

故障分析与处理：

首先怀疑是由病毒引起，用杀毒软件检测没有发现病毒，再按照主板说明书重新设置了 CMOS 的参数，并将“Shadow RAM”和“Internal/EXternal Cache”等全部改为“Disabled”，但故障仍存在，于是采用插拔法对内部硬件进行测试，发现将两根内存条前后位置互换后，死机的情况减少了，但没过多久，又会出现以前的故障，后来把 CPU 和显示卡放在另一块主板上使用，没有任何问题，把另一块主板上的 CPU 和显示卡放在该主板上运行，也无任何问题，于是确定是 CPU 芯片与主板及显示卡不兼容导致的故障，换上其他型号的 CPU 后启动正常。

19 CPU 温度不高却报警，是什么原因

故障现象：

一台电脑的配置为华硕主板，在开始格式化硬盘时，PC 喇叭发出刺耳的报警声。

故障分析与处理：

打开机箱，用手触摸 CPU 的散热片，发现温度不高，主板的主芯片也只是微温。仔细检查了一遍，没有发现问题。再次开机后到 BIOS 的硬件检测里查看 CPU 的温度为 95℃，但是用手触摸 CPU 的散热片，没有一点温度，说明 CPU 有问题。原来，该主板的 CPU 温度感温检测与其他主板不同，它是利用 CPU 芯片内部自带的一个感温元件检测温度，然后通过 CPU 的引脚传递给主板的一个解码芯片。因此，主板测量的是 CPU 的内核温度，而有些散包 CPU 的散热片和内核接触不好，造成了内核的温度很高，而散热片却是温温的。

拆下 CPU 的散热片，发现散热片和芯片之间贴着一片像塑料的东西，清除沾在芯片上的塑料后，然后涂了一层薄薄的硅胶，再安装好散热片，重新插到主板上检查 CPU 温度，一切正常。

专业提升

什么是超频？怎么进行超频？

超频是指任何提高计算机某一部件工作频率而使之工作在非标准频率下的行为及相关行动都应该称之为超频，其中包括 CPU 超频、主板超频、内存超频、显示卡超频和硬盘超频等很多部分，而就大多数人的理解，仅仅是提高 CPU 的工作频率而已，这是狭义的超频概念。

生产线上制造出的 CPU 只能保证最终产品在一定频率范围之内运行，而不可能恰好定在某个需要的频率上。偏差范围要视具体生产工艺水平和制造 CPU 的晶圆片品质而定。因此生产线下来的 CPU 每一颗都要经过细致的测试以后，才能最终标定它的频率，这个标定出来的频率就是我们在 CPU 外壳上看到的频率，这个频率的高低完全由 CPU 生产商来定。

一般来说，CPU 制造商都会为了保证产品质量而预留的一点频率余地，例如实际能达到 2GHz 的 Pentium 4 CPU 可能只标称成 1.8GHz 来销售，因此这一点 CPU 频率的保留空间便为超频提供了可能性。

要说怎样去超频，就要先讲一下 CPU 频率设定的问题。CPU 的工作时钟频率（主频）是由两部分：外频与倍频来决定的，两者的乘积就是主频。所谓外部频率，指的就是整体的系统总线频率，它并不等同于经常听到的前端总线（FrontSideBus）的频率，而是由外频唯一决定了前端总线的频率——前端总线是连接 CPU 和北桥芯片的总线。AMD 系统前端总线频率是两倍的外率，而 Pentium 4 平台上是 4 倍的外率，只有在以前的老 Athlon 和 PIII/PII 平台上，前端总线频率才和外频相等。倍频的全称是倍频系数，CPU 的时钟频率与外频之间存在着一个比值关系，这个比值就是倍频系数，简称倍频。倍频是以自然数为基础的数字，以 0.5 为间隔，例如 11.5，12，13 这类，现在最高的倍频能达到将近 25。比如 Pentium 4 2.8G CPU 就是由 133MHz 的外频乘以 21 的倍频得到的。

CPU 超频就是手动去设置 CPU 的外频和倍频，以使得 CPU 工作在更高的频率下，然而现在 Intel 的 CPU 倍频都是锁死的，而 AMD Athlon XP 也仅有很少数的产品是没有锁倍频的，因此现在的超频大多数都是从外频上面去做手脚，也就是提高外部总线的频率这个被乘数来使 CPU 的主频得以提高。

现在的主板厂商很多都做了人性化的超频功能设计，因此超频的方法也从以前的硬超频变成了现在更方便更简单的软超频。所谓硬超频是指通过主板上面的跳线或者 DIP 开关手动设置外频和 CPU、内存等工作电压来实现的，而软超频指的是在系统的 BIOS 里面进行设置外频、倍频和各部分电压等参数，一些主板厂商还推出了傻瓜超频功能，主板可以自动以 1MHz 为单位逐步提高外频频率，自动为用户找到一个让 CPU 能够稳定运行的最高频率，这是一种傻瓜化自动化的超频。

7.3 内存维护

内存是 CPU 与硬盘之间数据交换的桥梁，是数据传输过程中的一个寄存纽带。内存的主要功能是存放数据、执行指令及结果，并根据需要写入或读出数据。没有内存，CPU 的工作将难以开展，电脑也无法启动。

1 怎样确认内存故障

相信大家在碰到的电脑故障中，内存故障是最常见的故障之一。本节将以内存在使用中的常见故障，及其与主板的兼容性问题作为重点，介绍一些常见故障的判断处理方法。

1. 内存故障的判断处理

内存故障虽然多种多样且严重时也会使电脑不能启动，但与电源、CPU 故障引起不能启动的故障现象不同，在一般情况下内存故障会用报警声来提示。引起内存报警的主要原因有：内存芯片损坏、主板内存插槽损坏、主板的内存供电或相关电路存在故障，以及内存与插槽接触不良等。遇到此类故障一般用“替换法”就可很快确定故障部位。从上述故障原因中我们可以看出，引发故障的原因比较单纯，故处理起来也比较简单，可采用先除尘后用橡皮擦拭金手指等办法即可予以排除。如果确系内存芯片损坏的话，也就只有更换内存条了。

2. 用两条以上内存遇到的故障

有的时候，当系统安装两条以上内存时，会出现容量不但不增加，却反而减少的现象，主要原因是由于内存与主板的物理“Bank”支持数量不匹配造成的。当主板拥有 4 个内存插槽且全部插满的时候，出现故障的概率则会更高一些。并且，主板所支持的 Bank 数量与采用的芯片组有着直接的联系。故在升级内存时大家必须注意：并不是说主板具有 4 个内存插槽，就可以支持 4 条内存，还需查看内存的“Bank”数与主板支持的物理 " Bank " 数是否匹配。另一方面，除了为支持双通道而采用两条内存之外，建议大家还是使用单条大容量内存为佳，以避免这种情况的发生。

3. 主板与内存的兼容性故障

早期出产的 nForce2 芯片组主板，虽然性能卓越、功能齐全，但该主板在使用 Kingmax 品牌的某些型号内存时，会出现死机、自动重启等故障现象。另外，某些品牌的主板虽安排有 DIMM1、DIMM2、DIMM3 共 3 个内存插槽，可是，当使用两条同规格的内存且分别插在 DIMM1、DIMM2 上之后，在安装系统时会出现蓝屏、死机现象，只有将内存分别插入 DIMM1、DIMM3 问题才能解决。

上述这两种情况都是由内存与主板的兼容性问题而引发的。前者是由于 Kingmax 内存采用的 Tiny BGA 封装形式，对主板的 PGB 设计及电气性能要求较严格，而部分 nForce2 主板不太符合要求造成的；后者则纯系主板设计存在问题。为了尽量消除这种兼容性问题，内存和主板厂商在产品上市之前，都会做大量的兼容性测试工作。但是，由于电脑硬件产品数目繁多且更新速度奇快，它们之间仍然会存在兼容性问题的可能性，不过发生的几率还是相当小的。对于主板和内存的兼容性问题，并无太好的解决方法。一般来说，也只有先尝试升级最新版本的 BIOS 程序。如依然不能解决问题，则只能通过更换内存或主板来解决了。

2 内存造成开机无显示，该怎样处理

故障现象：

电脑开机时报警，屏幕无显示。

故障分析与处理：

由于内存条原因而造成的开机无显示。出现此类故障一般是因为内存条与主板内存插槽接触不良造成，只要用橡皮擦来回擦拭其金手指部位即可解决问题（不要用酒精等清洗），还有就是内存损坏或主板内存插槽有问题也会造成此类故障。

> **提 示**
>
> 由于内存条原因造成开机无显示故障，主机扬声器一般都会长时间蜂鸣（针对 Award Bios 而言）。

3 系统经常自动进入安全模式是什么原因

故障现象：

开机时，电脑自动进入安全模式。

故障分析与处理：

此类故障一般是由于主板与内存条不兼容或内存条质量不佳引起，常见于高频率的内存用于某些不支持此频率内存条的主板上，可以尝试在 CMOS 设置内降低内存读取速度看能否解决问题；如若不行，那就只有更换内存条了。

4 内存加大后，系统资源反而降低，是什么原因

故障现象：

增加系统的内存之后，系统的资源不升反降。

故障分析与处理：

此类现象一般是由于主板与内存不兼容引起，常见于高频率的内存条用于某些不支持此频率的内存条的主板上，当出现这样的故障后可以试着在 COMS 中将内存的速度设置得低一点试试。

5 运行某些软件时经常出现内存不足，怎样处理

故障现象：

在系统中运行某些软件时，系统经常提示“内存不足”。

故障分析与处理：

此现象一般是由于系统盘剩余空间不足造成，可以删除一些无用文件，多留一些空间即可，一般保持在 300MB 左右为宜。

> **提 示**
>
> 也可以将虚拟内存设置到剩余磁盘空间较多的分区。

6 安装操作系统时提示内存不足，怎么办

故障现象：

从硬盘引导安装 Windows 进行到检测磁盘空间时，系统提示内存不足。

故障分析与处理：

此类故障一般是由于用户在“config.

sys”文件中加入了“emm386.exe”文件而造成的，只要将其屏蔽掉即可解决问题。

7 主板与内存不兼容，怎么办

故障现象：

显示器显示的 Windows 桌面上有一条线从上到下贯穿屏幕，就像是一滴水从屏幕上流下，该主板上集成了显卡和声卡。

故障分析与处理：

这不是显卡与显示器的问题，而是主板与内存条不兼容。因为集成显卡一般都是使用内存作为显存的，而实际上显卡使用的缓存要比内存严格，不少内存条不能满足显卡的要求，因此出现上述情况，更严重还会引起电脑不能启动、黑屏等。

更换质量较好的内存条即可。

8 内存检测时间较长，怎样处理

故障现象：

别人的电脑在开机时检测一遍，但我的电脑检测 3 遍，我的 128MB 内存检测时间太长了。

故障分析与处理：

解决方法：开机时，按“Del”键进入 BIOS 设置；选择“BIOS Features Setup”，回车；按“PageDown”键把“Quick Power On SelfTest”设置为“Enabled”；保存设置并退出 BIOS 设置；开机自检内存时，按“Esc”键跳过自检。

9 电脑为什么不能识别 128MB 以上内存

给电脑插上 128MB 以上的内存，电脑不能正确识别出内存的实际容量。

故障分析与处理：

这种情况可能是主板限制所致。

主板有个指标，就是最大内存容量支持。一般的限制是 256MB，高的 512MB。而 128MB 是比较低档的主板的内存容量限制。只能更换主板。因此，与其增加内存条不如更换主板和 CPU

10 内存数量与实际不符是怎么回事

故障现象：

电脑显示的内存数与内存的实际大小不一样。

故障分析与处理：

因为内存条与主板存在兼容性，因此有可能出现这样的问题。这时是不能根据两条 32 位内存条同时有效的理论解释的。

更换与主板兼容的内存条即可。

11 显示的内存比实际内存少，是怎么回事

故障现象：

电脑的可用内存数比实际内存大小少。

故障分析与处理：

如果使用的是集成在主板上的显示卡，而显示卡与主板共享内存，就会发生这样的情况。

禁用集成显卡，安装独立的显卡。

12 内存引起的集成显卡故障该怎样排除

故障现象：

在电脑城购得一块二手主板，该主板采用 SiS 530 芯片组，集成有 AGP 8MB（分享主内存）显卡，还板载 CMI8338 声卡。

想将一台 486 机器升级。于是拆开该机机箱，把原来的部件全拆下，再把买来的 CPU、主板、硬盘、光驱等安装好，将内存条插在最靠近 CPU 的那一条插槽上。装好后开机，只见风扇转，别的什么动静也没有。

故障分析与处理：

采用最小系统法，只剩主板、CPU、内存（显卡已集成在主板上了）。再开机，一切依旧，显示屏一片黑暗。又采用替换法，换上 486 机器的显卡，开机，有显示了，进入 BIOS 设置程序里查看，没发现什么问题。拆下该显卡再开机，屏幕仍是一片黑暗。

忽然想起集成显卡要共享主内存，要求内存条要插在第一条插槽才能检测到内存并分享。于是将内存条插入第一条插槽，开机，屏幕上闪现出了熟悉的开机画面，故障排除。

提 示

芯片组集成的显卡，如果分享主内存的话，往往要求第一条插槽必须插有内存条。

13 登录系统即弹出警告是什么原因

故障现象：

一台 Dell 4400 的原装机（使用 Intel 主板芯片组，操作系统为 Windows XP Pro SP1），在登录到系统时即弹出页面文件太小或不存在的警告信息，不能运行任何程序。

故障分析与处理：

查看"虚拟内存"的大小，发现它的值在任何分区均没有设置；设置好后重新启动电脑，它的值仍然为"0"。打开注册表编辑器，定位到 HKEY_LOCAL_MACHINE\SYSTEM\CurrentControlSet\Control\SessionManager\Memory Management 子键，找到"Paging Files"键值，发现它的值正是刚设置好的，只是没有起作用。同时，在任何分区中均没有找到"pagefile. Sys"文件（已修改"文件夹"的相关参数，可以查看系统文件和隐藏文件）。

在系统分区中有足够的自由空间，各分区的"安全"属性均没有修改，为什么也会导致不能设置虚拟内存呢？仔细检查发现本台电脑上安装有 Intel 的"Application Accelerator"应用程序，而且它的版本比较低，为 2.1。

经过查看 Intel 公司的网页后，发现低版本的"Application Accelerator"可能会导致磁盘存取问题。于是，卸载掉低版本的"Application Accelerator"，下载并安装最新版本的该程序，重新启动电脑后一切正常。

14 内存插在第一内存槽上电脑不能启动，是什么原因

故障现象：

新买的 128MB 内存条，使用后开机有时电脑不能启动。主板上共有 3 根内存插槽，原来的内存是插在第二根内存插槽上的，于是就将新买的内存条插在第一根内存插槽上。这条内存原来在电脑上测试过，肯定是可以用的。

故障分析与处理：

因为主板上的第一条内存与系统启动有一定关系，因此对内存的使用很严格。因此，能使用的内存条不一定能用来启动。测试时可能使用的是第三个插槽，而这次使用的是第一个内存条槽。

把新的内存条插在第三个内存槽上即可，或更换内存条。

15 内存插在第二内存插槽导致开机花屏，怎么办

故障现象：

刚组装的电脑，128MB SDRAM 内存插在

第一个内存槽上正常，插在第二个内存槽时开机花屏。

故障分析与处理：

这是比较常见的故障。还有一种情况，如果在两个槽上都插有内存时就能正常开机显示。第一个内存插槽的稳定性比后面的内存槽更好。因此，如果出现这样的问题，请把内存条插在第一个内存槽上就可解决问题。

16 主板不能识别内存条，是什么原因

故障现象：

一根华硕 128MB 内存条，开机后不能被主板识别。

故障分析与处理：

使用替换法检查，在其他主板上也是如此，根据经验来看不是内存芯片就是引脚有问题。于是找来万用表进行测量（此条共有 16 颗芯片）。

检测时应先画一张内存条的图形，给每颗芯片编上号，并标好引脚数。这样在用万能表测量时，就可边测边记录，不会弄混。先将各芯片都通的引脚测出并记好，再测基板上各脚与芯片各脚的对应。当测到基板上第 23 脚时，发现和对应的芯片为断路。再三测量，确实不通。于是搬出电烙铁，小心翼翼地焊上即可。

17 内存芯片损坏，怎么办

故障现象：

一根 4MB×16 片的 64MB 杂牌 PC-133 内存条，可以上 145MHz 的外频。自检为 65 536KB，进入 Windows 98 时自检通过，在运行大型程序时死机。

故障分析与处理：

估计内存条上某一个内存芯片有坏点。用 Windows 98 的“himem.sys”和“Dos 6.22”的“himem.sys”检测内存报错，错误地址一致为“02E103E0”。多次启动机器后，出现每次自检容量发生变化的现象。而且只要自检不是 64MB，Windows 98 启动就会失败，系统报告“保护错误”。至此，基本可以认定是内存条损坏。

送专业维修处维修或更换内存条即可。

19 为什么超频正常使用一年后，系统变得不稳定

故障现象：

一台电脑配置为 Pentium Ⅲ 550MHz CPU（超频到 731MHz）、SiS630 主板、Hynix 192MB（128MB+64MB）SDRAM 内存。使用一年多后系统变得不稳定，经常在开机进入 Windows 后出现注册表错误，提示需要恢复注册表。

故障分析与处理：

刚开始时以为是操作系统不稳定，于是格式化硬盘。重装后问题也没有得到彻底解决，甚至变得更严重，有时甚至出现“Windows Protection Error”错误提示。由于 CPU 一直在超频状态下运行，初步怀疑故障源于 CPU，把 CPU 降频后注册表出错的频率明显降低，更换了 CPU 后，故障现象并没有消失，依然不时出现。为彻底排除故障，使用替换法进行测试，最终发现罪魁祸首是那条 64MB 的内存条。该电脑长期在超频状态下运行，CPU 和内存的时钟频率均为 133MHz。那条 64MB 的内存条采用的是 HY-7K 的芯片，做工也较差，长期在 133MHz 外频下运行不堪重负，导致注册表频频出错。一些做工较差、参数较低的内存条也许可以在一段时间内超频工作，但长此下去往往会出现问题，引发系统故障，这是我们应该注意的问题。

专业提升 ●●●●

什么是双通道内存技术?

双通道内存技术其实是一种内存控制和管理技术，它依赖于芯片组的内存控制器发生作用，在理论上能够使两条同等规格内存所提供的带宽增长一倍。双通道并不是什么新技术，早就被应用于服务器和工作站系统中了，只是为了解决台式机日益窘迫的内存带宽瓶颈问题它才走到了台式机主板技术的前台。

双通道内存技术是解决 CPU 总线带宽与内存带宽的矛盾的低价、高性能的方案。现在 CPU 的 FSB（前端总线频率）越来越高，在单通道内存模式下，DDR 内存无法提供 CPU 所需要的数据带宽从而成为系统的性能瓶颈。而在双通道内存模式下，双通道 DDR 266/DDR 333/DDR 400 所能提供的内存带宽分别是 4.2GB/s，5.4GB/s 和 6.4GB/s，在这里可以看到，双通道 DDR 400 内存刚好可以满足 800MHz FSB Pentium 4 处理器的带宽需求。而对 AMD Athlon XP 平台而言，其处理器与北桥芯片的数据传输技术采用 DDR（Double Data Rate，双倍数据传输）技术，FSB 是外频的两倍，其对内存带宽的需求远远低于英特尔 Pentium 4 平台，其 FSB 分别为 266/333/400MHz，总线带宽分别是 2.1GB/s，2.7GB/s 和 3.2GB/s，使用单通道的 DDR 266/DDR 333/DDR 400 就能满足其带宽需求，所以在 AMD K7 平台上使用双通道 DDR 内存技术，可说是收效不多，性能提高并不如英特尔平台那样明显，对性能影响最明显的还是采用集成显示芯片的整合型主板。

普通的单通道内存系统具有一个 64 位的内存控制器，而双通道内存系统则有两个 64 位的内存控制器，在双通道模式下具有 128bit 的内存位宽，从而在理论上把内存带宽提高一倍。虽然双 64 位内存体系所提供的带宽等同于一个 128 位内存体系所提供的带宽，但是二者所达到的效果却是不同的。双通道体系包含了两个独立的、具备互补性的智能内存控制器，理论上来说，两个内存控制器都能够在彼此间零延迟的情况下同时运作。比如说两个内存控制器，一个为 A、另一个为 B。当控制器 B 准备进行下一次存取内存的时候，控制器 A 就在读/写主内存，反之亦然。两个内存控制器的这种互补“天性”可以让等待时间缩减 50%。双通道 DDR 的两个内存控制器在功能上是完全一样的，并且两个控制器的时序参数都是可以单独编程设定的。这样的灵活性可以让用户使用两条不同构造、容量、速度的 DIMM 内存条，此时把双通道 DDR 简单地调整到最低的内存标准来实现 128bit 带宽，允许不同密度/等待时间特性的 DIMM 内存条可以可靠地共同运作。

7.4 显卡维护

显卡影响到计算机显示的效果。如不能设置分辨率、颜色显示不正常、显示屏出现小斑点等。有显卡与显示器不匹配、显卡现存等问题。下面就一一讲解。

1 为什么开机后屏幕无显示

故障现象：

电脑开机无显示。

故障分析与处理：

此类故障一般是因为显卡与主板接触不良或主板显卡插槽有问题造成的。对于一些集成显卡的主板，如果显存共用主内存，则需注意内存条的位置，一般在第一个内存条插槽上应插有内存条。由于显卡原因造成的开机无显示故障，开机后一般会发出一长两短的蜂鸣声（对于 AWARD BIOS 显卡而言）。

2 显示屏出现小斑点的原因是什么

故障现象：

显示器平时使用正常，但在上网时只要用鼠标拖动滚动条上下移动时就会出现严重的花屏（屏幕上出现很多小斑点），以致影响使用。

故障分析与处理：

这种花屏的原因很可能是显卡所带的显存有问题。可以尝试降低显卡的工作性能，看问题能否解决，如果不行就只有更换显卡了。

3 显示花屏，看不清字迹，怎么办

故障现象：

显示器花屏，看不清屏幕上的字迹。

故障分析与处理：

此类故障一般是由于显示器或显卡不支持高分辨率而造成的。花屏时可切换启动模式到安全模式，然后再在 Windows 98 下进入显示设置，在 16 色状态下选择“应用”、“确定”按钮。重新启动，在 Windows 98 系统正常模式下删掉显卡驱动程序，重新启动电脑即可。也可不进入安全模式，在纯 DOS 环境下，编辑“system.ini”文件，将“display. drv=pnpdrver”改为“display.drv=vga.drv”后，存盘退出，再在 Windows 里更新驱动程序即可解决。

4 为什么颜色显示不正常

故障现象：

显示器屏幕上的颜色显示不正常。

故障分析与处理：

此类故障一般有以下原因：

❖ 显卡与显示器信号线接触不良。

❖ 显示器自身故障。

❖ 在某些软件里运行时颜色不正常，一般常见于老式机，在 BIOS 里有一项校验颜色的选项，将其开启即可。

❖ 显卡损坏。

❖ 显示器被磁化，此类现象一般是由于电脑与有磁性的物体过分接近所致，磁化后还可能会引起显示画面出现偏转的现象。

5 使用过程中画面停止并死机，是什么原因

故障现象：

电脑在使用过程中画面停止死机。

故障分析与处理：

出现此类故障一般多见于主板与显卡的不兼容或主板与显卡接触不良；显卡与其他扩展卡不兼容也会造成死机。

6 屏幕出现杂点或图案，是怎么回事

故障现象：

显示器屏幕上出现异常杂点或图案。

故障分析与处理：

此类故障一般是由于显卡的显存出现问题或显卡与主板接触不良造成。需清洁显卡金手指部位或更换显卡。

7 显卡驱动程序丢失，该怎样处理

故障现象：

显卡驱动程序载入，运行一段时间后驱动程序自动丢失。

故障分析与处理：

此类故障一般是由于显卡质量不佳或显卡与主板不兼容，使得显卡温度太高，从而导致系统运行不稳定或出现死机，此时只有更换显卡。

此外，还有一类特殊情况，以前能载入显卡驱动程序，但在显卡驱动程序载入后，进入Windows时出现死机。可更换其他型号的显卡在载入其驱动程序后，插入旧显卡予以解决。如若还不能解决此类故障，则说明注册表故障，对注册表进行恢复或重新安装操作系统即可。

8 开机后无信号黑屏，怎么办

故障现象：

一台电脑使用一年来，一直正常工作，但最近以来，电脑出现黑屏故障。开机后，系统自检正常，小喇叭不报警。但屏幕上显示“No Signals”。

故障分析与处理：

据此，初步判断是显卡有问题。将显卡卸下后，发现显卡上沾满了灰尘，先用刷子把显卡刷干净，再用橡皮擦拭显卡的金手指。然后插上显卡，开机，正常进入系统。

这种问题，一般是由于时间长了，显卡的金手指部分因氧化而与插槽接触不良所引起的。它的特征是系统自检正常，小喇叭不报警，显示器黑屏（比较老的显示器）或显示“No Signals”（比较新的显示器）。处理这种故障的方法是检查显卡是否接触不良或插槽内是否有异物影响接触。

9 运行过程中出现花屏，是什么原因

故障现象：

电脑在运行过程中出现显示器花屏。

故障分析与处理：

这个问题较多是由显卡所引起的。如果是新换的显卡，则可能是显卡的质量不好或不兼容，再有就是还没有安装正确的驱动程序。如果是旧显卡而加了显存的话，则有可能是新加进的显存和原来的显存型号参数不一致。

重新安装显卡的驱动程序，如果问题还是

不能解决，就只能换购其他的显卡了。

10 显示器边缘有两条垂直黑带，怎样处理

故障现象：

显示器边缘有两条垂直黑带。

故障分析与处理：

这种现象多发生在较为早期的电脑上，这是由于显卡的显存不够所致。较早的电脑显卡的显存只有 1MB，如果将分辨率设得太高，则会出现上述现象。

要解决此问题，可在显卡上加装显存，这类显卡上一般都会留有加装显存用的插座。

11 为什么不能设置分辨率

故障现象：

显示器不能设置真彩色和增强色（颜色质量下拉框中无此选项），像素只能设置为 640×480。有时开机只有 16 色，要求重新启动，重启之后就变成 256 色了。

故障分析与处理：

请重新安装显卡的驱动程序，检查软件冲突，重新设置显示器的类型。特别检查新安装的软件，可能有软件对分辨率或颜色数产生干扰，修改分辨率或颜色数后，执行一下软件，查看分辨率和颜色数，直到发现冲突软件。

专业提升

什么是 Sli 技术?

在一块主板上插两块同样的显卡，视频信息被一分为二分别交给两块显卡处理，处理完后再合并在一起输出，这样视频处理速度就会大大增加了。这种多显卡并行处理技术，NVIDIA 叫做 SLI，ATI 叫做 CrossFire（交叉火力）。

SLI（Scalable Link Interface 即交换扫描模式）允许多个图形芯片同时工作而获得更高的性能。SLI 技术就是将两张搭载 NVIDIA 绘图芯片的显卡同时插入主板 PCI-EX16 的两个插槽，然后用一张 SLI 连接卡连接起来，这种连接卡在两张显卡之间传输数字信号，显卡处理完的帧数据被集合起来处理，然后作为一个整体信号被输出。为了保证两张显卡的任务分工和协同工作，NVIDIA 将 SLI 控制功能直接集成在 GPU 芯片内部，那么芯片就负责显卡的连接和协同工作，它将任务分派给两块显卡渲染处理，然后将处理结果收集起来，经过自己的运算和重新合成，输出完整高效的图形画面。

当然，两块显卡并不是同等工作，其中一块显卡作为主卡，另一款作为副卡，其中副卡只是接收来自主卡的任务进行相关处理，然后将结果传送回主卡，两块显卡都是通过 PCI-E 接口与主板相连接，而这两块显卡之间还要有一个通信的 PCB 卡（即 SLI 桥接卡）。也就是说，被处理的数据来源是通过 PCI-E 插槽从主板获得，而处理过的数据是通过连接卡来进行传输的。

当两个图形显卡通过一个外置的桥式连接器连通后，驱动程序能自动识别该配置并进入"SLI Multi-GPU"模式。在"SLI Multi-GPU"模式下，驱动程序将两个显卡配置为一个独立的设备，也就是说，所有的图形处理程序将这两个图形芯片视为一个独立的逻辑设备。NVIDIA 的驱动程序在维持着色中的对称上扮演了一个重要的角色，它考虑工作量并作出两个关键决定："1"）决定着色方法；"2"）根据着色方法，决定两个 GPU 之间的工作量分担。

NVIDIA 支持两个主要的着色方法：Alternate Frame Rendering（帧渲染器模式，AFR）和 Split Frame Rendering（分割帧渲染器模式，SFR）。就像名字揭示的那样，AFR 让每个 GPU 对隔开的帧着色（举例来说，GPU 1 着色所有的奇数帧，而 GPU 2 着色所有的偶数帧），只要每个都是独立帧，AFR 效率最高，这是因为包括逐顶点、光栅化和逐像素在内所有的渲染都要在图形之间平均分割。我们经常看到的 3Dmark03 就是运行在 AFR 模式中，最高有 87％的性能提升。而 SFR 是把一个单帧的着色分配到两个 GPU 当中。NVIDIA 的驱动程序平时并不确定使用 AFR 还是 SFR，NVIDIA 的软件工程师配置了 100 个流行游戏中的大多数并为每一个创建了配置文件，决定在每个游戏中它们默认应该使用 AFR 还是 SFR 模式。只要帧之间没有依赖关系，NVIDIA 的驱动程序就默认为 AFR。

7.5 声卡维护

声卡是决定计算机声音的设备，其故障出现也是各种各样。目前有主板集成的声卡。若对声音有些要求，还是选择独立声卡较好。下面介绍一些声卡常见的故障。

1 声卡没声音，怎样排除故障

故障现象：

如果声卡安装过程一切正常，设备都能正常识别，也没有插错槽，但却无法发出任何声音。

故障分析与处理：

这就要从以下几个方面来解除故障：

❖ 声卡与音箱的连线是否已经正确连接。

❖ 音频连接线有无损坏，是否完好。

❖ Windows 音量控制中的各项声音通道是否被设置成为静音模式。

如果上面的情况都很正常，依然没有声音，那么可以试着更换较新版本的驱动程序试试。如果还不行则可把声卡插到其他的机器上进行试验，以确认声卡是否是硬件本身的损坏故障。

驱动程序的质量对于声卡的安装难易程度也有很大影响，而且 Windows 9x/2000 有自动检测即插即用设备并自动安装驱动程序的特性。如果安装的这个驱动程序偏偏不能正常使用，这就麻烦了。以后，每次删掉设备重新启动后，Windows 都会自动匹配原来的驱动程序，并且不能用“添加新硬件”的方法解决。此时我们可以进入 Windows 9x\Inf\Other 目录，把与声卡相关的 INF 文件统统删掉，再重新启动后进行手动安装。

2 是什么原因导致播放 MIDI 无声

故障现象：

声卡在播放 WAV、玩游戏时非常正常，但就是无法播放 MIDI 文件。

故障分析与处理：

在一些旧的 ISA 声卡 WAV 和 MIDI 的驱动是分开安装的，重新安装声卡，看显示兼容设备里有没有 MIDI 的驱动选项，如有安装，一般问题会解决。早期的 ISA 声卡可能是由于 16bit 模式与 32bit 模式不兼容造成 MIDI 播放的不正常。如今流行的 PCI 声卡大多采用波表合成技术，如果 MIDI 部分不能放音则很可能因为没有加载适当的波表音色库。

3 为什么声卡不支持个别软件所带的音效

故障现象：

声卡不支持某些软件所带的音效。

故障分析与处理：

如果在 Windows 9x 下运行 DOS 程序，则很可能出现这种问题。原因在于系统可能没有引导该声卡在 DOS 下的驱动程序。最简单的方法自然是安装该声卡在 DOS 下的驱动程序。确认 Autoexec.bat 文件里是否有该驱动程序。如果是高档 PCI 声卡，则主板必须支持 SB-LINK 接口技术，才能支持 DOS 程序的音效。

另外一种可能性是该软件支持的声卡和你的声卡不兼容所致。以轻轻松松背单词（BDC）为例，在排除上述可能性之后，运行 BDC 自带的 Sound.exe，改变发声方案（如使用声卡自带的.WAV 播放器）就可解决问题。

4 为何声卡不能正常使用四声道

故障现象：

现在市面上的很多声卡都号称支持四声道，但使用中有时不正常，如 SB PCI64 和 SB PCI128。具体表现为在玩游戏时 4 个音箱可以同时发音，但在听 MP3 或是 CD 时，却只有前面的两个音箱有声音。

故障分析与处理：

其中的主要原因是因为这类声卡的四声道需要 DS3D 支持。在 DS3D 环境下可以正常使用，而到了非 DS3D 环境下只有立体声输出。也就是说，这类声卡的四声道不是真正的四声道，而仅仅是通过软件模拟的。

5 开机后为什么一直有爆音

故障现象：

电脑开机以后，一直有爆音出现。

故障分析与处理：

这种情况，一是声卡与音箱未连接好；二是超频所致（一些杂牌声卡经常有这种情况）；三是声卡有硬件问题。

6 为什么声卡也会引起死机

故障现象：在未装 Windows 9x 时声卡工作正常，而安装了 Windows 9x 后就死机。

故障分析与处理：

这主要是 Windows 9x 将主板 BIOS 中有关声卡的 IRQ 和 DMA 设置内容进行了修改，而当修改后的 IRQ 或 DMA 与系统冲突时，就会出现上述故障。这时只要用声卡驱动程序组内自带的有关程序，修改 BIOS 的相关内容即可解决。

7 怎样消除音箱的啸声

故障现象：

打开多媒体电脑音箱电源后，音箱即传来刺耳的啸叫声。

故障分析与处理：

这种状况多半由 3 种原因引起：一是声卡问题。二是音箱本身有毛病，这两种原因可通过将声卡、音箱分别换到别的电脑上通过观察其使用效果来判定。如出现故障，即时维修或更换即可。第三类原因较复杂，现介绍如下：

1．连线干扰

声卡和音箱间的连线未使用屏蔽线，或屏蔽线未良好接地，都可能引起啸叫声。尤其在连线较长时，由连线感应带来的外界电磁波会导致高频啸叫。

2．板卡的电磁辐射

电脑内的板卡，尤其是带有连接电视机射频信号输出的显示卡，其电磁辐射会带来高频干扰。这时可将声卡安放在远离显示卡的插槽中以减小啸叫声，或在两卡间加一接地金属板，或更换显示卡。

3．电源滤波不良

电脑电源中有 48kHz 左右的高频振荡

信号，如果电源的高频滤波不良，会对声卡的正常工作造成影响。这时可在声卡的电源滤波电解电容（最大的一只电容）两端并联一只 1000pF 的电容来解决问题。

如果不是以上原因，可在声卡输出端，左右声道对地各连接一只 1000pF 左右的电容来减小啸叫声。

8 重装 Windows 后没有声音，怎样处理

故障现象：

机器发生故障，重装 Windows 后，无声音，打开“系统”→“设备管理”→“声音视频和游戏控制器”，其中有 3 个选项“MPU-401COMPATIBLE”、“YAMAHA”、“OPL3-SAX SOUND SYSTEM”，第 3 项前有一黄色惊叹号。删除刷新后，右下角出现喇叭图标，有了声音，但关机后重新启动又无喇叭图标，无声音，之后，每次开机都要删除刷新后才有声音。

故障分析与处理：

估计是重装 Windows 之后没有安装声卡的驱动程序，或者安装不正确。当驱动程序安装不当或发生资源冲突时都会给出黄色惊叹号警告。

一般应该采用该声卡的驱动程序，并检查 IRQ、DAM 和 IO 地址有无冲突。

9 播放 CD 时无声，是怎么回事

故障现象：

一台多媒体电脑，放 VCD 正常，而放 CD 无声，是什么原因？

故障分析与处理：

放 VCD 有声，说明声音系统（声卡、音箱）的工作都是正常的。播放 CD 无声的原因是 CD-ROM 与声卡之间的音频信号连接线有故障。

❖ 可能是连接线接触不良，这时只要重新保持良好信号即可。

❖ 可能是音频信号连接线本身有断路，可换一根连接线试一试。

❖ 可能是音频信号连接线在声卡上插入的插座有误，因为有的声卡对于不同的光驱，要求插入不同的插座，因此可以对照说明书重新选择插座。

10 Windows 下声卡无法工作，怎么排除故障

故障现象：

重新安装 Windows 后，原先正常工作的声卡无法发声。

故障分析与处理：

因为原来声卡工作正常，故基本可排除硬件故障可能。查看 Windows 下的“系统信息”，发现声卡类型被正常识别，其占用的 DMA1 和 7、IRQ9 和起始 I/O 地址 240 与其他设备均无冲突，且所有的硬件设备均显示工作正常。起先怀疑微软的驱动程序有问题，于是安装声卡自带的驱动程序，但故障依旧。

在 Windows 的 DOS 下安装游戏，安装过程中发现程序自动检测到声卡占用的系统资源为 DMA：1、I/O：240、IRQ：2，也无法通过" Test Sound "选项。尝试手动修改声卡在该游戏下的中断号，发现可以选择的中断号只有 2、5、7、10 几个。于是怀疑重点落在了 Windows 为声卡分配的中断号上。

在 Windows 98 下用手动方式将声卡的中断号强制改为“7”，随后单击系统的“Restart”，故障排除。

即插即用绝非万能，即使每个硬件占用的系统资源看上去都没有毛病，也不能排除它们协同工作时不协调的可能。

知识加油站

声卡（Sound Card）是多媒体技术中最基本的组成部分，是实现声波／数字信号相互转换的硬件。声卡的基本功能是把来自话筒、磁带、光盘的原始声音信号加以转换，输出到耳机、扬声器、扩音机、录音机等声响设备，或通过音乐设备数字接口（MIDI）使乐器发出美妙的声音。

声卡的工作原理：声卡的工作原理其实很简单，我们知道，麦克风和喇叭所用的都是模拟信号，而电脑所能处理的都是数字信号，声卡的作用就是实现两者的转换。从结构上分，声卡可分为模数转换电路和数模转换电路两部分,模数转换电路负责将麦克风等声音输入设备采到的模拟声音信号转换为电脑能处理的数字信号；而数模转换电路负责将电脑使用的数字声音信号转换为喇叭等设备能使用的模拟信号。

声卡主要有两种：内置独立声卡和内置集成在主板上的软声卡。

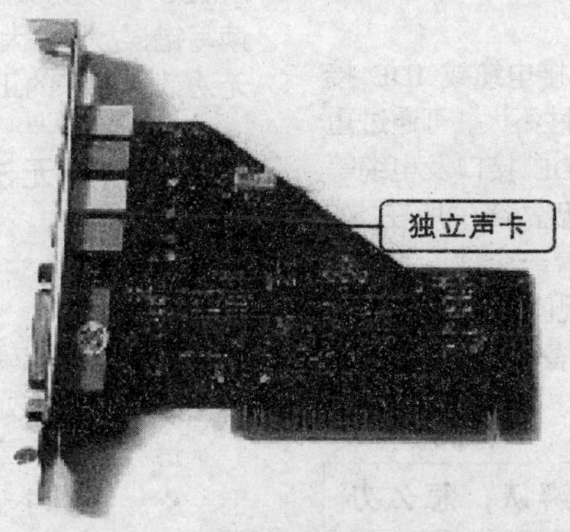

7.6 硬盘维护

硬盘存储了电脑中所有的数据。由于硬盘的发展速度缓慢，所以是属于发病率高的一种设备。

1 为什么系统不认硬盘

故障现象：

系统从硬盘无法启动，从 A 盘启动也无法进入 C 盘，使用 CMOS 中的自动监测功能也无法发现硬盘的存在。

故障分析与处理：

这种故障大都出现在连接电缆或 IDE 接口上，硬盘本身故障的可能性不大，可通过重新插接硬盘电缆或者改换 IDE 接口及电缆等进行替换试验，就会很快发现故障的所在。如果新接上的硬盘也不被接受，一个常见的原因就是硬盘上的主从跳线出现问题，如果一条 IDE 硬盘线上接两个硬盘设备，就要分清楚主从关系。

2 硬盘不能读写或辨认，怎么办

故障现象：

硬盘不能完成读写操作，或者不能被系统识别。

故障分析与处理：

这种故障一般是由于 CMOS 设置故障所引起的。CMOS 中的硬盘类型正确与否直接影响到硬盘的正常使用。现在的机器都支持“IDE Auto Detect”功能，可自动检测硬盘的类型。当硬盘类型错误时，有时干脆无法启动系统，有时能够启动，但会发生读写错误。比如 CMOS 中的硬盘类型小于实际的硬盘容量，则硬盘后面的扇区将无法读写，如果是多分区状态则个别分区将丢失。还有一个重要的故障原因，由于目前的 IDE 设备都支持逻辑参数类型，硬盘可采用“Normal、LBA、Large”等，如果在一般的模式下安装了数据，而又在 CMOS 中改为其他的模式，则会发生硬盘的读写错误故障，因为其映射关系已经改变，将无法读取原来的正确硬盘位置。

3 系统无法从硬盘启动，该怎么处理

故障现象：

电脑不能从硬盘启动。

故障分析与处理：

造成这种故障通常是基于以下 4 种原因：

- ❖ 主引导程序损坏。
- ❖ 分区表损坏。
- ❖ 分区有效位错误。
- ❖ DOS 引导文件损坏。

其中 DOS 引导文件损坏最简单，用启动盘引导后，向系统传输一个引导文件就可以了。主引导程序损坏和分区有效位损坏一般也可以用“FDISK /MBR”强制覆写解决。分区表损坏就比较麻烦了，因为无法识别分区，系统会把硬盘作为一个未分区的裸盘处理，因此造成一些软件无法工作。不过有个简单的方法，使用 Windows 2000。找个装有 Windows

2000 的系统，把受损的硬盘挂上去，开机后，由于 Windows 2000 为了保证系统硬件的稳定性会对新接上去的硬盘进行扫描。Windows 2000 的硬盘扫描程序“CHKDSK”对于因各种原因损坏的硬盘都有很好的修复能力，扫描完了基本上也修复了硬盘。

分区表损坏还有一种形式，具体的表现是出现一个和活动分区一样的分区，一样包括文件结构、内容、分区容量。假如在任意区对分区内容作了变动，都会在另一处体现出来，好像是映射的影子一样。这种问题特别尴尬，它不影响使用，不修复的话也不会有事，但要修复时，NORTON 的“DISKDOCTOR”和“PQMAGIC”却都变成了睁眼瞎，对分区总容量和硬盘实际大小不一致视而不见。对付这种问题，只有 GHOST 覆盖和用 NORTON 的拯救盘恢复分区表。

4 硬盘出现坏道，该怎样处理

故障现象：

对磁盘进行整理时，系统提示有坏道。

故障分析与处理：

这是个令人震惊，人见人怕的词。近来 IBM 口碑也因此江河日下。当用 Windows 操作系统自带的磁盘扫描程序 SCANDISK 扫描硬盘的时候，系统提示硬盘可能有坏道，随后闪过一片恐怖的蓝色，一个个小黄方块慢慢地伸展开，然后，在某个方块上被标上一个“B”。

其实，这些坏道大多是逻辑坏道，是可以修复的，根本用不着送修。

那么，当出现这样的问题的时候，我们应该怎样处理呢?

一旦用“SCANDISK”扫描硬盘时如果程序提示有了坏道，首先我们应该重新使用各品牌硬盘自己的自检程序进行完全扫描。注意，不选快速扫描，因为它只能查出大约 90%的问题。为了让自己放心，在这多花些时间是值得的。

如果检查的结果是“成功修复”，那可以确定是逻辑坏道，可以拍拍胸脯喘口气了；假如不是，那就没有什么修复的可能了，如果你的硬盘还在保质期，那赶快拿去更换吧。

由于逻辑坏道只是将簇号作了标记，以后不再分配给文件使用。如果是逻辑坏道，只要将硬盘重新格式化就可以了。但为了防止格式化可能的丢弃现象（因为簇号上已经作了标记表明是坏簇，格式化程序可能没有检查就接受了这个“现实”，于是丢弃该簇），最好还是重分区，使用如 IBM DM 之类的软件还是相当快的，或者 GHOST 覆盖也可以，只是这两个方案都多多少少会损失些数据。

5 硬盘不能高级格式化，是什么原因

故障现象：

硬盘能低格能分区但不能高级格式化，提示为 0 磁道坏了。

故障分析与处理：

既然系统已经提示为硬盘的 0 磁道损坏，我们可以屏蔽该区域，或是将硬盘送去维修。

解决方法是，先用 Fdisk 分区，将硬盘的 D 区分大一些，C 盘只分几 MB 就可以了。对 D 进行 Format 后，用 Fdisk 激活使用 D 盘引导系统即可。

6 开机时，系统提示“disk I/O error”，是什么意思

故障现象：

开机时，系统提示“disk I/O error”，无法启动系统。用软盘启动后，发现 C 盘里什么都看不到了，而其他盘却正常。

故障分析与处理：

从现象看很可能是主引导记录 MBR 或系

统文件因意外或被病毒破坏了。

如果只是主引导记录和系统文件损坏，可以从软盘启动，首先查一下有无病毒，再执行“A:\>FDISK/MBR”，然后执行“SYS A:”，C盘上数据或许还能挽救。

如果是 FAT 表或数据区本身被破坏就没有多少修复的可能了，C 盘由于读写最为频繁且可能存在不少病毒，如 CIH 等都将 C 盘作为破坏的首要对象，建议大家不要把重要的个人数据文件放在 C 盘。比如：可以把“我的文档”设置到其他盘的某个目录上，C 盘只用来安装系统和应用程序。稳定一段时间后，可将 C 盘做成 Ghost 镜像文件，一旦被破坏，恢复起来也方便些。

7 硬盘时停时动，正常吗

故障现象：

硬盘常常无缘无故就“嘟”一声停了，当打开某个程序的时候又启动了。

故障分析与处理：

这是由于使用了 BIOS 的硬盘电源管理所致。

检查 BIOS 的“Power Management”中的“HDD PowerDown”选项，将其参数选为 Disable 就可以解决。

8 硬盘主引导扇区出错，怎么办

故障现象：

硬盘主引导扇区的信息出错了，怎样找回丢掉的分区？

故障分析与处理：

可以找一个容量和分区完全和这个硬盘相同的硬盘，启动 KV3000，保存下硬盘主引导扇区的内容，恢复到硬盘上即可找回丢掉的分区。

9 不能使用双硬盘，怎么办

故障现象：

将另一个备用硬盘里的文件 COPY 到我的电脑上。但在光驱的数据线上不行，硬盘上的 Slave/Master 换了几次也都不行。

故障分析与处理：

接在光驱数据线上不需要作跳线，前提是光驱与原来的硬盘是不同的数据线。另一个方法是在原来的硬盘数据线的第二个接口上接上新的硬盘，但这需要将新硬盘接到 Slave 上。如果这样还不行，换一根数据线再检查一下是否接错了或者接上去的硬盘是否没有足够的电源供应，如果还是不行就是硬盘坏了。

10 开机提示 I/O 错误，怎样处理

故障现象：

不知是何原因电脑最近关机出现了不能启动的问题，提示是硬盘 I/O 错误。

故障分析与处理：

检查硬盘线及硬盘跳线看能否解决问题。因为有时接上其他硬盘然后又取掉会产生这样的问题。如果硬盘曾经有震动也会发现这样的问题，拿到其他电脑上试试如果行了，再接上原来的电脑上；如果问题还是解决不了，就有可能是主板坏了。

11 硬盘无法引导系统启动，是什么原因

故障现象：

硬盘无法引导系统启动。

故障分析与处理：

在硬盘主引导扇区中还存在一个重要的部分，那就是其最后的两个字节“55aa”，此字节为扇区的有效标志。当从硬盘、软盘或光

盘启动时，将检测这两个字节，如果存在则认为有硬盘存在，否则将显示“Missing Operating System”。

可使用 DOS 系统通用的修复方法修复：用软盘或光盘引导系统后使用 SYS 命令传送系统，即可修复故障，包括引导扇区及系统文件都可自动修复到正常状态。

12 硬盘容量与标称值明显不符，是什么原因

故障现象：

硬盘的实际容量与硬盘的标称值不一致。

故障分析与处理：

一般来说，硬盘格式化后容量会小于标称值，但此差距绝不会超过 2％，如果两者差距很大，则应该在开机时进入 BIOS 设置。在其中根据你的硬盘作合理设置。如果还不行，则说明可能是你的主板不支持大容量硬盘，此时可以尝试下载最新的主板 BIOS 并进行刷新来解决。此种故障多在大容量硬盘与较老的主板搭配时出现。另外，由于突然断电等原因使 BIOS 设置产生混乱也可能导致这种故障的发生。

13 怎样解除硬盘“逻辑锁”

故障现象：

无论使用什么设备都不能正常引导系统。

故障分析与处理：

这种故障一般是由于硬盘被病毒的“逻辑锁”锁住造成的，“硬盘逻辑锁”是一种很常见的恶作剧手段。中了逻辑锁之后，无论使用什么设备都不能正常引导系统，甚至是软盘、光驱、挂双硬盘都一样没有任何作用。

提 示

“逻辑锁”的上锁原理：电脑在引导 DOS 系统时将会搜索所有逻辑盘的顺序，当 DOS 被引导时，首先要去找主引导扇区的分区表信息，然后查找各扩展分区的逻辑盘。“逻辑锁”修改了正常的主引导分区记录，将扩展分区的第一个逻辑盘指向自己，使得 DOS 在启动时查找到第一个逻辑盘后，查找下个逻辑盘总是找到自己，这样一来就形成了死循环。

给“逻辑锁”解锁比较容易的方法是“热拔插”硬盘电源。就是在当系统启动时，先不给被锁的硬盘加电，启动完成后再给硬盘“热插”上电源线，这样系统就可以正常控制硬盘了。这是一种非常危险的方法，为了降低危险程度，碰到“逻辑锁”后，大家最好依照下面几种比较简单和安全的方法处理。

❖ 首先准备一张启动盘，然后在其他正常的机器上使用二进制编辑工具（推荐“UltraEdit”）修改软盘上的“IO.SYS”文件（修改前记住先将该文件的属性改为正常），具体是在这个文件里面搜索第一个“55AA”字符串，找到以后修改为任何其他数值即可。用这张修改过的系统软盘就可以顺利地带着被锁的硬盘启动了。不过这时由于该硬盘正常的分区表已经被破坏，我们无法用“Fdisk”来删除和修改分区，这时可以用“Diskman”等软件恢复或重建分区即可。

❖ 因为 DM 是不依赖于主板 BIOS 来识别硬盘的硬盘工具，就算在主板 BIOS 中将硬盘设为“NONE”，DM 也可识别硬盘并进行分区和格式化等操作，所以我们也可以利用 DM 软件为硬盘解锁。

知识加油站

一块主板上有两个 IDE 口，每个 IDE 口可以接两个 IDE 设备，最多可以接 4 个 IDE 设备。一般装机时只安装一个硬盘和一个光驱，一般 IDE1 接硬盘，IDE2 接光驱。其连接线俗称为硬盘线以及光驱线（其实是 80 芯和 40 芯之分）。

当一根数据线连接两个设备时，就产生了主从盘的问题，其中一个为主，另一个为从。同一数据线两个设备后部跳线，一个为 MA（主），另一必须为 SL（从）。

对于 80 芯的数据线，还必须蓝头接主板，黑头接主盘，灰头接从盘，否则无法获得最大 DMA 传输速度。

硬盘出厂默认为主盘，光驱出厂默认为从盘。当一根数据线只有一个设备时，建议设置为主盘，理论上可以减少检测时间和微小的传输速度提升。如果跳线没有错误，应检查 BIOS 是否关闭了 IDE 相关选项，或取默认值就可。如果还是无法检测到，用替换法确认是数据线问题还是主板上的 IDE 口出了问题。如果开机自检到设备，而操作系统无法检测到，则是驱动的问题。在设备管理器内卸载相关设备，重启后一般能够找到。

当然，还可以在有些主板加速程序内找找原因。

挂接双硬盘前，首先要设置好硬盘跳线，硬盘的跳线方法可参考硬盘说明书，不同的硬盘，跳线方法一般也不同。如果一根 IDE 数据线上只接唯一的一个 IDE 设备（例如硬盘、光驱、ZIP 或 MO 等），就不需要对这个唯一的 IDE 设备设置跳线，系统会自动识别这个 IDE 设备（例如硬盘）的身份。

一般都是将性能好的新硬盘（第一硬盘）设为主盘 MA（Master Device）接在第一个 IDE 接口（Primary IDE Connector）上。至于旧硬盘（第二硬盘）有几种接法：

两个硬盘接在同一根硬盘数据线上，则第二硬盘应设为从盘 SL（Slave Device）。

第二硬盘接在第二个 IDE 接口（Secondary IDE Connector）上，如果该接口的数据线上只有一个硬盘，也没接光驱，那么，第二硬盘就不用跳线；如果这根数据线上还挂有光驱，一般将第二硬盘和光驱的其中一个设为 Master Device，另一个设为 Slave Device，由用户自行决定。

7.7 光驱和刻录机维护

由于光驱和刻录机有大量的机械结构，因此也是容易产生问题的电脑配件，这里就讲解一下怎样对常见的光驱和刻录机故障进行排除。在安装系统、应用软件或是欣赏歌曲、影视都需要用到光驱，很多时候还要使用刻录机对数据进行存储。

1 为什么光驱工作时硬盘灯始终闪烁

故障现象：

光驱工作时硬盘灯始终闪烁。，

故障分析与处理：

这是一种假象，实际上并非如此。硬盘灯闪烁是因为光驱与硬盘同接在一个 IDE 接口上，光盘工作时也控制了硬盘灯的结果。可将光驱单独接在一个 IDE 接口上。

2 系统无法检测到光驱，是什么原因

故障现象：

电脑在启动的时候自检能检测到光驱，但是当使用软驱来启动系统的时候却提示找不到光驱，并且进入 Windows 后也没有光驱。如果拔掉硬盘线后，用软盘启动就可以找到光驱。硬盘和光驱分别各用一根数据线的，硬盘设置为主盘，光驱设置为从盘。

故障分析与处理：

出现这样的问题，请将 CMOS 设定恢复为默认值，如果还不能解决的话，就在 Windows 中手工添加硬件。出现这样问题很可能是由于主板的硬件问题，可以更换一块主板试试。

3 BIOS 设置也会引起光驱故障

故障现象：

电脑在设置 BIOS SETUP 之后启动时死机。死机时屏幕上提示光驱驱动程序信息，在出现“Supporting the following units”时光标不动了。光驱型号是松下 52X。该电脑原来是正常的，因此把 BIOS 的“LOAD BIOS DEFAULTS”执行了一遍，系统就可以正常引导了。

故障分析与处理：

测试“BIOS FEATURES SETUP”中的“System BIOS Cacheable”。开机时按“Del”键时进入 BIOS SETUP，选择“BIOS FEATURES SETUP / System BIOS Cacheable”，将之设置成“Disabled”。

遇到这样的问题，通常需要执行“LOAD BIOS DEFAULTS”来装入保守的 BIOS 设置，一般可以解决问题。

4 光驱一读盘就死机，是什么原因

故障现象：

电脑在运行光盘、单击选项时，常常死机，并有出错提示：“A fatal exception OE has occurred at 015F : BEF9E01F The current applicatin will be terminated"。

故障分析与处理：

可能是光驱纠错能力下降，供电质量不好。把光驱安装在别的电脑上测试，如果故障仍然存在，则需清洗激光头甚至更换光驱。如果故障排除，则是供电情况不理想。若光驱使用的电源线上有连接软驱的电源线，可将光驱换一根单独的电源线。

使用电脑时尽量使用单独的电源插座，不要将所有电器都打开，尤其是空调和电视等电器同时打开。

5 检测光驱花的时间很长，是什么原因

故障现象：

电脑启动后，屏幕上显示："…Detecting HDD Secondary Master…LIN341"时，要等30~50s，然后才能启动 Windows。

故障分析与处理：

假如新的光驱这样慢，则可能是该光驱与主板有不兼容的地方，可换另外品牌的光驱试试。如果该光驱曾经比较快，现在慢了，则是光驱硬件上有变化。

可以把光驱设置成第一个 IDE 接口的从盘或第二个 IDE 接口的从盘，看光驱被检测的速度怎样？这样可以检测主板接口问题。

6 所有 IDE 都不能工作，怎么办

故障现象：

硬盘和 CD-ROM 指示灯常亮或闪烁，硬盘不能使用。

故障分析与处理：

这种故障大多是由于 CD-ROM 驱动器的 IDE 连接电缆接反造成的。一般情况下，观察 CD-ROM 驱动器面板指示灯的状况，就可以判断光驱是否正常。不同厂家、不同型号的 CD-ROM 驱动器，在正常情况下指示灯亮灭状况不太相同，可通过查看光驱的说明资料来判断。

7 光驱共享出现故障，怎样处理

故障现象：

在并口上选用 IPX 协议，将两台电脑通过"直接电缆连接"方式互联，在设置好共享驱动器、文件夹和主、客户机后便开始连接了。但两台机器无论怎么折腾都只能实现客户机对主机的单向访问，主机无法连接客户机的光驱。

故障分析与解决：

查看是否安装了 NetBEUI 通信协议。上述两电脑是否使用的是相同的操作系统，最好使用相同版本的系统。

两台电脑的并行口设置为相同的模式，可在 BIOS 中的"Chipset Features Setup"、"Parallel Port Mode"中设置。执行"控制面板"→"网络"→"配置"→"文件及打印共享"命令，选择"允许其他用户访问我的文件"和"允许其他用户访问我的打印机"。另外，鼠标右击客户机的光驱盘符，选择"属性"选项，在弹出的对话框中，勾选"共享"选项。

8 更改光驱的 IDE 接口导致光驱不读盘，怎样处理

故障现象：

原光驱和硬盘共用一个 IDE 接口。为提高 VCD 的播放速度，将光驱接至第二个 IDE 接口上，出现光驱不能读盘的故障。

故障分析与处理：

首先光驱接第一个 IDE 口时工作正常，所以可以肯定不是光驱的问题。

对于此类故障，应先怀疑是否在改接时，光驱跳线有误或电缆线接头接触不良。如果开

箱检查，排除上述可能后故障依旧，就应考虑光驱支持的 PIO Mode（早期光驱一般只支持到 PIO Mode 2），BIOS 设置会对光驱有影响。再启动电脑，进入 BIOS 设置。

将“IDE Secondary xxxx PIO”项改为缺省值“AUTO”后，光驱就会正常工作的。

9 提示“32 磁盘访问失败”，然后死机，是什么原因

故障现象：

在 Windows 环境下对 CD-ROM 进行操作时，系统显示“32 磁盘访问失败”，然后死机。

故障分析与处理：

很显然，Windows 的 32 位磁盘存取对 CD-ROM 有一定的影响。CD-ROM 大部分接在硬盘的 IDE 接口上，不支持 Windows 的 32 位磁盘存取功能，使 Windows 产生了内部错误而死机。进入 Windows 后，在“主群组”中双击“控制面板”，进入“386 增强模式”设置，单击“虚拟内存”按钮后再单击“更改”，把左下角的“32 位磁盘访问”核实框关闭，在确认后，再重新启动 Windows，在 Windows 中再访问 CD-ROM 就不会出错误。

10 光驱读盘为何出现故障

故障现象：

光驱无法正常读盘，屏幕上显示：“驱动器 X 上没有磁盘，插入磁盘再试”，或“CDR101: NOT READY READING DRIVE X ABORT .RETRY.FALL?”偶尔进出盒几次也都读盘，但不久又不读盘。

故障分析与处理：

在此情况下，应先检测病毒，用杀毒软件对整机进行病毒查杀，如果没有发现病毒可用文件编辑软件打开 C 盘根目录下的“config .sys”文件，查看其中是否又挂上光驱动程序及驱动程序是否被破坏，并进行处理，还可用文本编辑软件查看“auioexec.bat”文件中是否有“mscdex.exe/D:Mscdooo /M:20/V”。若以上两步未发现问题，可拆卸光驱维修。

11 光驱出现读写错误或无盘提示，是什么原因

故障现象：

光驱使用时出现读写错误或无盘提示。

故障分析与处理：

这种现象大部分是在换盘时还没有就位就对光驱进行操作所引起的故障。对光驱的所有操作都必须要等光盘指示灯显示为就位时才可以进行操作。在播放影碟时也应将时间调到零时再换盘，这样就可以避免出现上述错误。

12 播放 VCD 时画面停顿或破碎，怎么处理

故障现象：

使用光驱播放 VCD 时出现画面停顿或破碎现象。

故障分析与处理：

检查一下“autoexec.bat”文件中的“Smartdrv”是否放在“mscdex.exe”之后。若是，则应将“Smartdrv”语句放到“mscdex .exe”之前，改为“smartdrv.exe/u”，故障即可排除。

13 光驱有时读不出，或读盘的时间变长，是老化了吗

故障现象：

光驱在读取数据时，有时读不出，并且读盘的时间变长。

故障分析与处理：

光驱不能读盘的硬件故障主要集中在激光头组件上，且可分为两种情况：一种是使用太久造成激光管老化；另一种是光电管表面太脏或激光管透镜太脏及位移变形。所以在对激光管功率进行调整时，还需对光电管和激光管透镜进行清洗。

光电管及聚焦透镜的清洗方法是：拔掉连接激光头组件的一组扁平电缆，记住方向，拆开激光头组件。这时能看到护套罩着激光头聚焦透镜，去掉护套后会发现聚焦透镜由四根细铜丝连接到聚焦、寻迹线圈上，光电管组件安装在透镜正下方的小孔中。用细铁丝包上棉花蘸少量蒸馏水擦拭（不可用酒精擦拭光电管和聚焦透镜表面），并看看透镜是否水平悬空正对激光管，否则需适当调整。至此，清洗工作完毕。

调整激光头功率。在激光头组件的侧面有1个像十字螺钉的小电位器。用色笔记下其初始位置，一般先顺时针旋转 5°～10°，装机试机不行再逆时针旋转 5°～10°，直到能顺利读盘。注意切不可旋转太多，以免功率太大而烧毁光电管。

14 开机检测不到光驱，怎么办

故障现象：

开机检测不到光驱或者检测失败。

故障分析与处理：

这有可能是由于光驱数据线接头松动、硬盘数据线损毁或光驱跳线设置错误引起的，遇到这种问题的时候，我们首先应该检查光驱的数据线接头是否松动，如果发现没有插好，就将其重新插好、插紧。如果这样仍然不能解决故障，那么我们可以找来一根新的数据线换上试试。这时候如果故障依然存在的话，我们就需要检查光盘的跳线设置了，如果有错误，将其更改即可。

15 为什么无法从光驱复制游戏

故障现象：

通过光驱不能往硬盘复制游戏。

故障分析与处理：

一些大型的商业软件或者游戏软件，在制作过程中，对光盘的盘片做了保护，所以在进行光盘复制的过程中，会出现无法复制，导致刻录过程发生错误，或者复制以后无法正常使用的情况发生。

16 在关机情况下，怎样取出光驱中的盘片

故障现象：

电脑突然断电，或者忘记取出光驱中的光盘就把电脑关闭了。

故障分析与处理：

可以使用光驱前面的应急孔。

方法是，找个别针粗细的硬物，从光驱前面板的小孔插进去，稍微用些力，可以把光驱抽屉弹开。

17 Windows XP 中光驱盘符为什么会丢失

故障现象：

一台电脑由于误操作造成光驱盘符丢失，该电脑的操作系统是 Windows XP。

故障分析与处理：

用鼠标右键单击“我的电脑”图标，从弹出的快捷菜单中选择“属性”项，打开“系统属性”对话框，然后选择“硬件”→“设备管理器”，单击“设备管理器”，在设备管理器对话框中右键单击系统设备，在右键弹出菜单中选择“扫描检测硬件改动”，随后系统进行硬件扫描并自动安装驱动程序。光驱盘符重新出

现在“我的电脑”中。

18 光驱自动将盘退出，是什么原因

故障现象：

光驱不读盘，无论放进新盘、旧盘，“吱吱”地旋转几下后，就自动将盘退出。

故障分析与处理：

在出现故障之前，该光驱读盘一直良好，只是一次在看 VCD 的时候，突然出现几声“吱吱”声，并且有很大震动，随后光盘随着光驱托盘架弹出，便再也无法正常使用。

初步怀疑可能是光驱内部组件损坏所致。拆开光驱外盖，再拆下盖着机芯的铁皮露出光头组件，发现该光头组件很新而且并没有明显的损坏印迹，便接上电源空载观察，光头正常循迹检索，这表明光头或光驱电路部分应该没太大问题，放入一张光碟重新开机试验，同样旋转几下后变停住退盘，似有异物卡住，仔细观察发现光驱内部组件压盘部位有一小团丝状物卡入其中，造成光盘在旋转时受阻停转，将其取出，故障消除。

19 光驱读盘震动很大，读盘能力严重下降，是怎么回事

故障现象：

光驱在读盘时出现很大的“呲呲”声，并且震动很大，读盘能力也严重下降。

故障分析与处理：

这个问题一般应是光驱机械故障引起的，例如光驱内部的压碟转动机构变形，卡死或松动所造成。重点检查压碟机构上的上压碟转片，发现一压碟转片已被异物卡死，用针轻轻挑出异物，重新试机，“呲呲”的响声消除，读盘能力有所好转，但还是偶有震动，又仔细检查，发现该压碟转片跟碟片接触的部位已有很大的磨损。于是找来一个报废光驱，取下其里边相同的压碟转片重新安装好后，故障完全消除。

20 光驱非常挑盘，怎么办

故障现象：

光驱严重挑盘、甚至不读盘，放进光盘后光驱猛转，光驱指示灯也长亮不熄。

故障分析与处理：

此故障应为光头老化所引起，拆开光驱后仔细观察，接上电源，激光头上有红色激光束射出，光头的循迹聚焦动作也正常，后见其激光头的聚光透镜顶部有一直径为 0.5mm 左右的不规则区域被擦花，看样子这就是故障的原因所在了。

解决方法有两种，一是更换光头组件；一是更换光头物镜聚光透镜。

21 刻录盘上的文件无法读取，是什么原因

故障现象：

由于单位有十几台电脑，每个人需要刻录备份的数据也比较多。因此，为了方便大家使用便购买了一个采用 ALI 芯片的“宝石”牌外置 USB 接口光驱盒。然后把刻录机置入其中便组成了移动刻录机。但在试刻时却出现一个现象，具体为把刻录机插入电脑的 USB 接口，打开外置电源的开关，接着放入盘片并运行 Nero 程序开始刻录，刻录过程一切正常。但当提示完成后将刻好的光盘放入光驱试读，却发现整张光盘内有近 1 / 3 的文件因报错而无法打开，更换光驱试读亦是如此。尝试着将所有文件向硬盘上拷贝，结果那些报错的文件拷贝失败。

故障分析与处理：

由于刻录软件、刻录机、盘片等都已经过

测试，证明确实没有问题。于是拿起外置光驱盒仔细察看，见其内部空间宽阔、做工精细、散热措施也比较合理，并且还具有单独的外接电源，应该不是散热或电力供应的问题。

于是再次刻录了一张光盘用来测试，奇怪的是这次完全没有问题，接着再刻录几张盘片，结果同样也没有任何问题。由于找不到问题的症结，于是拿着光盘盒找到经销商更换了一个，可拿回单位测试后发现，问题依然存在。

经反复多次测试后发现，每次刻录时都是第一张失败，从第二张开始就全都成功。后来经过摸索发现，在开始刻录时只要先将外置刻录机的电源开关打开，然后，稍微等待一段时间再刻录，就不会出现问题了，至此问题就解决了。

22 加装刻录机后，不能用光驱玩游戏了，是什么原因

故障现象：

一台电脑添加了刻录机后，在“我的计算机”中刻录机的盘符为“E”，而原来光驱的盘符则由“E”变成了“F”，当要运行光驱中光盘上的一些游戏时要求放入光盘。

故障分析与处理：

如果运行的是以前安装的游戏，由于软件多半会记录安装时所使用的光驱盘符，因为CD-ROM的盘符更改了，如果还是将游戏光盘放在CD-ROM当中便会发生游戏软件找不到光盘而出现错误的情形。另外，可能是游戏软件会自动到盘符代号较小的光驱上寻找游戏光盘，如果没有将光盘放在E盘，那么游戏软件也会找不到光盘。解决办法如下：

在Windows 98的“控制面板”中双击“系统”，切换到“设备”选项卡，将“CDROM”项目展开，选择光驱，然后点击“属性”，在“设置”选项卡下更改“开始驱动器号”为“E”，然后单击“确定”按钮。接着以同样步骤将刻录机盘符更改为“F”，然后重新开机即可。

刻盘时出现缓冲区数据不足，怎样处理

故障现象：

在刻录过程中出现“Buffer Under Run”（缓冲区数据不足）的错误，无法完成刻录。

故障分析与处理：

这是刻录机使用过程中最常见的故障，可能是操作系统、刻录软件、刻录机硬件等多种因素所致。其根本的原因是刻录机缓存数据被用完，被迫中断当前刻录操作，由于传统刻录方式，中断后不能继续进行刻录，由此导致盘片报废。这种故障发生的原因可能是CPU资源被其他程序大量占用或被其他应用程序中断了数据传输。

为了避免“Buffer Under Run”（缓冲区数据不足）的错误，建议除了必要的刻录程序，最好不要再运行其他的应用程序。在进行刻录工作时，除了刻录程序本身，建议不要进行其他的额外工作，尤其是那些占用系统资源大的程序。只要你执行的应用程序稍微影响到刻录工作，就会使刻录工作中断。屏幕保护程序一定要关闭，BIOS中的显示器、硬盘节电功能最好也关闭。并且关闭所有常驻内存程序，包括各种防毒程序、E-mail自动监测程序等。尽量不要与其他电脑联网，断开网络连接等。

专业提升

什么是虚拟光驱？虚拟光驱有什么用处？

虚拟光驱是一种模拟（CD-ROM）工作的工具软件，可以生成和电脑上所安装的光驱动能一模一样的虚拟光驱，一般光驱能做的事虚拟光驱一样可以做到，工作原理是先虚拟出一部或多部虚拟光驱后，将光盘上的应用软件，镜像存放在硬盘上，并生成一个虚拟光驱的镜像文件，然后就可以在操作系统中将此镜像文件放入虚拟光驱中来使用，当日后要启动此应用程序时，不必将光盘放在光驱中，也就无须等待光驱的缓慢启动，只需要在插入图标上轻按一下，虚拟光盘立即装入虚拟光驱中运行，快速又方便。

虚拟光驱的特点及用途：

1．高速光驱

虚拟光驱直接在硬盘上运行，速度可和硬盘一样，远远大于真实光驱。

2．笔记本最佳伴侣

虚拟光驱可解决笔记本电脑没有光驱、速度太慢、携带不易、光驱耗电等问题；光盘镜像可从其他电脑或网络上复制过来。

3．复制光盘

虚拟光驱复制光盘时只产生一个相对应的虚拟光盘文件，因此非常容易管理；并非将光盘中成百上千的文件复制到硬盘，此方法不一定能够正确运行，因为很多光盘软件会要求在光驱上运行，而且删除管理也是一个问题；虚拟光驱则完全解决了这些问题。

4．运行多个光盘

虚拟光驱可同时运行多个不同光盘应用软件。例如，我们可以在一台光驱上观看大英百科全书，同时用另一台光驱安装“金山词霸 2000”，用真实光驱听 CD 唱片。这样的要求在一台光驱上是无论怎样也做不到的。

5．压缩

虚拟光驱一般使用专业的压缩和即时解压算法对于一些没有压缩过的文件，压缩率可达 50%以上；运行时自动即时解压缩，影像播放效果不会失真。

6．光盘塔

虚拟光驱可以完全取代昂贵的光盘塔，可同时直接存取无限量光盘，不必等待换盘，速度快，使用方便，不占空间又没有硬件维护困扰。

虚拟光驱文件格式有很多种，但说到文件格式，都脱离不开各种各样的刻录软件，因此这些文件一般都是由软件生成的。虽然现在刻录设备大范围流行，但是在文件格式方面并没有一个十分规范的标准，每一种刻录软件商都在推崇他们自己的镜像文件格式（真希望尽早能出现一个统一的刻录文件格式规范，至少不会头大了，更不用为了刻录去准备一大堆刻录软件）。一般的虚拟光驱格式有 CDRWin 的 CUE 和 BIN 格式、CloneCD 的 CCD 格式、Nero 的 NRG 格式、CDMate 的 CMP 格式、东方光驱魔术师的 DFI 格式、VcdromX 的 FCD 格式、Virtual Drive 的 VCD 格式、VirtualCD 的 FCD 格式、Paragon CD Emulator 的 CDI 格式等。还有 WinISO、UltraISO 等生成的 ISO 文件。尽管目前刻录界还没有一个明确的规范，但是 ISO 文件格式因为较为流行，所以它能够被大多数的刻录软件和虚拟光驱软件所识别。本文也主要以 ISO 格式为例来介绍虚拟光驱，当然，其间会讲到一些其他格式类虚拟光驱与 ISO 之间的转换方法。

第8章 外设维护

- 画面出现拖尾现象是怎么回事
- LCD 长时间工作会出现故障吗
- 空气湿度对 LCD 有什么影响
- LCD 显示器能否接电视盒看电视
- CRT 显示器有哪些常见故障
- 为何开机后显示器的屏幕边缘有闪烁现象
- 开机后显示器红屏，怎样处理
- 开机后拔插 USB 鼠标才能使用，是什么原因

液晶显示器维护

液晶显示器在使用中也会出现各种故障，下面就一起来看看怎么处理这些故障。

液晶显示器是目前最流行的家用显示器，它体积小，辐射低，无闪烁，对用户的健康很有好处。

1 为何在关机时，LCD 屏幕上出现干扰杂纹

故障现象：

在关闭电脑的时候，LCD 屏幕上出现干扰杂纹。

故障分析与处理：

这种情况是由显卡的信号干扰所造成的，属于正常现象。

在显示器菜单中自动或手动调整相位来解决此问题，也有部分显示器经过调整之后还是无法解决，不过并不影响使用。

2 画面出现拖尾现象是怎么回事

故障现象：

使用 LCD 玩游戏时，画面出现了明显的拖尾现象，感觉很不流畅，为什么？

故障分析与处理：

这是因为 LCD 的响应时间特性所致，建议购买响应时间较短的 LCD，比如响应时间为 2ms。

3 为什么屏幕上有黑斑

故障现象：

在 LCD 的屏幕上有拇指大小的黑斑，请问这是怎么回事？

故障分析与处理：

这种情况很大程度上是由于外力按压造成的。在外力的压迫下液晶面板中的偏振片会变形，这个偏振片性质像铝箔，被按凹进去后不会自己弹起来，这样造成了液晶面板在反光时存在差异，就会出现黑斑。不过，这不会影响 LCD 的使用寿命。在以后的使用中请多加注意，不要用手去按液晶屏。

4 LCD 长时间工作会出现故障吗

故障现象：

LCD 显示器长时间工作会出现故障吗？

故障分析与处理：

LCD 长时间运行是没任何问题的。因为 LCD 发热小、功耗低，和 CRT 显示器相比更加适合长时间运行。但从保养的角度着想，还是应该尽量减少使用 LCD 的时间，因为 LCD 毕竟是一种比较娇贵的产品，而且灯管的使用寿命也是以时间为计算单位，出现了问题可不像 CRT 显示器那样容易解决。

5 LCD 显示器出现黑屏、蓝屏等现象，怎么处理

故障现象：

一台 LCD 显示器进入 Windows 桌面时发生黑屏、甚至蓝屏等，该怎样解决?

故障分析与处理：

出现这种问题是因为显示器的刷新率或分辨率设置超出了 LCD 的支持范围。

❖ 正常启动电脑，在开始启动 Windows 时按下键盘上的“F8”键，选择以安全模式启动计算机。

❖ 在系统桌面上用鼠标右键单击空白处，在弹出的菜单中选择“属性”，会出现“显示属性”设置界面，选择界面右下角的“高级”选项，这时会出现显卡的设置界面，将“适配器”下的“刷新速度”更改为“默认的适配器”，保存后退出。

❖ 重新启动计算机，应该已经能够进入 Windows 桌面，将桌面分辨率更改为 1024×768 即可。

6 空气湿度对 LCD 有什么影响

故障现象：

听说 LCD 对空气湿度要求非常苛刻，有这回事情吗?

故障分析与处理：

这种说法并不准确，一般湿度保持在 30%～80%之间，LCD 都能正常工作，但一旦室内湿度高于 80%后，显示器内部就会产生结露现象。其内部的电源变压器和其他线圈受潮后容易产生漏电，甚至有可能造成连线短路。因此，LCD 必须注意防潮，长时间不用的显示器，可以定期通电工作一段时间，让显示器工作时产生的热量将机内的潮气驱赶出去。而且值得注意的是，LCD 对工作环境的温度要求也比较高，超出正常的使用标准很容易造成 LCD 无法点亮。

7 显示器为何自动关闭

故障现象：

打开显示器时，显示器的指示灯突然变红了（正常时为绿色），然后显示器自动关闭，反复多次都是如此，但过一段时间又好了。

故障分析与处理：

显示器指示灯变红，随后自动关闭，这应该是显示器进入了高压保护状态。

应该立即拔下显示器的电源线，并检查给显示器供电的电源电压是否正常。如果供电电压正常，则可能是显示器内部由于某种故障产生了一个瞬间的高压，此时最好将显示器送专业人员维修。

8 LCD 显示器能否接电视盒看电视

因为 LCD 显示器的可支持场频/行频范围为 55Hz～75Hz、30kHz、60kHz；而电视机的场频/行频为：50Hz/15.625kHz。两者工作频率相差太多，所以，除非使用有倍频功能的电视信号接收盒（只要它的频率在显示器标准频率范围内是可以显示的），否则 LCD 显示器无法看电视。

9 为何从不同角度看，液晶显示器亮度及画面颜色会有所不同

液晶显示器是以液晶为基本材料，但液晶本身并不发光，所以采用背光透射机制，由于用户站在不同的角度，光透过液晶的折射角度不同，所以感觉到亮度不一样。在 LCD 中，采用背光透射机制，虽然光线能穿透正确的液晶像素，但倾斜的光线也会穿透相邻的像素，所以从正常视角之外观看时会发现颜色严重失真。

10 在重启或关掉主机时为什么有时会画面闪动

同样尺寸的液晶显示器可视面积，比普通CRT 显示器可视面积大，它采用的是全画面显示方式。液晶显示器存储了不同分辨率的标准画面，设置了自动调整画面功能，就是液晶显示器在开关机或切换模式时会自动调整画面。所以用户看到开关机画面闪动是显示器正处于自动调整画面的过程，这是正常现象。

11 普通液晶显示器与液晶电视所使用面板有何区别

普通液晶显示器输入信号一般是静止的画面信号，而液晶电视输入的信号为连续变化的视频图像，所以对液晶电视的面板要求响应时间要求比较快，使画面不会有拖影现象。液晶电视可用来接收电视信号，那么它的亮度、对比度，可视角度要求比较高，使观众可以从较大距离及角度都能看清画面。

12 为什么液晶显示器有些分辨率下作图，所画的圆不圆

因为 LCD 的分辨率与 CRT 显示器不同，不能任意调整，它是制造商所设置和规定的。就是指 LCD 屏只含有固定数量的液晶单元，只能在全屏幕使用一种分辨率显示(每个单元就是一个像素)，一般是 1024×768。计算机输出的模式是多种 (如：640×480)，液晶显示器会对超出或低于液晶面板分辨率的模式进行缩小或放大来合成像素点。所以，液晶显示器有些分辨率下做图，所画的圆不够圆。建议15 英寸液晶使用 1024×768 的分辨率，17 英寸液晶使用 1280×1024 的分辨率。

13 为什么液晶显示器在关机时会有横线或竖线条纹

由于液晶屏是由 240 万个液晶单元组成，每个单元由电容组成。电容充分放电的过程，液晶显示器显示的静止画面不会有闪烁现象。但是，显示 3D 画面，由于图像刷新快，液晶电容响应时间不如 CRT 来得快，在关机的时候或画面切换时屏幕会有淡淡的余晖，即关机看到横线或竖线条纹，这是正常的，请放心使用。

小贴士

随着液晶显示器取代 CRT 正逐步成为市场主流，怎样选购液晶显示器就成为不少消费者关心的话题。

1．屏幕尺寸

对于液晶显示器来说，其面板的大小就是可视面积的大小，这一点与 CRT 显示器有同样参数规格的显示器，LCD 要比 CRT 的可视面积更大一些，一般 15 英寸 LCD 相当于 17 英寸 CRT，17 英寸 LCD 相当于 19 英寸 CRT，而 19 英寸 LCD 相当于 21 英寸 CRT。

2．响应时间

目前，液晶显示器的最大卖点就是不断提升的响应时间，从最开始的 25ms 到如今的灰阶 2ms，速度提升之快让人惊叹不已。响应时间决定了显示器每秒所能显示的画面帧数，响应时间越小，快速变化的画面所显示的效果越完美。

3．亮度/对比度

液晶是一种介于液体和晶体之间的物质，本身并不能发光，因此背光的亮度决定了它的亮度。一般来说，液晶显示器的亮度越高，显示的色彩就越鲜艳，现实效果也就越好。如果亮度过低，显示出来的颜色会偏暗，看久了就会觉得非常疲劳。对比度是亮度的比值，也就是在暗室中，白色画面下的亮度除以黑色画面下的亮度。因此白色越亮、黑色越暗，对比度就越高，显示的画面就越清晰亮丽，色彩的层次感就越强。

4．可视角度

由于液晶显示器的光线是透过液晶以接近垂直角度向前射出的，因此从其他角度观察屏幕的时候，并不会像看 CRT 显示器那样可以看得很清楚，而会看到明显的色彩失真。这就是可视角度大小所造成的。具体来说，可视角度分为水平可视角度和垂直可视角度。在选择液晶显示器时，应尽量选择可视角度大的产品。目前，液晶显示器可视角度基本上在 140°以上，这可以满足普通用户的需求。无论可视角度数值多少，是否方便自己的使用才是根本，最好根据自己的日常使用习惯进行选择。

5．色彩还原能力

液晶显示器的色彩一直都让人关注，目前很多厂商都提出了 16.2M 及 16.7M 这两个标准，这两个标准能够直观地反映出液晶显示器的色彩还原能力。如果对液晶显示器色彩要求比较严格的话，具备 16.7M 的产品才是最佳的选择。学会怎样分辨一台真正的 16.7M 色彩液晶显示器也变得十分必要。

8.2 CRT 显示器维护

CRT 显示器亮度高，可视角度大，色彩艳丽，在专业的图形图像设计领域使用比较广泛，而在家用、办公等领域已经逐渐被液晶显示器所取代。

1 CRT 显示器有哪些常见故障

1．显示器上出现一条亮的横线，其他地方无字符

这种情况一般是显示器的帧扫描电路出了问题，这时应检查芯片及周围的电路。

2．显示器上出现一条竖的亮线，其他的地方无字符

这种故障发生在行扫描电路，这时要检查行输出管、高压整流管、阻尼二极管及周围电路，或行输出管的前级振荡、偏转线圈。

3．屏幕上无任何显示

故障常发生在电源部分及行扫描电路，这时可检查电源、高压、行输出管及阻尼管出了什么问题。

如果不是显示器本身的问题，很有可能是计算机输入的视频信号太弱，这时可调整显示器的亮度。若无效，则可能是无视频信号输入到显示器，可检查显示器的信号电缆是否接触不良或损坏。若不是此原因，则是无视频信号产生，说明显卡损坏，需要检修或更换。

这种情况出现时，如果有条件，可以用一个确认是好的显示器换接一下，用以判断故障部位是在显示器本身还是在显卡甚至是主机。

4．屏幕上字符左右扭曲

这种故障一般是由于行不同步造成的。出现这种故障首先调整水平同步旋钮（现在的一些高档显示器已没有供用户可调整的同步旋钮，完全是自动控制），使水平同步。若无效，则可能是行同步信号有问题，需检修显示器的行输出电路。还有可能是显卡有故障，可更换显卡试一试。

5．垂直不同步

垂直不同步也称场频不同步，其现象往往是整屏信息上下滚动而不能稳定地显示一屏信息。这种情况一般来说可通过调整垂直同步旋钮即可使垂直达到同步，若无效，则需检修和更换显卡。

6．屏幕上字符倾斜

此种故障多数是由于偏转线圈移位造成的，只要调整偏转线圈到合适位置即可。

7．屏幕上显示的字符，左边大，右边小

根据此种故障现象，可以断定是行输出管的输出特性线性程度不好，换上好的行输出管就能解决问题。

8．屏幕上的字符乱抖动

这种情况通常是显示器内的变压器有漏磁干扰引起的。还有可能是显示器附近有磁场。这时应把变压器用软铁皮包住接地，将显示器远离磁场。

9．显示器内高压打火

这种故障原因有两种：一是灰尘太多引起高压漏电；二是由于高压线绝缘不良。只要除尘和换线就能解决问题。

10．彩色不好或没有彩色

出现这种故障其中一种原因可能是显示器失调，可通过调整显示器的彩色控制来解决。若无效，则可能是彩色信号不正确。也可能是3根彩色信号线脱焊造成的。如果不是显示器本身的问题，则需检修或更换显卡。

2 为何开机后显示器的屏幕边缘有闪烁现象

故障现象：

开机后，显示器的屏幕边缘有闪烁现象。

故障分析与处理：

这种故障可能是显示器自身存在的问题。此外，在 Windows 中，如果显示器的类型识别不正确，就可能出现边缘闪烁故障。个别情况下还可能出现显卡驱动程序故障。当然，应该先检测插座电压是否正常，再使用替换法检查，确定显示器自身有没有问题。如果有问题，就需要送厂家修理；如果没有问题，就需要重新进行相关设置。

进入 Windows 的安全模式检测效果。开机后进入安全模式，若不出现闪烁，可能是显示器类型不匹配。用鼠标右键单击桌面空白处，依次执行“属性”→“设置”→“高级”→“监视器”→“更改”命令，按照提示操作更改显示器类型。

3 显示器出现多个屏幕是怎么回事

故障现象：设置新分辨率和颜色后，要求重新启动。但启动后，一个屏幕变成了4个屏幕，鼠标也有4个指针，每个屏幕上都有许多白色的竖线，很难看清楚屏幕上的内容。

故障分析与处理：

这是分辨率和刷新率设置过高造成的。

开机时按“F8”键，然后选择安全模式进入。用鼠标右键单击桌面，选择“属性”→“设置”，把分辨率修改一下。确定后，系统提示在安全模式下不能修改分辨率，将以缺省的640×480分辨率取代。重新启动电脑后，显示正常，就可以重新设置分辨率了。

4 显示器为什么显示为深蓝色

故障现象：

电脑开机后，显示器显示为深蓝色，时间长了也无法正常显示。

故障分析与处理：

可能是显示器与显卡连线有缺针或某个针弯曲造成的，请仔细检查。注意与正常显示器信号线对比，因为显示器信号线本身就有几根针不用。

解决方法是，关机后拔下显示器的信号线，看是否有缺针或某个针弯曲的情况。如果有，用尖嘴钳将弯曲的针拉直。

5 为什么白色字符显示为黄色

故障现象：

显示器在与主机联机工作时，信号显示正常，但是白色字符显示为黄色。

故障分析与处理：

显示器光栅正常时应为白色，它是由红、绿、蓝3种基色混色合成的。当光栅为黄色时，根据三基色原理，判定为缺少蓝色。

一般来说，有3种解决方法：

（1）检查显示器与电脑之间的电缆。如果电缆有异常或被不正常拉伸，它就会阻碍红、绿、蓝颜色中的某一种颜色信号。

（2）要保证电缆上针的数量和分布与连接孔匹配。一旦不匹配，显示器就不会接收到正确的信号。

（3）显示器可能需要修理。有时显示器内部显卡与电路板之间的连接松动会导致某种颜色消失。

6 显示器加电后字符显示正常，但缺红色，这是怎么回事

故障现象：

显示器加电后，字符显示正常，但缺红色。

故障分析与处理：

此类故障一般是由显示器视频处理电路部分开路、虚焊或元件损坏所引起。

打开显示器后盖，检查显像管电路、视放级、视频处理集成电路芯片等部分，均未发现开路、断线及虚焊。测量红色（R）信号通道部分的三极管、二极管、电容、电阻等元件上的电压及对地电阻值，并与绿色（G）、蓝色（B）两路信号的对应点进行比较，发现相差不大。有可能是信号耦合电容失效所致，拆下R信号通道中的各耦合电容，用G、B两路的相同电容进行替换，故障依旧。再仔细检查，发现显示器15针插头里有一根针弯曲，贴在插头的外壳上（扫地），用万用表进行测量，该针果然是R信号的输入脚。用尖嘴钳把弯曲的针拉直，插上开机，一切正常，故障排除。

7 开机后显示器红屏，怎样处理

故障现象：

电脑使用一直正常，一次开机后显示器红屏。

故障分析与处理：

根据现象分析，是显示器的绿蓝阴极管发生衰减所致。

使用高压电击阴极管，可以让衰竭的阴极管暂时恢复，但这只是暂时性解决，应该考虑更换显示器了。

8 字迹由模糊变清晰，是怎么回事

故障现象：

刚开机字符模糊，然后渐渐清楚，是正常现象吗？

故障分析与处理：

这个情况是显示器老化的前兆。

从原理上来说，显像管内的阴极管电子枪必须加热之后才能打出电子束，可是当阴极管开始老化的时候，加热的过程变慢了，所以在刚开机的时候，没有达到标准温度的阴极管，无法射出足够的电子束。因此我们这时看见的画面会由于没有足够电子束轰击荧光屏而不清晰，而长时间使用之后，温度达到标准的要求，足量电子束轰击荧光粉使显示器变得清晰起来，这个情况一般发生在购买显示器多年之后，已经没有维修的必要了，可以另行选购显示器。如果是新显示器出现这样的问题，说明该机已有老化征兆，有可能是翻新显像管，建议立刻退货。

9 显示画面先清楚后模糊，又是怎么回事

故障现象：

刚开机时，显示器的显示画面比较清晰，但过一会就变得模糊了，这是为什么？

故障分析与处理：

从原理分析，造成这种现象的原因主要在于聚焦电路，也有可能是散热不良造成的。首先是由于聚焦电路设计有问题，造成长时间使用之后无法保证其正常工作，造成图像模糊；其次呢，由于散热不良，造成行管太热，形成输出功率损耗，接着影响到高压的输出和加速

级电压输出不够，从而影响到聚焦电路的正常工作。其实还是聚焦电路的问题。

解决方法：打开显示器的后盖，里面有一个可以调整高压的旋钮。不过这种方案只是在短期内有效，长时间让显示器在调整高压的情况下工作会加速显示器的老化，时间长了仍然会产生聚焦不良的情况。如果这台显示器已经服役多年，可以让其发挥生命中最后的热量，如果是新近购买的显示器，就一定要尽快更换。

10 显示器缺色是什么原因造成的

故障现象：

电脑开机后，显示画面始终缺少某一种颜色。

故障分析与处理：

由于显示器靠解码电路来分离色彩，出现缺色问题，基本故障确定在这个电路上，更换电路即可解决。不过一些隐性问题也可能造成缺色，这个就很不好区分和维修了。

由于缺色涉及电路板的更换和维修，甚至只是更换部分电容电阻等元件，出现这样的问题应立刻到专业的显示器维修中心去测试，如果是新显示器，则应立刻更换。

11 显示画面由大变小，是正常的吗

故障现象：

电脑刚开机的时候，显示器的画面很大，然后在几秒钟后慢慢缩小到正常的情况。

故障分析与处理：

出现这种情况的显示器基本属于品质良好的显示器。

造成这种现象的原因是因为在刚开机的时候，偏转线圈所带的电流很大，为了防止此时有大量的电子束瞬间轰击某一小片荧光屏，造成此片的荧光粉老化速度加快而形成死点，高档的显示器都会有个保护电路开始工作，使偏转线圈让电子束散开，而不是集中在某块。而当偏转线圈的电流正常的时候，保护电路会自动关闭。所以我们看见的图像在刚开机的时候很大，后来缩小正常，这个过程就是保护电路开始工作的过程。不过值得注意的是，如果是在使用过程中，特别是在切换一个高亮、高暗的图像时如果出现画面缩放的情况，那表示这款显示器的“呼吸效应”较大，高压部分不稳定。如果在售后服务期内，应尽快更换新的显示器。

12 显示器屏幕闪烁，怎么处理

故障现象：

同样的刷新率，为什么我的显示器看着比别的显示器更闪烁？

故障分析与处理：

这个原因主要在于行场处理不同步，也有可能是因为某些相关元件质量不好，造成显示器在工作中超出正常范围，无法达到正常工作的要求。

这种档次的显示器在实际使用过程中相当于“超频”使用，很容易造成显示元件损伤，应立刻降低其使用标准，恢复默认出厂设置，以延长显示器使用寿命。

13 显示器内部“吱吱”响，是不是快坏了

故障现象：

电脑开机后，显示器内部发出“吱吱”声。

故障分析与处理：

“吱吱”声是因为高压包在打火，而打火的主要原因是老化，使得高压包的某些地方绝缘不太好，就会出现这种情况。

这种情况下只有移交维修中心更换显示

器的高压包，即可修理好显示器，有些品牌的显示器甚至对高压包进行 3 年的保修服务，非常值得推荐。

14 显示器突然黑屏，是怎么回事

故障现象：

显示器在使用一段时间的时候突然黑屏，为什么？

故障分析与处理：

这种情况只是小问题，主要是因为显示器内部的部分元件不稳定，当达到一定程度的时候，保护电路自动切断电源所致。

这种问题虽然很小，但是解决起来比较麻烦，应送至维修中心检修，更换部分元件即可。

15 显示器某几个角偏色，怎么处理

故障现象：

显示器的显示屏幕出现某几个角偏色的现象。

故障分析与处理：

这种情况通常是受周围磁场影响。对显示器造成影响的磁场因素有很多，例如音箱、彩电、无绳电话等。

更换地点，更换显示器放置方向即可；此外，利用目前大多数显示器都具有的消磁功能，也可以解决部分偏色的问题。如果偏色非常严重，多次消磁之后依然存在，可以使用专业的消磁设备消磁即可完全修复偏色，也可以交给专业人士帮助消磁。

16 开机时显示器画面抖动，是什么原因

故障现象：

电脑刚开机时显示器的画面抖动得很厉害，有时甚至连图标和文字也看不清，但过一两分钟之后就会恢复正常。

故障分析与处理：

这种现象多发生在潮湿的天气，是显示器内部受潮的缘故。要彻底解决此问题，可使用食品包装中的防潮砂用棉线串起来，然后打开显示器的后盖，将防潮砂挂于显像管管颈尾部靠近管座附近。这样，即使是在潮湿的天气里，也不会再出现以上的"毛病"。

17 显示器开机后，画面很久才出现，怎么办

故障现象：

电脑开机后，显示器只闻其声不见其画，漆黑一片。要等上几十分钟以后才能出现画面。

故障分析与处理：

这是显像管座漏电所致，需更换管座。拆开后盖可以看到显像管尾的一块小电路板，管座就焊在电路板上。小心拔下这块电路板，再焊下管座，到电子商店买回一个同样的管座，然后将管座焊回到电路板上。这时不要急于将电路板装回去，要先找一小块砂纸，很小心地将显像管尾后凸出的管脚用砂纸擦拭干净。特别是要注意管脚上的氧化层，如果擦得不干净很快就会旧病复发。将电路板装回去就大功告成。

知识加油站

由于现在的CRT技术比较成熟，商家都纷纷推出了自己的特色技术吸引消费者，例如瘦身和高亮技术，其中三星MB系列的MagicBright、飞利浦的显亮三代、V高亮度显像管、Sony高亮度特丽珑显像管 、三菱M2的高亮度显像管等都能达到高亮效果，但是在高亮的情况下，文字的显示会有发虚现象而且比较刺眼，因此高亮技术不能作为选购的决定因素，而只能作为一个参考的标准。

另外由于受CRT显像管成像原理的制约，无论在何种的瘦身技术下，CRT显示器瘦身的效果都难有质的飞跃，因此显示器的尺寸也不该作为选购的决定因素。

显示器的带宽也是一个考虑的因素，一般而言17英寸的显示器只要有110MHz带宽就已足够，但是由于带宽与显示器的刷新率有关，刷新率越高，人眼感觉显示器闪烁的程度越小（一般刷新绿75MHz以上，人眼已经不会感觉闪烁）。三星的Highlight Zone II、MouScreen 和飞利浦显亮 3 代的智能高亮技术可以实现对特定区域或网页图片的局部高亮。

而像OSD的调节、通过的国际环保认证、不同品牌的特色功能等都可以拿来参考。甚至有的显示器还有DVI数字接口，突破了传统CRT显示器只支持模拟型号输入的局限。通过对收敛、聚焦、摩尔纹、色纯等OSD菜单的调节可以大大地改善显示的质量。而通过TCO99和TCO03的显示器，在对显示器的亮度、对比度、闪烁、反射、辐射、材料可回收以及人体工学等方面都进行了严格要求，对人体健康也是一个保障认证。其实选购显示器首要看日常的应有习惯，做到量体裁衣才是明智之举。

8.3 鼠标和键盘维护

鼠标和键盘是电脑最基本的输入设备，少了其中任何一个都会很麻烦，甚至完全不能操作电脑。这里对常见的鼠标键盘故障进行分析，并给出解决方法。

1 鼠标常见故障怎么处理

鼠标是目前电脑中最易耗损的配件，因为它是用户接触到最多的一个配件。频繁的使用会造成鼠标故障率的增大，但对于很多使用者手中的机械鼠标来说，电气方面的故障并不多见，常见的多是机械故障，完全可以自己动手来排除。

有些鼠标在刚开始使用时很正常，但用过一段时间后就会让你不顺手，主要表现在鼠标的箭头在显示器的屏幕上移动得不够平滑，甚至移动得非常吃力，也就是定位性不好，这类故障通常是因为平时保养不当使鼠标内部积灰造成的，此外还可能是受到了外界的强烈震动而引起的。

打开鼠标底部的滚动球盖，取出小球，就会看到里面有两个可转动的轴和一个小轮，小轮起支撑鼠标球的作用，两个轴分别负责鼠标的光标在屏幕上下和左右的移动。检查一下两个轴上是否沾有污物，若有，用小起子刮下来即可。装好鼠标试用一下，倘若鼠标恢复正常了，说明是灰尘引起的，以后使用时要注意环境卫生，以免再把脏东西带进鼠标里。倘若没有恢复正常，就只有彻底拆开鼠标来修理了。

鼠标的底面一般有 1～2 个螺丝，有的从外面可以看到，有的被盖在商标下面。打开鼠标后可看到两个转动轴上都装有开了许多栅孔的小轮，小轮两侧各有一个发射二极管和接收二极管，其组合构成了鼠标光标在屏幕上的移动。鼠标受到外界冲击后，两个二极管就会错位，接收二极管不能很好地收到发射二极管的信号，鼠标就不能好好工作了。矫正一下，使两个二极管处于一条直线上，并距栅轮越近越好，但也不能和栅轮有接触。如果这样修理后鼠标仍不能恢复正常，那就是电气方面的故障了，没有专用仪器一般很难修复。

鼠标另一种常见的毛病是按键失灵。打开鼠标可看到按键下面是个微动开关。微动开关的结构很简单，只有 3 个触点和 1 个簧片，鼠标按键失灵的原因就是微动开关里的簧片失去弹性或断裂造成的，修复的方法有两种（仅限于 3 键鼠标）。一种是把鼠标中不常用中键下的微动开关与失效的微动开关互换，但这需要电烙铁；还有一种方法是打开微动开关，把中键微动开关里的簧片换到失效的微动开关里去，这个工作只用一个小镊子就可以完成，但一定要注意簧片的方向。

2 系统找不到鼠标，怎么办

故障现象：

电脑开机之后没有发现鼠标。

故障分析与处理：

出现这种问题主要有以下几个原因：

（1）鼠标彻底损坏，需要更换新鼠标。

（2）鼠标与主机连接串口或 PS/2 口接触不良，仔细接好线后，重新启动主机即可。

（3）主板上的串口或 PS/2 口损坏，这种情况很少见，如果是这种情况，只好去更换一个主板或使用多功能卡上的串口；

（4）鼠标线路接触不良，这种情况是最常见的。

接触不良的点多在鼠标内部的电线与电路板的连接处。故障只要不是在 PS/2 接头处，一般维修起来不难。通常是由于线路比较短，或比较杂乱而导致鼠标线被用力拉扯的原因，解决方法是将鼠标打开，再使用电烙铁将焊点焊好。还有一种情况就是鼠标线内部接触不良，是由于时间长而造成老化引起的，这种故障通常难以查找，更换鼠标是最便捷的解决方法。

3 鼠标能显示但无法移动，怎么办

故障现象：

电脑开机之后显示屏上有鼠标，但是鼠标指针无法移动。

故障分析与处理：

鼠标的灵活性下降，鼠标指针不像以前那样随心所欲，而是反应迟钝，定位不准确，或干脆不能移动了。这种情况主要是因为鼠标里的机械定位滚动轴上积聚了过多污垢而导致传动失灵，造成滚动不灵活。维修的重点放在鼠标内部的 X 轴和 Y 轴的传动机构上。

可以打开胶球锁片，将鼠标滚动球卸下来，用干净的布蘸上中性洗涤剂对胶球进行清洗，摩擦轴等可用无水酒精进行擦洗。最好在轴心处滴上几滴缝纫机油，但一定要仔细，不要流到摩擦面和码盘栅缝上了。将污垢清除后，鼠标的灵活性恢复如初。

4 电脑关闭之后，光电鼠标仍然发光，是什么原因

故障现象：

在电脑关闭之后，光电鼠标的 LED 仍然亮着。

故障分析与处理：

主板的键盘鼠标开机功能是造成鼠标在关机后仍然发光的最普遍的原因——为了实现键盘鼠标开机、网络唤醒等电源管理功能，目前市面上主流的 ATX12V 电源都会向主板提供+5VSB 供电。也就是说，主流 ATX 电源在关机后并没有切断所有的电压供给，而是保留了一组+5VSB 输出为主板供电，让主板、键盘鼠标等硬件处于待机状态。由于眼下绝大多数主板都支持 PS/2 键盘鼠标开机，所以在关机后电源仍然为主板的 PS/2 接口供电，让鼠标处于待机状态，这时候最明显的特征就是光电鼠标的扫描等仍然会发光。

如果我们的主板只支持 PS/2 接口键盘鼠标开机的话，换用 USB 接口的光电鼠标就能解决电脑关机之后鼠标仍然发光的问题。

不过现在也有很多主板同时支持 PS/2 和 USB 键盘鼠标开机，这时候无论我们使用 PS/2 还是 USB 接口的光电鼠标，只要键盘鼠标开机功能没有关闭，那么鼠标在关机后就会一直处于待机状态。所以要解决这一问题的根本解决方法就是关闭主板的 PS/2、USB 键盘鼠标开机功能。

此外，主机关机后鼠标灯不灭也是很多使用 Intel 芯片组的主板所特有的现象。因为 Intel 芯片组在没有切断 220V 市电供电的情况下（即电源还有供电），其 USB 端口就会随机性地提供 0.9～2.5V 的电压输出，如果此时我们使用的是 USB 光电鼠标，那么鼠标的扫描灯

仍然会亮。

5 鼠标损坏也会引起电脑关机

故障现象：

电脑使用一直很正常，但某天开机后，光驱运行时电脑突然自动关机。此后重试了几次，每次在用鼠标打开"我的电脑"时，电脑异常掉电关机，在安全模式下也不例外。

故障分析与处理：

首先感觉电源故障的可能性很大，电源在光驱启动的瞬间由于电流会突然加大，劣质电源很容易产生掉电。于是换上名牌电源，但现象如故。之后陆续更换了显卡、CPU、主板等设备都无法解决问题。开机再仔细观察，发现进入系统后只要不动鼠标就没问题，但只要移动鼠标电脑就会自动关机。拿一新鼠标换上，开机运行，一切正常了。仔细检查鼠标，发现原来鼠标里有几条细导线的绝缘层已经严重破损，露出了里面包着的金属丝，而且有的部分纠缠在一起。

6 鼠标光标不能灵活移动，怎么办

故障现象：

移动鼠标时，鼠标光标不能灵活移动。

故障分析与处理：

一般这种现象可分两种情况考虑：

（1） 由于鼠标器受到强烈震动（如掉在地上），使红外线发射或接收二极管稍稍偏离原位置造成故障。这种现象的特点是光标只在一个方向（如 X 轴方向）上移动不灵活。

（2）鼠标器的塑胶圆球和压力滚轴太脏（如有油污），使圆球与滚轴之间的摩擦力变小，造成圆球滚动时滚轴不能同步转动。这种现象往往是光标向各方向移动均不够灵活。

解决方法：

第一种情况将鼠标底部螺丝拧下，小心打开上盖。轻轻转动压力滚轴上的圆盘，同时调整圆盘两侧的二极管，观察屏幕上的光标，直到光标移动自如为止。

第二种情况打开鼠标器上盖取出塑胶球，用无水酒精将塑胶球和压力滚轴清洗干净。

7 鼠标按键故障怎么处理

故障现象：

按下鼠标键时，电脑无任何反应或间歇性无反应，就像鼠标根本没被按下一样，但能清楚地听见鼠标的按键声，而且鼠标的移动操作正常。

故障分析与处理：

鼠标的移动操作正常，说明鼠标只是在按键的部件上出现了问题。又因为按键时仍能听见清晰的按键声，所以估计故障是按键接触不良引起（如果是间歇性无反应，就更能说明鼠标是出现了按键接触不良的问题）。拆开鼠标，可以看见在电路板上对应鼠标壳的按键下面有两个按键装置（若为 3 键鼠标则有 3 个）。用手按下出现失灵现象的按键装置上的凸起塑料片，随着手按下力度的增大，凸起塑料片就被按得越深，失灵现象就明显减弱。照此看来，分析应该是正确的，故障就出在按键装置的内部。

打开有故障的按键装置，移开键帽，可见装置在底座上的 3 个触点（触点 A、B、C）上嵌有一块薄薄的金属片，金属片的一边固定在触点 A 上，中间由一块弧形片卡在触点 B 上，使金属片的另一边微微翘起顶在一块金属条下面。用螺丝刀模拟塑料片按下金属片，使金属片发出"咔咔"声时，C 端上方的一边能接触到 C 点，发现此时鼠标按键操作是正常的，说明只是因为金属片与触点 C 的接触距离过远而导致接触不良。用螺丝刀或其他工具把触点 C 适当地撬起一点，然后装好鼠标。此时鼠标便能正常操作，不再出现按键失灵的现象。

8 鼠标机械故障怎么处理

故障现象：

有的鼠标，在使用过程中发现移动鼠标时，屏幕上的光标不动。只有当用户迅速地大幅度移动鼠标时，光标才会移动，造成光标移动困难。

故障分析与处理：

当大幅度移动鼠标时，光标能正常移动，基本上可以确认为是机械方面的故障。取下鼠标底部带有小圆孔的塑料板，小球与光栅计数器的轴都很干净，看起来似乎都正常。找一只正品双飞燕鼠标，将两个鼠标仔细进行比较。结果发现两者底部塑料板上的圆孔直径不同，杂牌鼠标的圆孔要比双飞燕鼠标的小。该圆孔的作用是让小球露出一部分，使小球能在桌面上滚动。而杂牌鼠标的圆孔过小，造成滚动球滚动困难。

用锉子适当地将塑料板上的圆孔扩大。经修理后的鼠标光标移动灵活自如。

9 鼠标指针跳动不稳定，怎样处理

故障现象：

启动电脑，进入 Windows 系统后，移动鼠标时鼠标指针跳动，不稳定。

故障分析与处理：

启动 Windows 后，检查鼠标的驱动程序，安装正确，且驱动程序没有受到破坏。用杀毒软件检查，没有发现病毒。将鼠标与主机的接口插头重新拔插一次，重新启动 Windows，故障仍未排除。最后用替换法，将另一只正常的相同型号的鼠标与主机连接，开机进入 Windows，故障现象消失。于是确定这是鼠标本身的硬件故障。打开鼠标底盖，发现滚动球和接触点上都很脏。

用清洁剂清洗滚动球和所有接触点，然后将滚动球和接触点上的残留液体擦干净，再装上鼠标，将鼠标与主机连接，开机进入 Windows，鼠标指针移动正常，故障排除。

10 鼠标在某一个方向上移动困难，怎样处理

故障现象：

一台兼容机，配一个机械式鼠标，使用一段时间后，发现鼠标箭头横向移动困难，有时甚至原地不动。

故障分析与处理：

对鼠标进行清灰处理后故障依旧。将该鼠标拆下，安装到另一台兼容机上使用，故障依旧，估计鼠标内部已经损坏。将该鼠标的滚动球取出，轻轻撕去后盖上的商标，露出紧固螺钉，用螺丝刀将其拧下，稍用力推动鼠标上盖，将其取下，再将整个鼠标电路板取出。仔细观察电路板，发现该鼠标 X 轴方向的光电接收管严重偏离正常位置，导致不能接收 X 轴方向的光线，也就无法产生 X 轴方向的移动信号，使鼠标横向移动困难。

将 X 轴方向的光电接收管恢复正常位置后，故障排除。

11 开机后拔插 USB 鼠标才能使用，是什么原因

故障现象：

电脑配置为华擎 P4I45PE 主板、USB 鼠标、操作系统为 Windows XP。最近一段时间频繁出现开机后鼠标无反应的现象，拔下鼠标重新插入后可正常使用。换个 USB 插口也是同样的现象。

故障分析与处理：

这种问题多和供电系统有关，可以根据以下方法进行故障排除：

（1） 如果在使用 Windows XP 时，将关机设置为“STR/STD”，那么再次启动进入系统后，可能因为高级电源管理功能造成 USB 设备无法正常供电。请用管理账户登录到 Windows XP，然后在“我的电脑”图标上单击鼠标右键，从弹出的快捷菜单中选择“属性”项，进入“硬件”页面的“设备管理器”，在设备管理器中找到 USB 控制器，展开后会看到“USB Root Hub”选项。双击打开，然后在“电源管理”页面中把“允许计算机关闭此设备以节省电源”选项前的“√”去掉。

（2） 如果以上方法不行，就进入主板 BIOS 的电源管理选项中，把高级电源管理模式由“S3（STR）”更改为“S1（POS）”。

（3） 如果使用了无源 USB Hub，而鼠标就接在 USB Hub 上的话，那么也可能导致供电不足的问题。因为在无源 USB Hub 中，所有的 USB 接口的电力都是从一个 USB 接口中得到的，如果一个 4 口的 USB Hub 连接了 4 个 USB 设备的话，那么每个 USB 端口就只能获得 500mAh/4=125mAh 的电力供应。如果是这种情况，可以拔掉几个 USB 设备试试。

12 鼠标驱动程序故障怎么处理

故障现象：

电脑使用的是一杂牌鼠标，安装在 PS/2 口，但在 Windows 98 中，有时鼠标会无缘无故不动，只能用键盘操作。

故障分析与处理：

这说明鼠标驱动程序有问题，因为在 Windows 中，应该使用图形界面下的鼠标驱动程序，而不用在 config.sys 或 autoexec.bat 中挂入驱动程序，所以问题一定出在 Windows 的缺省驱动程序不能和鼠标兼容。使用该鼠标厂家提供的 Windows 下的驱动程序即可解决问题。

13 鼠标完全失效，怎么排查故障

故障现象：

电脑开机进入系统之后，鼠标完全不动。

故障分析与处理：

排除驱动程序问题之后，先清除鼠标内部污垢，然后用小刀将鼠标与导线连接部分的那层皮剖开，如果发现其中的导线有断开的现象，按线的颜色连接好，再用绝缘胶带缠好，鼠标又恢复正常。

14 光电鼠标时动时停，是什么原因

故障现象：

一个半光电鼠标（无鼠标下的光电板），在使用时，光标在沿水平方向移动会出现时动时停，与鼠标的移动不同步。

故障分析与处理：

此类故障可能是鼠标的 X 轴方向的光栅计数机构有问题所致。打开鼠标，检查 X 轴光栅计数机构，发现其光栅盘较脏，部分光栅被堵塞，使得发光二极管发出的光不能连续透过光栅盘，致使计数器不能正确计数、光标无法连续移动。取出光栅盘，用无水酒精将其清洗干净，重新安装即可。

15 资源配置冲突引发的鼠标故障，该怎样处理

故障现象：

使用鼠标时突然不能移动，将鼠标接在其他电脑上使用正常。

故障分析与处理：

在“控制面板”→“系统”→“设备管理”→“鼠标”选项中将原来的“标准串行

鼠标”删掉，逐一换成“标准 PS/2 端口鼠标”、“Microsoft Serial Mouse”试验，故障现象依然存在。将该机的设置与其他电脑进行比较发现该机的鼠标属性描述为 C:\Windows 98\System\Msmouse.vxd 和 C:\Windows 98 \System\Mouse.drv，而正常运行的鼠标属性描述为：“不需要驱动程序或者没有给该设备加载驱动程序”。于是在 DOS 下用“ren”命令将它们分别改名，重新启动后系统提示找不到“msmouse.vxd”，接着再用安全模式启动后依次进入“控制面板”/“系统”/“设备管理”/“端口”选项，发现有 COM1、COM2、COM4 三个端口，由于 COM2 和 COM4 是互相对应的一个端口，不应该同时存在，所以引起故障的原因是由于资源冲突引起，将 COM4 删除后，故障现象消失。

16 三键鼠标的中键不能使用，怎样处理

故障现象：

安装一只 PS/2 口三键鼠标，开机后 Windows 98 检测到鼠标并为其安装了缺省的 PS/2 鼠标驱动程序，用测试程序一测，左右两键均能正常工作，但按下鼠标中键没有任何反应。

故障分析与处理：

缺省的驱动程序只支持两键，为了让鼠标正常使用，可采取下面的方法解决：

运行“regedit”命令，打开注册表编辑器，定位到 HKEY_LOCAL_MACHINE\Software\Logitech\MouseWare\CurrentVersion\PS2\0000 子键，再将键值名为“Number Of But”中的内容由“2”改为“3”即可。

17 系统不能检测到 PS/2 鼠标，是什么原因

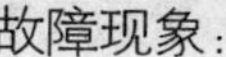

故障现象：

一台电脑可以使用串口鼠标，但使用 PS/2 鼠标时系统检测不到。

故障分析与处理：

由于部分 PS/2 鼠标需要在 CMOS 中进行设置，可以在开机时按“Del”键进入 CMOS 设置，在“Integrated Peripherals”中将“PS/2 Mouse”设为“Enabled”即可。

18 系统检测不到串口鼠标，是什么原因

故障现象：

一块主板在维修时更换了串口连线后，无论什么串口鼠标都检测不到。

故障分析与处理：

虽然串口和并口都是标准的，但有些主板的串口线不能通用，一定要使用原装的连线，只需向经销商索要该主板连线重新连接即可。

19 电脑开机后检测不到鼠标，怎么办

故障现象：

一只使用了很长时间的串口鼠标，突然检测不到鼠标。而其他鼠标可以使用，该鼠标插到其他电脑上也能使用。

故障分析与处理：

如果鼠标拔插次数太多，接口就容易松动，只需更换鼠标或换串口或串口连线即可。

20 功能完好的鼠标在某台电脑上失灵，是什么原因

故障现象：

一台电脑进入 Windows 后串口鼠标指针不听使唤。

故障分析与处理：

用键盘打开“控制面板”，然后双击“系统”图标，依次打开“设备管理”→“端口”→“通信端口 COM1（或 COM2）”→“属性”，没有发现任何设置错误。启动 DOS 6.22，分别运行“mouse.com”和“msd.com”，没有发现任何异常现象。

拆开鼠标，取出滚动球，先进行清洁，再用万用电表测量各按键的接触情况和连线的通断情况，也无异常。将鼠标连在其他电脑中，使用正常，说明鼠标没有问题。找到鼠标的配套软盘，运行其自带的驱动程序，屏幕上显示“Can not find COM:port，Error”，再运行“msd.com”。

21 键盘产生故障的原因有哪些

对于键盘来说，产生故障的原因可能有以下几种：

（1）键盘与主板的接线口损坏，键盘电缆的接触不良、电缆内部断线。对于这些情况，需要把所损坏的部件进行更换。

（2）键盘的个别键失效或接触不良，不能复位，卡键或者无反应。由于制造的工艺粗糙，按下键后不能复位，可用砂纸、小刀甚至锉刀对它进行修复直到按动自如为止。对于一些频繁的按键失效情况，先卸去螺丝，取下键盘外壳，再依次取下键帽、两边的塑胶片、弹簧。将弹簧的角度作适度的扩大。再如上面的反次序装好键盘。

（3）键盘的内部电路产生故障。这种情况，可以把损坏的部件进行更换甚至换掉这个键盘。

对键盘的失效故障，一般采取替换法。根据检查键盘各个键的接触情况来进行判断。

22 键盘和鼠标同时失效，是什么原因

故障现象：

一台电脑每次有声音时，键盘和鼠标就失去了响应。

故障分析与处理：

将声卡拔去后一切正常，格式化硬盘后问题依旧，换了另外一块声卡，或者将声卡换了插槽也无济于事，由此可以断定该故障属于中断冲突。将声卡拔去后一切正常，应该是声卡占用的中断和鼠标占用的中断相同。

PS 口用的 IRQ 一般为 12，如果声卡也使用该 IRQ，就会产生冲突。在“我的电脑”上按鼠标右键，选择“属性”，将声卡的相关设置设为“自动设置”，或者手动分配给声卡一个空的中断和未占用的地址。若以上处理仍不能解决问题，大多是因为非 Intel 芯片组的主板在兼容性方面存在一些问题，需安装这些主板厂商提供的补丁程序。

23 键盘粘连该怎么处理

故障现象：

标准键盘的左“Shift”键常发生短路现象，然后键盘被锁住，按“Num Lock”键无反应或反应迟钝，按其他键，发出“嘀嘀”的声音。

故障分析与处理：

首先换个好的键盘试用，查看是否是因为软硬件有问题造成的，如果没有软件问题，应该是由于键盘接触不好造成的。普通键盘是两块透明塑料板的电路，通过按键盘按钮产生的压力将两块电路板的触点接触产生信号。可以把键盘拆开，检查一下各触点是否有粘连现象、触点是否导电、可以用万用表欧姆挡测量电路上的电阻值大小用以判断电路是否连接正常，然后再根据实际情况进行处理。

24 键盘故障会导致死机吗

故障现象：

一台电脑在 Word 中输入几个字符后就突然死机，如果不输入字符，则系统正常。

故障分析与处理：

首先怀疑是输入法引起的故障，切换至其他输入法，仍出现类似情况。将系统已有输入法全部删除再重新安装，问题依旧。在 DOS 下键入“Scanreg/Restore”恢复发生故障的注册表，然而重新启动 Windows 后问题仍未能解决。用杀毒软件没有发现任何病毒，于是决定重装系统，但始终无法安装成功。最后再仔细检查各个部件的连接情况，发现键盘接口有两个针靠在了一起，将其矫正后故障排除。

25 键入字符与显示不一致是什么原因

故障现象：

一台使用了一段时间的电脑键入字符与显示不一致。

故障分析与处理：

此类故障一般是由下列两个因素造成的：一是键盘电路触发器中的某一个触发器发生故障，引起该位发送代码不发生变化，二是主机的键盘接口电路发生故障，使 4 位二选一多路开关的输入端某一门损坏，引起接收代码的某一位始终不发生变化。处理时只要用万用表或示波器对键盘电路触发器或主机的键盘接口电路进行检测，找出故障点后更换即可。

26 键盘自检时出现错误，怎么处理

故障现象：

一台电脑自检时屏幕提示出错码“301”，按任意键无效。

故障分析与处理：

这种故障大多是由于键盘输入/输出接口部分松动、接触不良或损坏所引起。在主机插座处用万用表检测引线输入端各点，电压正常；关机时检查键盘与主机通导情况，也未出现问题。但只要动一动键盘插头，有的信号则由通变成不通，说明存在接触不良问题。经仔细检查发现插头与插座接触不良，将其插座内的簧片进行相应调整后，键盘恢复正常。

27 开机自检提示键盘锁住了，该怎样处理

故障现象：

一台电脑开机自检时屏幕提示如下：

Keyboard is locked Unlock it
KB/Interface error
Press <F1> to Resume

故障分析与处理：

从提示可以判断故障是由于键盘没有信号引起，用万用表检查键盘电缆，发现 Kbddata 信号线脱焊，将信号线重新焊牢再开机检测，一切正常。

28 "Enter"键失效了，怎么办

故障现象：

打开文件仅需按一次鼠标左键即可，并且鼠标右键无法使用。

故障分析与处理：

出现这种现象是由于“Enter”键无法复位所造成的，拆下键盘面板，可看到两张碳或金属质触头的透明薄膜，中间还夹着一张在小黑点位置上是小圆洞的透明薄膜，再下层是与键盘上的键一一对应的小凹洞橡胶膜，每个小凹洞同时也与上层透明薄膜的小黑点对应。每个小黑点与键盘上的每个键相互对应，而与回

车键对应的小黑点则有 4 个串联，使得任何方向按 " Enter " 键都获得系统承认，3 个相对较近的和一个与之较远的，由于长期使用和橡胶老化的原因，其中一个小黑点始终接触，于是用透明胶把该小黑点粘上，重新装上后开机检测，键盘使用正常。

29 启动计算机后键盘死锁，怎样处理

故障现象：

计算机启动后键盘死锁，用诊断盘诊断故障代码为 300。

故障分析与处理：

此现象多是键盘内有灰尘、污垢所致。打开键盘，用少量的无水酒精擦除灰尘，注意不要用水清洗，以防水进入键盘短路而烧毁电路。清理完晾干后装好再使用，故障排除。

30 回车键和空格键无效了怎么办

故障现象：

一台电脑使用的是 COMPAQ 键盘，键盘在自检时正常，但回车键、空格键无法使用。

故障分析与处理：

COMPAQ 键盘是 COMPAQ 计算机公司设计生产的，是与其整机配套使用的专用键盘。该键盘的五芯插头比一般的 AT 机插头小，并且该键盘的接触方式与其他键盘不同，一般的键盘采用的是开关通断，而 COMPAQ 键盘采用的是导电橡胶方式，印刷电路是采用导电银浆印刷在薄膜基片上。打开键盘底板，发现回车键、空格键的键帽与线路板上各自的接触点之间有异物，使得两键因接触不良而失灵，用毛刷刷去异物，再用无水酒精擦洗接触表面即可。

31 键盘自检失败，是什么原因

故障现象：

机器使用三星键盘，在开机自检时，屏幕显示出现出错信息“Keyboard error Press F1 to RESUME”，但按“F1”键也无反应，按其他键也不行。

故障分析与处理：

为判断是键盘本身的故障还是主板键盘接口故障，用一只好键盘在该机上试验，一切正常，说明是键盘本身的故障。拆开键盘后盖，检查电缆四根引线的电平，VCC 引线为+5V 高电平，GND 引线为低电平，DATA 引线为高电平，而 KBLCK 引线为低电平，正常时 KBLCK 引线应为高电平。关掉主机拔下键盘插头，用万用表×1Ω 挡测量电缆两端的对应引线，发现 KBLCK 引线内部已断。

更换一根键盘电缆，故障排除。

32 键盘无法插进接口，怎么办

故障现象：

刚组装的电脑，键盘很难插进主板上的键盘接口。

故障分析与处理：

注意检查主板上键盘接口与机箱给接口留的孔洞，看主板是偏高了还是偏低了，个别主板有偏左或偏右的情况，可能要更换机箱，否则，更换另外长度的主板铜钉或塑料钉。塑料钉更好，因为可以直接打开机箱，用手按住主板键盘接口部分，插入键盘，解决主板偏高的问题。

知识加油站

光机鼠标，光学鼠标，机械鼠标，光电鼠标四者之间的区别何在?

光机鼠标：光机鼠标是在纯机械式鼠标基础上进行改良，通过引入光学技术来提高鼠标的定位精度。与纯机械式鼠标一样，光机鼠标同样拥有一个胶质的小滚球，并连接着 X、Y 转轴，所不同的是光机鼠标不再有圆形的译码轮，代之的是两个带有栅缝的光栅码盘，并且增加了发光二极管和感光芯片。当鼠标在桌面上移动时，滚球会带动 X、Y 转轴的两只光栅码盘转动，而 X、Y 发光二极管发出的光便会照射在光栅码盘上，由于光栅码盘存在栅缝，在恰当时机二极管发射出的光便可透过栅缝直接照射在两颗感光芯片组成的检测头上。如果接收到光信号，感光芯片便会产生“1”信号，若无接收到光信号，则将之定为信号“0”。接下来，这些信号被送入专门的控制芯片内运算生成对应的坐标偏移量，确定光标在屏幕上的位置。

光学鼠标：光学鼠标的底部没有滚轮，也不需要借助反射板来实现定位，其核心部件是发光二极管、微型摄像头、光学引擎和控制芯片。工作时发光二极管发射光线照亮鼠标底部的表面，同时微型摄像头以一定的时间间隔不断进行图像拍摄。鼠标在移动过程中产生的不同图像传送给光学引擎进行数字化处理，最后再由光学引擎中的定位 DSP 芯片对所产生的图像数字矩阵进行分析。由于相邻的两幅图像总会存在相同的特征，通过对比这些特征点的位置变化信息，便可以判断出鼠标的移动方向与距离，这个分析结果最终被转换为坐标偏移量实现光标的定位。

机械鼠标:机械鼠标的底部没有相互垂直的片状圆轮，而是改用一个可四向滚动的胶质小球。这个小球在滚动时会带动一对转轴转动（分别为 X 转轴、Y 转轴），在转轴的末端都有一个圆形的译码轮，译码轮上附有金属导电片与电刷直接接触。当转轴转动时，这些金属导电片与电刷就会依次接触，出现“接通”或“断开”两种形态，前者对应二进制数“1”、后者对应二进制数“0”。接下来，这些二进制信号被送交鼠标内部的专用芯片作解析处理并产生对应的坐标变化信号。只要鼠标在平面上移动，小球就会带动转轴转动，进而使译码轮的通断情况发生变化，产生一组组不同的坐标偏移量，反应到屏幕上，就是光标可随着鼠标的移动而移动。

光电鼠标：光电鼠标与光机鼠标发展的同一时代，出现一种完全没有机械结构的数字化光电鼠标。设计这种光电鼠标的初衷是将鼠标的精度提高到一个新的水平，使之可充分满足专业应用的需求。这种光电鼠标没有传统的滚球、转轴等设计，其主要部件为两个发光二极管、感光芯片、控制芯片和一个带有网格的反射板。工作时光电鼠标必须在反射板上移动，X 发光二极管和 Y 发光二极管会分别发射出光线照射在反射板上，接着光线会被反射板反射回去，经过镜头组件传递后照射在感光芯片上。感光芯片将光信号转变为对应的数字信号后送到定位芯片中专门处理，进而产生 X、Y 坐标偏移数据。

8.4 打印机维护

打印的文件不清楚、颜色不正常、不能正常使用都属于打印机故障。下面以各种不同的故障实例进行一一说明。

1 打印机在打印时墨迹稀少，字迹无法辨认，是什么原因

故障现象：

打印机在打印时墨迹稀少，字迹无法辨认。

故障分析与处理：

该故障多数是由于打印机长期未用或其他原因，造成墨水输送系统障碍或喷头堵塞。

可以采取下面的方法排除故障：如果喷头堵塞得不是很厉害，那么直接执行打印机上的清洗操作即可。如果多次清洗后仍没有效果，则可以拿下墨盒（对于墨盒喷嘴非一体的打印机，需要拿下喷嘴，但需要仔细），把喷嘴放在温水中浸泡一会。不要把电路板部分浸在水中，否则后果不堪设想，用吸水纸吸走沾有的水滴，装上后再清洗几次喷嘴就可以了。

2 更换新墨盒后，打印机的“墨尽”灯亮，是什么原因

故障现象：

更换新墨盒后，打印机在开机时面板上的“墨尽”灯亮。

故障分析与处理：

正常情况下，当墨水已用完时“墨尽”灯才会亮。更换新墨盒后，打印机面板上的“墨尽”灯还亮，发生这种故障，一是有可能墨盒未装好，另一种可能是在关机状态下自行拿下旧墨盒，更换上新的墨盒。因为重新更换墨盒后，打印机将对墨水输送系统进行充墨，而这一过程在关机状态下将无法进行，使得打印机无法检测到重新安装上的墨盒。另外，有些打印机对墨水容量的计量是使用打印机内部的电子计数器来进行计数的（特别是在对彩色墨水使用量的统计上），当该计数器达到一定值时，打印机判断墨水用尽。而在墨盒更换过程中，打印机将对其内部的电子计数器进行复位，从而确认安装了新的墨盒。

鉴于以上原因，我们可以采取下面的方法排除故障：打开电源，将打印头移动到墨盒更换位置。将墨盒安装好后，让打印机进行充墨，充墨过程结束后，即可排除故障。

3 喷头软性堵头堵塞，该怎样处理

故障现象：

打印机的喷头软性堵头堵塞。

故障分析与处理：

软性堵头堵塞指的是，因种种原因造成墨水在喷头上黏度变大所致的断线故障。一般用原装墨水盒经过多次清洗就可恢复，但这样的方法太浪费墨水。最简单的办法是利用手中的空墨盒来进行喷头的清洗。用空墨盒清洗前，先要用针管将墨盒内残余墨水尽量抽出，越干净越好，然后加入清洗液（配件市场有售）。

将加好清洗液的墨盒按打印机正常的操作上机，不断按打印机的清洗键对其进行清

洗。利用墨盒内残余墨水与清洗液混合的淡颜色进行打印测试，正常之后换上好墨盒就可以使用了。

4 怎样清洗打印机的清洗泵嘴

故障现象：

打印机的清洗泵嘴变脏。

故障分析与处理：

打印机的清洗泵嘴是比较容易出现毛病的，也是造成堵头的主要因素之一。打印机清洗泵嘴对打印机喷头的保护起决定性作用。喷头小车回位后，要由清洗泵嘴对喷头进行弱抽气处理，对喷头进行密封保护。在打印机安装新墨盒或喷嘴有断线时，机器下端的抽吸泵要通过它对喷头进行抽气，清洗泵嘴的工作精度越高越好。但在实际使用中，它的性能及气密性会因时间的延长、灰尘及墨水在此的残留凝固物增加而降低。如果我们不对其经常进行检查或清洗，它会使我们的打印机喷头不断出现故障。

养护该部件的方法是：将打印机的上盖卸下移开小车，用针管吸入纯净水对其进行冲洗，特别要对嘴内镶嵌的微孔垫片充分清洗。

> **提 示**
>
> 清洗该部件时，千万不能用乙醇或甲醇对其进行清洗，这样会造成此组件中镶嵌的微孔垫片溶解变形。值得一提的是，喷墨打印机要尽量远离高温及灰尘的工作环境，只有良好的工作环境才能保证机器长久正常的使用。

5 为何检测墨线正常而打印精度明显变差

故障现象：

喷墨打印机检测墨线正常而打印精度明显变差。

故障分析与处理：

喷墨打印机在使用中会因使用的次数及时间的增加而打印精度逐渐变差。喷墨打印机喷头也是有寿命的。一般一只新喷头，如果不出什么故障较顺利的话，也就是20~40个墨盒的用量寿命。如果我们的打印机已使用很久，现在的打印精度变差，那么我们可以用更换墨盒的方法来试试，如果换了几个墨盒，其输出打印的结果都一样，那么这台打印机的喷头就需要更换了。如果更换墨盒以后有变化，说明可能是我们使用的墨盒中有质量较差的非原装墨水。

如果打印机是新的，打印的结果不能令人满意，经常出现打印线段不清晰、文字图形歪斜、文字图形外边界模糊、打印出墨控制同步精度差，这说明我们可能买到的是假墨盒或者使用的墨盒是非原装产品，应当对其立即更换。

6 行走小车错位碰头，怎么办

故障现象：

喷墨打印机的行走小车错位碰头。

故障分析与处理：

喷墨打印机行走小车的轨道是由两只粉末合金铜套与一根圆钢轴的精密结合来滑动完成的。虽然行走小车上设计安装有一片含油毡垫以补充轴上润滑油，但因我们生活的环境中到处都有灰尘，时间一久，会因空气的氧化，灰尘的破坏使轴表面的润滑油老化而失效，这时如果继续使用打印机，就会因轴与铜套的摩擦力增大而造成小车行走错位，直至碰撞车头造成无法使用。

解决的办法是，一旦出现此故障应立即关闭打印机电源，用手将未回位的小车推回停车位。找一小块海绵或毡，放在缝纫机油里浸饱，用镊子夹住在主轴上来回擦。最好是将主轴拆下来，洗净后上油，这样的效果最好。

另一种小车碰头是因为器件损坏所致。打印机小车停车位的上方有一只光电传感器，它是向打印机主板提供打印小车复位信号的重要元件。此元件如果因灰尘太大或损坏，打印机的小车会因找不到回位信号碰到车头，而导致无法使用，一般出此故障时需要更换器件。

7 联机打印时，进纸正常但无字迹，是什么原因

故障现象：

打印机使用一段时间后，联机打印时，进纸正常，但打印无字迹。

故障分析与处理：

根据故障现象，先从计算机及其外设硬件部分入手检查是否正常；若无异常，则可初步排除计算机及其外设硬件故障，故确定是激光打印机本身故障所致。打印字迹全无，可依照下列步骤逐一加以排除：

❶ 先更换新的粉盒看故障是否消失。

❷ 检查激光打印机硒鼓是否故障。

❸ 检查转印电极组件上的电极丝，发现电极丝并未熔断脱落，但在电极丝的前后左右附着有大量的黑色漏粉，从而判定故障出自大量的带电漏粉致使电极丝无法发生正常的电晕放电，或发生电晕放电电压过低，无法将带负电的显影墨粉吸附到纸上，从而造成打印纸上无字迹现象。

用一小团洁净棉花蘸取少量甲基乙基酮，在关机状态下轻轻擦拭转印电极组件上的电极丝，清除周围的碳粉。清理完毕后，再用一小团棉花蘸取少量无水酒精重新擦拭一遍，等酒精挥发干净后，重新安装到位。开机使用，打印文字正常，故障排除。

8 打印机自检后显示“MOB5”，是什么原因

故障现象：

打印机开机后自行检测时运转时间明显加长，完毕后显示“MOB5”，绿色指示灯全部熄灭，联机不打印。

故障分析与处理：

出现故障的是一台爱普生激光打印机，开机能自检运转，表明该激光打印机机械部分基本正常。断电后，依次打开机壳检查硒鼓、碳粉，未见任何异常。根据开机后自检运转时间过长这一故障现象初步判断可能与纸路故障有关。

于是拆下电路传感器用万用表欧姆挡测量，发现该传感器动作与不动作时的电阻值极不稳定，由此断定传感器是造成打印机工作不正常的原因所在。

由于市面上很难买到此类同型号的传感器，只能予以修复。小心拆开传感器，发现其内部动作接触部件因使用时间过长已严重氧化出现绿色铜锈。先用工具刀仔细刮去表面氧化层，再倒入少许无水酒精反复清洗几次，取出后用电吹风低温慢慢烘干，然后原样装配到位。最后将该传感器装入激光打印机后重新开机试运行，联机打印正常，故障排除。

9 局域网打印机无法工作，怎么办

故障现象：

在使用局域网打印机打印文档的时候，会弹出“不能打印，发生致命错误”的提示，但打印机却能够打出一张白纸来，系统重新启动以后只能够打印一次，第二次想要再打印却又弹出上述错误。

故障分析与处理：

局域网打印机一般由打印机服务端和客户端组成，服务端一般由 Windows 2000 以上系统担当，出现上述情况请首先确认局域网其他用户是否能正常使用此打印机，如果可以使用，那么在故障机器上首先把现在网络打印机驱动程序删除掉，然后单击“开始”→“设置”→“控制面板”→“打印机”→“添加打印机”→“选择网络打印机”，接着输入打印机路径，重新安装一次最新的驱动程序，并对机器进行全面杀毒。

若局域网其他用户也出现和该机一样的情况，首先确定服务器端的打印机处于共享状态，同时选中打印机“属性”→“高级”里面的“总是可以使用”项，并去掉“挂起不匹配的文档”，在“安全”里，为局域网内的用户分配打印权限，开启打印允许。

10 执行打印命令后打印机为何无响应

故障现象：

通过软件向打印机发出打印命令后，打印机根本无任何响应。

故障分析与处理：

出现这种故障时，我们可以采取下面的方法来解决：

1．首先检查一下打印机当前是否已经被设置为“暂停打印”

如果是的话，无论怎样向打印机发送打印命令，打印机肯定不会接受打印命令的，要想让打印机能接受用户的响应的话，可以取消“暂停打印”这个设置。在取消这个设置时，可以先打开打印机操作窗口，然后用鼠标右键单击当前系统中安装的打印机图标，从弹出的快捷菜单中，就可以看到“暂停打印”命令项前面有一个“√”，只要再用鼠标单击一下该命令选项，就能取消“暂停打印”这个设置了。

2．检查一下与电脑连接的打印机是否已经被设置为默认的打印机

由于在许多 Windows 程序中，单击“打印”命令时，程序会将当前打开的页面内容传送到默认的打印机上，要是使用的打印机事先没有被设置为默认打印机的话，那么打印内容就无法传送到当前安装的打印机上，文档自然也就无法打印了。

此时，可以先打开打印机操作窗口，并用鼠标右键单击对应的打印机图标，从弹出的快捷菜单中选择“设为默认值”命令，就可以将打印机设置为所有 Windows 程序使用的默认打印机了。

3．检查打印机是否已经处于联机状态

如果打印机还没有联机的话，打印机自然是无法工作的。要让打印机处于联机状态的话，必须确保打印机的电源已经接通，打印机的电源开关必须打开，打印机的纸张必须正确放置好，打印机中的墨粉、墨盒或者色带必须有效，以及确保当前打印机没有出现卡纸现象。

当然看一个打印机是否已经联机的最直接的方法，就是看一下打印机控制面板上的“Online”指示灯是否亮着。

4．检查一下当前程序到底要使用打印机的哪个端口

检查时可以在 Windows 系统桌面上依次单击“开始”→“设置”→“控制面板”→“打印机”，然后在打开的打印机窗口中，找到对应的打印机图标，并用鼠标右键单击它，然后选择快捷菜单中的“属性”命令，在弹出的打印机属性对话框中，单击“详细资料”选项卡，在该选项卡页面下的“打印到以下端口”设置项中，检查打印机是否设置到适当的打印端口。

通常打印机的端口设置为“Lpt1:打印机

端口”，有些特殊类型的打印机可能需要使用特殊的打印端口，此时一定要查看对应打印机的使用手册，根据手册中的使用要求，来给打印机设置合适的打印端口。

5．确保应用程序在输出打印内容时要正确

不然应用程序输出出现问题时，就会导致输出内容无法打印。在检查应用程序输出到底是否正确时，可以采用通过其他程序打印文档的方法来进行验证，最简单的方法就是通过“记事本”程序来打印测试文档，测试时可以按照如下步骤来进行操作：

首先打开记事本程序窗口，在窗口中打开已经存在的任意一个文本文件或者自行在程序窗口输入几行测试内容，然后单击该程序菜单栏中的“打印”命令，如果打印机能正常工作，那么原来使用的应用程序肯定在输出时有问题，可以试着重新安装一下该使用程序。

6．试着重新启动打印机

如果与打印机相连的电脑配置比较低，那么在某个时刻向打印机发送的打印内容很多的话，打印机中的内存或者电脑中的内存就会来不及处理这些众多的打印任务，此时打印机表现出来的现象就是对任何打印任务都不响应。如果能够重新启动一下打印机或者电脑的话，那么堵塞在打印机内存中的打印任务就会被清除，说不定打印机遇到的其他打印故障在打印机重新启动后都有可能消失。

7．检查一下打印机是否已经进行了超时设置

一旦设置的话，打印机在接收到打印命令后，不会直接将输出内容打印出来，而是在指定的时间才能进入联机状态，进行打印动作。检查超时设置时，只要按照上面的操作方法，打开打印机“属性”窗口，然后单击该窗口中的“详细资料”选项卡，在这个选项卡页面下，可以增加各项“超时设置”值，当然“超时设置”值是不能用于网络打印中的。

8．重新安装打印机的驱动程序

进行了上面的验证和检查后，如果打印机还没有任何反应的话，要试着重新安装打印机的驱动程序，因为打印机驱动程序一旦损坏，就可能出现文档无法打印的现象。

在重新安装打印机驱动程序时，首先在打印机窗口中，单击打印机的图标，从弹出的快捷菜单中，选择“删除”命令，当系统提示是否要“删除这台打印机的专用文件”时，可以直接单击“确定”按钮，然后再在打印机窗口中，用鼠标双击“添加打印机”图标，并按照打印机的添加向导对话框的提示，来完成打印机驱动程序的重新安装工作。要是在打印机驱动程序安装后，打印机能够正常工作的话，就说明打印机无法响应的故障是由打印机驱动程序引起的。

11 为什么激光打印机打印出的纸张单侧变黑

故障现象：

激光打印机打印出的纸张单侧变黑。

故障分析与处理：

激光束扫描到正常范围以外，感光鼓上方的反射镜位置改变，墨粉盒失效，墨粉集中在盒内某一边等，都可能产生打印机单侧变黑的故障。

可以取下墨粉盒，轻轻摇动，使盒内墨粉均匀分布，如仍不能改善，则应该考虑更换墨盒。

技巧点拨

怎样选购家用打印机?

现在的打印机市场，品种繁多，但总的分为：针式打印机、喷墨打印机和激光打印机。相比之下家用打印机突出的是家庭的实用性，也就是要兼具打印办公和家庭娱乐所需。

因此，针式打印机就不太适合了，这种打印机主要针对的是文字和字表的打印，但若是让它来打印一个图形，恐怕它就力不从心了。谈到图文并茂人们往往会想到激光打印机，这种打印机不仅打印图像精美逼真，而且速度相当的快，分为彩色激光打印机和黑白激光打印机，但因为打印成本和激光打印机造价相当贵，因而不被家庭打印机市场看好。

打印机是一种消耗品，不管什么样的打印机都离不开耗材的消费，所以买打印机还要从长远考虑。比来比去也就只有喷墨打印机了，现在的喷墨打印机的价格一降再降，从技术上看市场前景也非常的看好，不仅可以处理彩色文字图表及高质量的图像，而且速度与以前相比，也有了很大的提高，甚至部分产品还超过了一些普通的激光打印机。从长远的消耗品——墨盒看，一般一个原装墨盒大概需要 200 元左右，打印纸张数量在 100 多页（这里说的是在高质量的图文混排模式下，而在经济模式下，一般可打印 400 页左右，更有甚者如佳能 BJC-2000SP 在超经济模式下可打印 3600 页 A4 纸），当然打印数量的多少还与所配的墨盒种类有关。

耗材费用主要是墨盒费用，考虑的因素有：墨盒的绝对价格与打印张数、是分色墨盒还是多色墨盒，墨盒是否与喷头一体，是否有相应的兼容墨盒或填充墨水等。以黑色文本打印为例，EPSON 的黑色墨盒不带喷头，墨水 20ml 左右，价格在 100 元左右；CANON 的不带喷头的 BCI-3BK，墨水 30ml 左右，价格 80 元左右，带喷头的 BC-20 价格不足 200 元；HP 的黑色墨盒一般在 220 元左右，LEXMARK 的黑色墨盒在 250 元以上。一般情况下，墨盒的墨水容量与打印张数是成正比的，但需要提醒用户注意的是，厂家标称的打印张数只是测试结果，不是实际使用数值，二者的差别有时很大。

彩色墨盒考虑的因素比黑色的要多，影响较大的是一体的多色墨盒与分体的单色墨盒。尤其是照片打印，偏色的情况较多，经常的情况是某一种颜色用完了，其他颜色还剩不少，使用一体多色墨盒而又不会填充墨水的用户只能换新墨盒，损失较大。分体的单色墨盒的好处是哪种颜色用完了就换哪种颜色的墨盒，避免了无谓的浪费。

墨盒是否与喷头一体也是一个要考虑的因素，因为喷头寿命的长短也与费用有关。EPSON 打印机的喷头做在机器里面，是长寿命头，它的墨盒不带头，价格相对便宜，尤其是其兼容墨盒已相当成熟和普遍，价格又低，后期的费用相对较低。

8.5 电源维护

电源是电脑的动力之源，它能否提供稳定充沛的电力，对电脑可靠高效地运行起着至关重要的作用。另一方面，随着电脑硬件性能的不断提高，整机的电力消耗也在迅速攀升，从而使电源故障发生的几率也在不断增加。

1 电源故障怎样确认

一台电脑如果出现了通电开机后主机没有任何反应，就连电源内置的散热风扇都不转动的情况，并且，已经确认市电和电源插座没有任何问题，那么首先怀疑的应该就是电源了。不过 ATX 电源的启动过程与主板上相应控制电路工作的正常与否有着密切的关系，因此，光凭上述现象有时我们还不能确定故障就出自电源本身，还需要通过“替换法”测试后方能确认。

电源故障的类型主要分为“市电环境影响”、“硬”故障和“软”故障三个方面：

1．市电环境的影响

读者朋友们可能遇到过这样的情况：一台可以正常使用的电脑，有时能启动、有时不能启动。连续更换了几个电源，可问题始终没有得到解决。观察后发现，故障通常发生在早上 8:00～11:00 和晚上 18:00～22:00 这两个时间段。而且，电脑正常启动后显示器的画面有暗黑色干扰条纹显现。事实上，这种故障现象与供电环境有关。原因是住宅的供电线路受附近电器设备的影响，出现某时段电压降低过多而引发的。这一问题只能考虑在电脑供电线路上采取稳压措施或安装后备式 UPS 电源来解决。因此，当我们发现电脑出现这种规律故障时，不妨先检查一下供电线路。

2．完全不能工作

由于电源的高压整流、滤波及开关变换电路部分长期工作于高温、高压、大电流、多灰尘等恶劣条件下。因此，当交流电压波动较大、负载较重、环境温度较高等情况出现时，电路元件就有可能会出现短路等较为严重的故障，造成交流保险管熔断或过压、过流保护电路动作，从而使电源因失去输出电压而完全不能工作。这种故障多发生于那些保护功能存在缺陷或完全失效的电源产品之中。并且，受损部件往往也比较直观，故检查维修的难度不高。但是，由于这部分电路与市电有直接的联系，因此，如果没有丰富的维修经验，最好还是送修或更换一台新电源为好。

3．工作状态不稳定

电源工作状态不稳定的主要特征是：启动困难、有时能启动、有时不能启动、刚开始工作正常，过一段时间便不正常等。这类情况比较多，引发这种故障的原因主要有四种：

（1）无 PG 信号或信号延迟时间不足是较为典型的电源故障。

检测时可在开机状态下借助万用表的电压挡，测量 20 芯电源插头第 1 脚对地有无 3.3V 电压。如果没有电压则可切断电源，并拆开电源外壳作进一步的检查。一般情况下引起无 PG 信号的主要原因多为负责 PG 信号控制的晶体管击穿或延时电容漏电所至，将它更换后故障即可消除。

（2）为了实现休眠、远端唤醒和软开机功能，ATX 电源都设有一个独立的辅助电源系统。它输出的 5VSB 电压，通过 20 芯电源插头为主板控制电路供电。而控制电路又通过 PS-ON 端以反馈的形式来控制电源的开启。在这个反馈回路中的任何一个环节出现了问题，都会直接影响到电脑能否正常启动。还有，当电源处于待机状态时，其自激震荡、推动电路部分，还需要一组单独的自用电源供给。如果该电压不正常的话也会造成电源启动困难，或偶尔可以启动的故障现象。

（3）自激震荡或保护电路集成块（TL494、LM339）内部出现短路等问题。

这种情况可以在断电的情况下，用万用表的电阻挡在线测量各引脚与地间的直流电阻，将所得数据与无故障集成块进行对比，如果数值相差较大则基本可以确定是集成块损坏，将它更换后故障即可排除。

（4）保护电路设置较为完善的电源，只要其电压输出端的任意一路，出现负载过重或短路的情况均会立即启动，强制震荡、推动电路停止工作，从而有效地保护硬件不被损坏。不过发生保护电路失效的故障几率并不高。如电源能够启动且各路电压正常，则怀疑保护电路误动作就是正确的。此时可以采用最小系统法，并逐步添加外围硬件的方法，最终找出存在问题的硬件。

2 电压过高导致的死机该怎样处理

故障现象：

电脑启动后不久就死机，显示器黑屏无信号，光驱灯长亮。且一旦死机无论复位键还是电源键均不能关机，只有拔下电源插头且必须等待一段时间后才能再次开机。

故障分析与处理：

经询问此机前几天还工作正常且无其他异常出现，开机启动有时能正常进入 Windows 98 但故障现象一样，估计不会是系统故障；恢复 CMOS 初始设置、打开机箱拆下其他卡件最小化引导、更换内存条、检查 CPU 故障依旧，用万用表测量内部供电插头电压均正常，由于此机为 ATX 电源给主板供电的插头无法拔下测量，故没有测量。分析本机购机已两年多且内部配置板卡较多，电源在长期高负荷下运行可能是电源部分的故障。

因是品牌家用电脑，无法进行电源部分的替换检查，只好把主机拿到维修处进行处理，结果在维修处开机运行一切正常且连续运行几小时均未出现死机现象。回家后开机启动故障依旧，开始想不会和市电有关系吧？经测量市电电压高达 240V 高于正常电压，找来稳压器加上后起动故障消除，连续几小时均正常运转。分析为电源部件老化，长期高负荷运行已不能起到稳压作用，家用又没有配置 UPS 电源导致电压高时无法正常工作。至此故障得到圆满解决。

3 电脑无法关机是什么原因

故障现象：

电脑主机不能关闭。

故障分析与处理：

关不了主机，有以下几种现象和原因：

（1）BIOS 中设定关机时有一定的延时时间，关机时需要按住电源按钮，保持数秒钟，才能将机器关闭。不能实现瞬间关闭，是正常现象，不是电源故障。

（2）电源按钮失灵。这种情况下，不仅不能关机，开机也会有问题。

（3）主板上的电源监控电路故障，PS-ON 信号恒为高电平。

（4）关不了键盘电源。有些机器允许使

用密码通过键盘开机，键盘上的 Num Lock 灯在关机后仍亮着，是正常现象。

（5）关不了显示器。如果显示卡或显示器中有一个部分不支持 DPMS 规范，在主机关闭后显示器指示灯亮，屏幕上仍有白色光栅，也属正常现象。

4 电脑正常使用，但是声音较大且有振动，怎么办

故障现象：

电脑能正常使用，但是声音越来越大而且伴有较大的振动。

故障分析与处理：

这种情况是由于机箱内的散热风扇吸附的灰尘较多或机箱放置不平所造成的。首先检查主机是否放置平衡。如果排除了这个原因，那么请关闭电脑，拆开机箱挡板，检查显卡和 CPU 风扇，发现没多大声音也没什么灰尘。接着查看电源风扇，发现将电源固定在机箱上的螺丝松了一个，而且里边有好多灰尘。找出了原因后将电源拆下来，把里边的灰尘清扫一下，把螺丝固紧。重启电脑，故障排除。

5 机器经常重启，怎样处理

故障现象：

电脑频繁重新启动，而且频繁死机。

故障分析与处理：

电脑无缘无故的重新启动，或者是在运行某项程序时出现死机状况，会让人感到头痛。检查了一下操作系统，没有问题，用了多种杀毒软件检查，也没有病毒。内存、硬盘、主板、CPU 和显卡，都用替换法检查了，所有配件都正常。最后无奈中，换了一块电源，结果奇迹出现了，故障解除。

6 电源导致新配电脑死机，该怎么处理

故障现象：

新配电脑，开始使用了几个月均正常，某天启动时自检到键盘就死机，重试几次也是如此。

故障分析与处理：

根据故障现象判断可能是键盘或主板有问题，换了一个键盘检查，故障依旧。再看主板，仔细观察主板表面没有什么明显的问题，只有使用替换法检查。把其他板卡、硬盘等配件接到新主板上装好，开机检查故障依旧，把原主板换到别的机器上使用，正常，主板也没问题。对其他配件采用替换法检查无结果。这台机器的配件装到别的机器上都没问题，可是一装到这台机器上就不行。因为将这台机器的配件逐个检查了一遍，唯独机箱没换过，于是便换了台机箱试了一下，问题消失了。问题果然就在机箱上，不过到底是机箱电源功率不足呢?还是电源质量差电压有问题？后来经测量，电源各负载接口电压都没问题。单独把电源交换使用后，发现电源功率也没问题。将主板上的开关连线拔下，用螺丝刀短接试了一次后，启动正常了，终于确认是开关损坏（估计是内部接触不良）导致启动失败。更换开关，故障排除。

7 电源也会引起黑屏

故障现象：

电脑开机自检时，BIOS 发出一声长鸣后，电脑黑屏。

故障分析与处理：

计算机自检未获通过，属于严重出错。综合 BIOS 自检发出一声长鸣的症状，怀疑问题出在显示部分。由于主板集成了 SiS300 显示芯片，显存共用系统主内存，最初认为问题可能出在内存条上。检查内存条是否插紧，又更换内存条，仍无法启动。注意到主板、CPU和内存条这个最小系统采用的部件均为质量可靠的品牌产品，而电源是杂牌的，出问题的可能性较大。于是更换电源，问题迎刃而解。

8 显示器怎么烧毁的

故障现象：

把硬件连接好，设置完 CMOS 后，机器启动的一瞬间，显示器画面一闪后就没反应了，随后一阵焦味传出，显示器被烧坏了。以为是显示器的质量问题，未加以重视，换了一台显示器，结果又烧毁了。这说明故障并不在显示器上，把显卡换到其他机器上，一切正常。

故障分析与处理：

看来问题在主板上，使用替换法检测，却什么问题也没有。拔下所有电源的输出插头，通电后各电压基本正常。又找了一支测电笔测试了一下，输出端居然带电，显然是由于开关电源的隔离不良造成的。当时由于主机和显示器是分别接入电源的，而且插头标准不同，这样就造成了主机和显示器零点电位的差异，于是显卡初始化端口失败，从而烧坏了显示器。

同时更换了显示器和电源，并将显示器电源适配线换装到了电源的交流电源输出插座，这样处理完后，打开计算机的电源，重新设置COMS，保存退出，问题解决。

9 启动时电脑为何表现不稳定

故障现象：

机器开机时有下列不稳定的现象：当先打开机器的总电源开关后，机器的“Power”指示灯及“HDD”灯微亮，接着按一下“Power”键，机器自检完光驱和硬盘之后就没有动静了，用“Reset”键重启也无济于事。但这种现象也不是一定的，偶尔也能够正常启动，而且一旦正常启动之后就没有任何问题，所以不知道到底毛病出在什么地方。

故障分析与处理：

这是由于电源与其他部件的不匹配而引起的问题。其主要原因可能有：

（1）电源提供的启动脉冲的宽度不足以满足主板的要求。

（2）主板提供的启动 ATX 开关电源的脉冲宽度不满足电源的要求。

（3）启动各种设备（如主板、硬盘等）时所需瞬时电流非常大，引起电源过流保护。

对于第 1、2 种故障，可以更换功率大一点的电源。对于第 3 种故障，如果更换功率大的电源还不能解决，就需要对主板进行更换了。

10 电源引起的显示器故障怎样处理

故障现象：

在进行文字处理时计算机突然黑屏，显示器指示灯发出黄色闪烁信号（正常应为绿色），按“Reset”键无变化。因为主机置于地面，使用中脚曾碰到主机，然后发生故障。

故障分析与处理：

据此判断可能机箱因受碰撞而引起显卡或信号传输线接触不良，导致显示器无输出。于是，打开机箱拔下显卡后，再仔细插回插槽内，然后重新连接信号输出线并拧紧两侧的螺钉，开机检测，故障依旧，但从硬盘的工作状态（信号灯的闪烁情况）看，似乎已经正常启动。怀疑显卡的“金手指”可能与插槽因碰撞引起接触不良，于是再将其拔出，用无水酒精把金手指擦了一遍再插上，开机检测，故障依旧。最后怀疑是显示器的电源插头接触不良所致。

在显示器电源插头端塞上纸片，保证其良

好接触。开机测试，一切正常，问题解决。

显示器电源可能因接触不良导致接触电阻增大，电流过低，无法正常显示，但其电源指示灯因消耗功率小仍可闪亮，从而造成显示部分损坏的假象。

11 关机过程中重启是什么原因

故障现象：

最近在每次关机进行到屏幕出现“现在正在关机”之后就会自动重新启动，另外，有时也出现开机后刚进入 Windows 98 就会自动重启。

故障分析与处理：

这是由于 Windows 98 对能源控制功能方面有 BUG，如果是这样就需要安装 Windows 98 的相关的关机补丁程序来解决这个问题，如果是刚进入 Windows 98 就重新启动则是主板有故障或是电源电流输出不当所造成的，可以在 Windows 系统控制面板中关掉电源的高级管理。

12 休眠与唤醒功能异常是什么原因

故障现象：

电脑不能进入休眠状态，或休眠后不能唤醒。

故障分析与处理：

出现这些问题时，首先要检查硬件的连接，包括休眠开关的连接是否正确，开关是否失灵等)和 PS-ON 信号的电压值。进入休眠状态时，PS-ON 信号应为低电平（0.8V 以下）；唤醒后，PS-ON 信号应为高电平（2.2V 以上）。如果 PS-ON 信号正常，而休眠和唤醒功能仍不正常，则为 ATX 电源故障。

需要提醒读者，进入夏季后，为了预防雷击，对 ATX 电源结构的计算机，如果用户长时间不使用，又不想进行远程控制，建议将交流输入线拔下，以切断交流电输入。

13 电源为什么有噪声

故障现象：

电脑开机时噪声很大，但运行一段时间后噪声又消失了。

故障分析与处理：

仔细分析了一下主机故障现象，发现有两点共同之处：

（1）电脑已经使用了较长的时间，电源已经有老化的倾向。

（2）第一次开机的时候，故障率比较高，但运行一段时间后噪声就自动消失了。

通过以上两点，我们可以得出结论：由于气温变低，造成了电源风扇中润滑油的凝固，导致电源风扇转动不流畅，形成了较大的震动，所以出现了较大的噪声，而当开机一段时间后，风扇产生的热量使原本凝固的润滑油慢慢地熔化，风扇恢复正常地转动，噪声也就消失了。

14 UPS 短路造成的故障怎么处理

故障现象：

UPS 主开关置 OFF 位置时，接入市电，逆变指示灯亮，蜂鸣器不鸣叫，同时机内还伴有“嗒嗒”的声音，将 UPS 主开关置于 ON 位置时，一切工作正常，但关闭主开关时不能够切断电源。

故障分析与处理：

打开机壳，可以看到 UPS 主开关主要控制直流和交流的输入。根据故障现象分析，估计是控制交流部分的开关失灵，始终成常闭（短路）状态。断开市电，关掉主机开关，将机内电瓶在左端接线上的保险丝和连接线分别取下、焊开，然后用右手拇指和食指捏紧主开关的固定部分，从里向外轻轻拉出，再焊下四根接线（注意记住接线位置）。拆开主开关，发现其中一个开关触点焊接在了一起，可能是由于瞬间负载太大的缘故而形成点焊。用尖嘴钳取下开关上的铜片，并清除触点上的黑炭，重新接好后，故障消除。如拆下开关已不能使用，可以购买同一型号开关更换。

15 电压不稳，无法开机，怎么办

故障现象：

接入市电并开机，UPS 红灯亮，只有逆变部分工作，市电无法使用。

故障分析与处理：

这种情况有两种可能，一是 UPS 的输入保险丝熔断，更换后可以恢复正常；二是由于市电电压不稳定，过高或过低，如果电压过高（市电输入电压范围一般为 170～255V），超过正常输入范围，市电将被切断，而由 UPS 内的逆变电源供电，直到市电恢复到规定范围为止。经检查，输入保险丝完好无损，测量市电电压值为 280V 左右，最近一段时间，本地电压一直不太稳定，与供电部门联系，一直没能解决，后来买来一个市电电压稳压器接在 UPS 电源前端，从此后，UPS 电源一直工作良好。

16 电源电压波动导致的故障怎样处理

故障现象：

开机自检完内存后死机，按任何键均无反应，一旦启动后能正常使用。

故障分析与处理：

有时能正常工作，属于随机性故障，随机性故障因为出现时间不确定，查找起来非常困难。排除时首先拔去扩展槽中所有的板卡，只留显示卡，开机观察，故障依然。再拔去显示卡，即只留主板开机，喇叭有“嘀……滴”的内存自检声，然后出现“一长二短”鸣声，说明主机能检测到显示卡的故障，可认为主机工作正常。于是用电压表检测电源电压，经过长时间观察发现，电压有时发生波动，抓住这一疑点进行检查，在电压平稳时开机，则能顺利启动，但当自检过程中电压波动时，则死机。更换电池即可。

17 电源干扰引起的电脑屏幕上的水波纹该怎么处理

故障现象：

开机后屏幕上经常会出现波浪状的条纹，更换了显示卡后故障依旧。

故障分析与处理：

将显示器拿到别的机器上试验，一切正常，再用另一台显示器测试，也一切正常。更换了主板也无济于事，后来怀疑是供电问题，但将别的机器放到相同的环境下，却没有这种故障现象产生。在相同的外部条件下，装上新电源后却发现原来总也解决不了的显示器上的水波纹消失，看来问题还是出在电源上，经过测试发现，原来购置的电源屏蔽性较差，但在正常的供电环境下其屏蔽性不好的缺点不容易发现，如果所在的环境中供电线路较老，电压过载或不足的现象时有发生，从而就容易形成这一难以解决的现象。

由电源干扰引起的问题除了电脑本身电源的原因外，其他相隔不远的外设也可能对电脑产生影响。电脑的机箱本身就是一个良好的屏蔽，但如果仍受到干扰，则要考虑加上另外的屏蔽，最简单的方法是将电脑外壳接地。

18 电源过载导致软、硬盘不引导，怎么办

故障现象：

电脑开机进行自检时出现“HDD Controller Failure”错误信息，按“F1”键后有时能从A盘引导，但不认C盘，有时不能从A盘引导。

故障分析与处理：

从系统提示的错误信息可知是硬盘控制出错，关闭电源，检查硬盘电缆及接口，确认正确无误，重新启动电脑故障仍然存在。更换一根扁平硬盘电缆线（40针），重新启动电脑故障依旧。

关闭电脑，拆下硬盘的电源及控制电缆，再启动电脑，工作正常，说明电脑的主板没有问题，可能是硬盘问题。把拆下的硬盘接到另一正常的电脑上试用，硬盘工作正常，再测量一下电源的功率，发现电源标签上标明的功率和实际测量的数值不一致，更换一个电源后故障排除。

19 电源热稳定性差，怎么办

故障现象：

在电脑工作一段时间后，出现“黑屏”现象。而主机电源指示灯和显示器电源指示灯均亮，关机后过几分钟再开机，一切正常，但正常运行一段时间后又出现上述故障。

故障分析与处理：

从故障现象看，是由于某元器件的热稳定性差而引发的，且可以初步断定导致此故障的原因可能是主机系统复位电路产生了错误的复位信号导致的“黑屏”。

用电压表测量时钟发生器的“RES”端，发现电脑启动后正常工作时其电压为+5V左右，随着时间的推移该点的电压逐渐下降，当下降至3V左右时，系统则认为是复位信号，致使主机进入复位状态，从而产生“黑屏”现象。

使“RES”端产生低电平的可能性有两种：一是系统板上的复位电路本身的故障所致；二是主机开关电源送来的“电源就绪”（Power Good，简称PG）信号出现问题。因为故障出现时主机电源和显示器电源指示灯均亮，首先判断故障可能是出在系统板的复位电路上。复位电路中某元器件热稳定性变差就会导致上述故障，于是将复位电路中的电容、电阻、二极管等元件均进行了仔细的检查和更换，结果故障依旧。这样问题肯定出在主机开关电源的“电源就绪”信号上，更换新的电源即可排除故障。

20 供电系统故障导致黑屏，该怎样处理

故障现象：

开机后主机面板指示灯不亮，听不到主机内电源风扇的旋转声和硬盘自检声。

故障分析与处理：

出现这种情况可能是由于供电系统故障引起，供电系统故障可由交流供电线路断路、交流供电电压异常、微机电源故障或主机内有短路现象等原因造成。供电系统故障不一定是主机电源损坏所致，当交流供电电压异常、主机电源空载和机内有短路现象时，主机电源内部的保护电路启动，自动切断电源的输出以保护主机内的设备。

供电系统出现故障时，首先应检查交流供电电源是否接入主机。确认交流供电电源接入主机后，短时间打开电源开关，如果听到电源内部发出“吱吱”的响声，说明电源处于“自保护”工作状态，其原因是交流供电电源不正常或机内有短路现象，导致电源内部的保护电路启动。此时可按照下面的方法进行分析处

理：

先用万用表交流电压250V档检查接主机电源插头的交流供电电压，如果交流电压超过240V或低于150V，主机电源中的超压和欠压保护电路将启动，停止对机内设备供电，应换用稳压电源或UPS电源为主机供电。

如交流供电电压正常，逐一拔去主机内接口卡和其他设备电源线、信号线，再通电试机。如拔除某设备时主机电源恢复工作，则是刚拔除的设备损坏或安装不当导致短路，使电源中的短路保护电路启动，停止对机内设备供电。如拔去所有设备的电源线后，电源仍处于无输出状态，说明是电源故障，需要维修或更换电源。

21 机箱带电，怎么处理

故障现象：

电脑机箱感觉带有比较大的交流电压，用电笔测试，发现机箱带有较高电压。

故障分析与处理：

在电脑内部带有220V交流电的位置有以下两处：

一是主机箱前主板后侧的主板电源开关；

二是电脑电源的内部。

导致机箱带电的第一种原因可能是这两部位与机箱短路或电源内部有故障，使机箱带电的第二种原因来自电脑电源内部。为防止来源于电脑外部的电磁干扰，在电源220V输入回路装有滤波部件。该滤波部件中的电容有C2、C3（1000~3300pF）及C2、C3中点对电源外壳的连线构成，可以看出机壳电位的理论值是110V。

消除漏电的方法是严格按照电气安全规范安装保护接地装置，将机壳牢靠的连接在接地装置上。这样的连接能在上述两种原因导致的漏电故障出现时及时烧断保险，使电脑机箱不会带电。

22 机箱短路造成的故障该怎么处理

故障现象：

一台组装电脑开机不能启动，喇叭连续作响。

故障分析与处理：

首先怀疑内存条有问题，打开主机，卸下内存条观察，未见烧坏、锈蚀现象。用橡皮反复擦拭内存条接插部分印刷电路后，装上重新开机，故障依旧，初步排除了内存条故障。

由于显示器、显示卡出故障也会导致主机不启动，因此进一步通过检查外围设备来确定故障所在。卸下显示器和键盘，开机喇叭仍响。依次卸下显示卡、多功能卡、软驱、硬盘，每次卸下一件，重新开机一次，还是不能解决问题。最后只剩下主板没有检测，拆下主板，发现固定主板的铜柱与主板印刷电路短路，用塑料柱头代替铜柱，重新安装后测试，一切正常。

23 开机后电源产生噪声，重启后恢复正常，这是怎么回事

故障现象：

电脑在每天第一次启动时总会发出“嗡嗡”的噪声，好像是从电源盒中发出来的，重复几次冷启动之后就变得正常。

故障分析与处理：

电脑电源盒中发出“嗡嗡”的声音是电源盒内的散热风扇所致，具体原因可能有以下几种：

（1）电机轴承中使用了劣质润滑油，在环境温度较低时凝结。风扇是最容易集结灰尘的地方，进入轴承的灰尘和劣质润滑油凝结在一起，大大增加了电机的转动力矩，使得电机的转动不正常，发出振动的“嗡嗡”声。而在多次启动后，因为发热使得润滑油溶化，转动

力矩减小，又能够正常工作。

（2）风扇电机轴承松动，使得在旋转时发出"嗡嗡"的声音。这种原因造成的声音，不会因为反复冷启动而消失。

（3）电机轴承润滑不好，造成启动时阻力增加，发出声音。对于这种情况，在电机轴承处滴入少量润滑油，增加润滑可以得到改善。

当遇到这种情况，只要清洗风扇叶片上和轴承中的积尘即可。

24 为何电脑通电后自动开机

故障现象：

每次打开插座电源时电脑就会自动启动。

故障分析与处理：

引起该故障的原因可能是由于主板设置不当或者是外部电源有问题。有些主板在BIOS里加入了一个独特的电源管理设计，可以设定为开机、关机和回到停电之前的状态，其默认是开机。在"Poewer Management Setup"中的"Powron After PW-Fail"设置项里有3个选项，分别为"On"（开机）、"Off"（关机）和"Former-STS"（回到断电之前的状态）。将其设置成"Off"，在停电后突然来电时就不会自动启动。

另外，ATX结构的电源是靠检测一个电容的电平信号来启动的，在按下电源插座开关的时候，由于开关不能保证一次接通良好，所以会产生一个短暂的冲击电流。这时候可能就会引起ATX电源的误动作使电脑启动。所以尽量不使用插座上的电源开关。

技巧点拨

怎样选购 UPS 电源

UPS 电源就是通过一个内置的电瓶储备一些电能，在断电的情况下可以保证电器具继续运行一段时间。对于电脑用户，UPS 电源最大的功用在于可以保护运行中的系统和程序不会因为突然断电而受到损害，同时可以保护没有及时存储的数据避免丢失。

目前市场上名牌的家用单机后备型 UPS 一般都提供一套电源管理软件，让用户可以非常清晰地操作。同时一些名牌产品是具有内置网络、电话线防雷击保护的功能的，这样就可以使系统免于遭受“灭顶之灾”。当然品牌电源所提供的方便维修对于 UPS 产品来说也是非常重要的，可以为此免去许多烦恼。

下面介绍一些比较知名的 UPS 厂商，供大家选择。

1．APC 公司

这是一家提供不间断电源非常知名的公司，它的产品种类非常齐全：APC Silcon DP 300E 系列 UPS 适用于大型数据中心保护；APC Silcon DP 300E UPS 系列为从台式机至企业级的产品都提供了比较好的选择；而 Back-UPS 500 系列是小功率用户的首选。同时 APC 还提供电源阵列选择 Symmetra。

2．山特公司

山特公司 TG1000 是专为 PC 机用户设计的 UPS 产品，在同类型产品中知名度非常高。TG 系列是山特公司的主打产品，在目前市场上占有很大的份额。

3．实达公司

实达公司针对家用 UPS 市场推出了小功率的“小太阳 500”是家庭用户一个不错的选择。

4．台达公司

在 UPS 这个类型市场的竞争中，台达公司的产品是后备式 V 系列 UPS，也具有一定的竞争力。

当然还有其他一些公司的产品也具有稳定的性能，在这里就不能一一介绍了。最后需要提醒大家的是，购买 UPS 产品最重要的目的是保证电器的电压稳定，最好在品牌产品的专卖店选择，不要轻信市场柜台的“热情”推荐，特别是遇到价格明显低于市价的产品时就要特别小心。